AF543739

SCHÄFFER
POESCHEL

Caspar Fröhlich

Deep Democracy in der Organisationsentwicklung

Treiber für den Wandel – Spannungsfelder und Störungen positiv nutzen

2016
Schäffer-Poeschel Verlag Stuttgart

Reihe Systemisches Management

Bibliografische Information der Deutschen Nationalbibliothek
Die Deutsche Nationalbibliothek verzeichnet diese Publikation in der Deutschen Nationalbibliografie; detaillierte bibliografische Daten sind im Internet über <http://dnb.d-nb.de> abrufbar.

Print: ISBN 978-3-7910-3524-6 Bestell-Nr. 10133-0001
ePDF: ISBN 978-3-7910-3743-1 Bestell-Nr. 10133-0150

Einbandgestaltung: Goldener Westen, Berlin
Umschlaggestaltung: Kienle gestaltet, Stuttgart
Lektorat: Barbara Buchter, Freiburg
Satz: Claudia Wild, Konstanz

September 2016

Schäffer-Poeschel Verlag Stuttgart
Ein Tochterunternehmen der Haufe Gruppe

Inhaltsverzeichnis

Abbildungsverzeichnis

Verzeichnis der Reflexionen

Zum Geleit

Ein Blick in die Tageszeitung reicht, um festzustellen: Die Welt ist aus den Fugen geraten. Renationalisierung, regionale Konfliktherde auf allen Kontinenten, Terrorismus, globale Flüchtlingsströme, Wachstumsschwächen, Nullzinsumfeld: Die Liste der Herausforderungen wird täglich länger. Was dem Beobachter des Weltgetriebes auffällt ist, dass die Lücke zwischen einem angemessenen Verständnis der Herausforderungen und dem Handeln der beteiligten Akteure immer größer wird. Zusammenhänge werden vernachlässigt, Bedingungen übersehen, Hintergründe ausgeblendet. Die Akteure reduzieren die Komplexität des Geschehens häufig auf ein für sie erträgliches Maß. Das ist ebenso verständlich wie auch gefährlich.

Es ist eine Welt, in der Menschen, Institutionen und Unternehmen vor allem ihren eigenen Vorteil suchen. Globale Konflikte werden aus den jeweiligen nationalen und institutionellen Perspektiven angegangen. Und das, obschon den beteiligten Stakeholdern meist längst klar geworden ist, dass sie damit vor allem problemgenerierende Lösungen produzieren. Lösungen, die zu kurz greifen und oft nur weitere, noch komplexere Probleme hervorbringen.

Gleichzeitig leben wir in einer Welt, der die großen Utopien und die positive Kraft des Träumens abhandengekommen sind. Wir stellen stets die Störung, das Problem in den Vordergrund des Diskurses. Wer angesichts der überwältigenden Komplexität der Systeme heute leichtfertig über große Potenziale, wünschenswerte Zukünfte und langfristige Perspektiven spricht, gilt schnell als naiv fortschrittsgläubig.

Ganz unabhängig von der Systemebene sind Gruppen, Organisationen, Unternehmen und Regierungen deshalb auf gute, wirklich lösungsorientierte Konversationen angewiesen, die im Rahmen von kollektiven Bewusstwerdungsprozessen stattfinden. Konversationen, die Komplexität, Unterschiede und Emotionalitäten der beteiligten Akteure zulassen und so den Blick auf die nachhaltigen, zukunftsorientierten Lösungsansätze öffnen. Gute Methoden können helfen, diese Art von Konversationen zu gestalten. Es existiert inzwischen eine Vielzahl solcher Methoden. Aus der Perspektive der Organisationsentwicklung ist es wesentlich, diese Methodenvielfalt für die jeweils vorherrschende Situation wirksam werden zu lassen.

Der Deep-Democracy-Ansatz gehört wohl zu den wirkmächtigsten und vielseitigsten Methoden. Er weist ein gutes konzeptuelles Fundament auf, umfasst eine breite Auswahl einzelner Praxisinstrumente und wird in unterschiedlichsten Kontexten erfolgreich angewandt. Der radikale Fokus auf den sich entfaltenden Prozess inmitten der Akteure und die Förderung eines tiefen Verständnisses für die Unterschiede, Spannungsfelder und Auseinandersetzungen sind wichtige und zeitgemäße Schwerpunktsetzungen dieser Methode.

Auch wenn man den Ansatz auf die Ebenen Individuum, Gruppe und Institution gleichermaßen anwenden kann, so ist mit ihr kein dogmatischer Anspruch verbunden. Dennoch liegt es letztlich immer in der Verantwortung der Akteure der Veränderung, dafür zu sorgen, dass die Methode nicht als universelles Welterklärungsmuster verstanden wird, sondern als wichtiges Instrument für ihre Veränderungsarbeit.

Das vorliegende Werk liefert einen wichtigen Beitrag zur Gestaltung lösungsorientierter Konversationsprozesse. Es gehört dorthin, wo die Prozesse der Verständigung stattfinden: ins Feld, in die Veränderungsarbeit, dorthin, wo gemeinsame Lösungen pragmatisch im Miteinander erarbeitet werden und immer wieder Hürden überwunden werden müssen. Caspar Fröhlich hat dazu mit »Deep Democracy in der Organisationsentwicklung« ein wunderbar anschauliches praktisches Kompendium vorgelegt. — Die Welt braucht dieses Buch.

Berlin, 12. Mai 2016
Heiko Roehl
Honorarprofessor der Albert-Ludwigs-Universität Freiburg i. Br.

Vorwort des Autors und Dankeschön

Mit diesem Buch möchte ich ein Deep-Democracy-Nachschlagewerk zur Verfügung stellen und viele Organisationsberater, Führungskräfte, Personalentwickler, Trainer und Coaches für den Ansatz begeistern. Ich bin durch die eigene Praxis überzeugt, dass Deep Democracy ein mächtiges Werkzeug für die geschmeidige Gestaltung von Beziehungen ist. Der Ansatz bietet ein Netz von Ideen und Anregungen für die persönliche Entwicklung und schafft ein Bewusstsein zwischen äußeren Situationen und innerem Erleben — damit erhöht Deep Democracy die Wirksamkeit für den eigenen beruflichen Kontext. Mein hoher Traum mit diesem Buch ist dreifach: Oben genannte Akteure möchte ich dazu anregen, noch stärker aus einer inneren Position der Klarheit, was sie in dieser Welt bewegen möchten, zu handeln. Teams möchte ich anregen, Gemeinschaften zu bilden, die sich gegenseitig bereichern, inspirieren und positiv weiterbringen. Und Organisationen dazu, neben der Erstellung von sinnvollen Produkten und Dienstleistungen gleichzeitig einen Fokus darauf zu setzen, ein Umfeld für Mitarbeiter zu bieten, damit sich diese auch persönlich gemäß ihren Passionen und Visionen weiterentwickeln und entfalten können. Wenn wir es gleichzeitig schaffen, ein breites Know-how im Umgang mit unterschiedlichen Meinungen, Ansichten und Positionen zu etablieren, führt das zu einer Welt, in der Unterschiede und Diversität zur Triebfeder von positiver Entwicklung werden können.

Aus Gründen der einfacheren Lesbarkeit wird in diesem Buch auf die geschlechtsneutrale Differenzierung, z. B. der/die Mitarbeiter/in, Teilnehmer/in usw., verzichtet. Entsprechende Begriffe gelten im Sinne der Gleichbehandlung grundsätzlich für beide Geschlechter.

Dieses Buch fokussiert auf die Anwendung von Deep Democracy in der Organisationsentwicklung. Ohne die große Arbeit der Gründer und Entwickler von Deep Democracy, insbesondere Arnold Mindell und Max Schupbach, und der weltweit agierenden Deep-Democracy-Community gäbe es dieses Buch nicht. Deshalb möchte ich mich bei den Gründern und Entwicklern und auch der großen, weltweiten Deep-Democracy-Community herzlich bedanken. Würdigen möchte ich an dieser Stelle ebenfalls die Menschen, die mir auf meiner individuellen Deep-Democracy-Diplomausbildung am Institut für Prozessarbeit in Zürich Lehrer, Supervisoren, Gatekeeper und nahe Unterstützung gewesen sind: Thierry Weidmann, Carmen Bächler, Ivan Verny, Stephan Müller, Elke Schlehuber, Tanja Hetzer und Corinna Bünger.

Wenn ich auch den Inhalt des Buches verantworte, so habe ich unzählige Hinweise, Korrekturvorschläge, Anmerkungen und Anregungen bekommen, die für die Qualität der Inhalte absolut essenziell waren. Gerne bedanke ich mich dafür bei meinen Kollegen Franz Fendel, Lukas Hohler, Elke Schlehuber, Barbara Leuner, Getrud Kessler, Peter Schmid, Karin Winnefeld, Brigitte Hauser, Merle Runge, Tanja Hetzer, Peter Knapp und Pao Siermann, die zum Teil auch für die Interviews zur Verfügung standen. Danken möchte ich Martin Bergmann vom Schäffer-Poeschel-Verlag, der mit Überzeugung und sanfter, achtsamer Steuerung meiner Schreibaktivitäten dieses Buch ermöglicht hat, und Barbara Buchter für das professionelle Lektorat. Meiner Lebenspartnerin Edith Hauser bin ich dankbar für ihre Geduld und Lebendigkeit, mit der sie meinen Stimmungen und Höllenritten beim Schreiben immer wieder begegnet ist.

Zürich, 30. Juli 2016
Caspar Fröhlich

1 Willkommen bei Deep Democracy

Dieses Buch stellt Organisationsberatern und Führungskräften ein innovatives Methodenspektrum zur Verfügung das bei der Bewältigung und Begleitung von Entwicklungsprozessen in Organisationen eine wertvolle Unterstützung ist. Deep Democracy ist ein Ansatz, der darauf abzielt, die Selbstorganisationstendenzen eines Systems oder einer Organisation zu erforschen und zu benutzen. Ein Ansatz, den die Menschen in Organisationen radikal dazu aufruft und ermächtigt, selbst Verantwortung für die Qualität ihrer unmittelbaren Arbeitsumfelder zu übernehmen. Deep Democracy ist nicht einfach ein weiterer Change-Management-Ansatz oder ein Tool, das man einfach erklären und schnell in Anwendung bringen kann. Es erfordert vom Anwender eine intensive Beschäftigung. Auch mit sich selbst. Deshalb führt der Ansatz manchmal zu Verwirrung, insbesondere wenn man sich zum ersten Mal damit beschäftigt. So meinte ein erfahrener Berater-Kollege anlässlich eines Workshops zu Deep Democracy an den Petersberger Trainertagen: »Ich glaube nicht alles schon verstanden zu haben, aber wenn mir Deep Democracy hilft, so klar und ruhig zu bleiben, wie Sie sich als Workshop-Leiter in dieser Demonstration gezeigt haben [Es war ziemlich turbulent und chaotisch; Anm. d. Verf.], dann will ich mehr darüber erfahren«. Das Chaos, die Turbulenz, die Disbalance, die Polarität, das Spannungsfeld gibt einer Organisation die Kraft und die Grundenergie, sich weiterzubewegen. Deshalb ist der Begriff der »Störung« zentral für den Ansatz. Je mehr Störenergie in einem Spannungsfeld auftritt, umso mehr Potenzial für Entwicklung entsteht in der Organisation. Traditionell vermeidet man sowohl in Organisationen als auch auf privater Ebene Spannungsfelder, weil die damit verbundenen Konflikte und Auseinandersetzungen mit negativen Gefühlen und Erfahrungen verbunden sind. Deep Democracy lädt dazu ein, sich einen komplett veränderten Zugang zu Konflikten und Spannungsfeldern anzueignen. Dabei fokussiert Deep Democracy die Betrachtung auf den Fluss oder den Prozess einer Organisation oder eines Individuums. Analysen, Diagnosen, Urteile oder weitere Unterscheidungen von Außenstehenden stehen nicht im Vordergrund. Dieser radikal prozessorientierte Charakter ist eine wertvolle Ergänzung der Know-how-Basis für alle Professionals, die Change-Prozesse begleiten und gestalten. Das Methodenspektrum basiert auf verschiedenen Betrachtungen, Haltungen und Interventionsformen. Ein wesentliches Element ist Achtsamkeit, Bewusstheit und die Aufmerksamkeit auf non-verbale Kommunikationssignale. Das bedingt eine hohe Spürkompetenz und -bewusstheit. Deshalb kommt der Verbindung zum eigenen Körper und dem Wahrnehmen von eigenen Körpersignalen große Bedeutung zu.

Dieses Buch ist aus meiner individuellen Perspektive des Organisationsberaters verfasst. Diese Perspektive wurde durch eine universitäre, betriebswirtschaftliche Ausbildung, diverse Change-Management-Weiterbildungen, eine Deep-Democracy-Diplomausbildung am Institut für Prozessarbeit in Zürich und Anwendungserfahrungen im Rahmen meiner beraterischen Praxis geprägt. Meine Affinität zum Thema basiert auf persönlicher Erfahrung des Ansatzes als mächtiges und generalisierbares Paradigma und Instrument für Entwicklungsprozesse sowohl auf individueller als auch auf kollektiver Ebene. Zu beachten ist, dass es sich beim Deep-Democracy-Ansatz um ein Konstrukt handelt, das selbst im Fluss ist. So ist die in diesem Buch beschriebene Version von Deep Democracy eine individuelle persönliche Interpretation von mir. Sie soll Organisationsberater und Manager anregen, für sich zu klären, welchen Nutzen der Ansatz für ihre beruflichen Tätigkeiten stiften kann.

Die in diesem Buch dargelegten Inhalte stammen aus drei Quellen: zum einen aus der angegebenen Literatur, die hauptsächlich durch den Begründer von Deep Democracy, Arnold Mindell, geprägt ist. Zum Zweiten stammen sie aus den Ausführungen von Lehrpersonen an den verschiedenen Ausbildungsinstitutionen, an denen Deep Democracy gelehrt wird (siehe dazu Abschnitt 8.1). Dabei kommt Max Schupbach, dem Leiter des Deep Democracy Institutes in San Francisco, eine hervorragende Bedeutung als Lehrer zu. Als Meister der Anwendung von Deep Democracy in verschiedenen Anwendungsfeldern hat er mit seinen Seminaren die Inhalte dieses Buch wesentlich inspiriert. Eine dritte Quelle besteht aus meinen individuellen Erfahrungen und meinem Anwendungs-Know-how, das sich aus meiner Beratungspraxis ergeben hat. Aufgrund der unterschiedlichen Quellen stellt dieses Buch ein reichhaltiges Buffet verschiedener Perspektiven zu Deep Democracy zur Verfügung. Zu diesem Buffet gehören die Darstellung der Grundlagen des Paradigmas und typische Interventionstechniken. Weiter gehören dazu Interviews mit erfahrenen Anwendern und Beispiele praktischer Anwendungen aus meiner eigenen Organisationspraxis. Zudem erhält der Leser die Möglichkeit, eigene konkrete Erfahrungen zu machen über die erfahrungsbasierten Reflexionen, die über das ganze Buch verteilt sind. Das Buffet wird abgerundet durch einen Service-Teil, der Informationen zu Deep-Democracy-Ausbildungsinstitutionen und -Kongressen erhält.

Wie soll man nun das Buch lesen? Das hängt von den eigenen Bedürfnissen ab. Sie können einsteigen, wo Sie wollen — eine kurze Übersicht der Inhalte erhalten Sie in Abschnitt 1.1. Aus Deep-Democracy-Sicht würde man wohl empfehlen: Starten Sie an der Stelle, von der Sie sich im Moment am meisten angesprochen fühlen — die Stelle die mit Ihnen »flirtet«.

Dieses Buch ist kein wissenschaftliches Buch im traditionellen Sinne. Es ist ein Buch für Praktiker, verfasst von einem Praktiker. Es soll als Nachschlagewerk und Inspirationsquelle Unterstützung geben für Organisationsberater und Führungskräfte für Fragen der Organisationsentwicklung, des Change Managements, der Führung und der positiven Gestaltung von Interaktionen im beruflichen Umfeld. Es werden keine Forschungsergebnisse zitiert und auch keine Verbindungen oder Vergleiche zu anderen — vielleicht auch ähnlichen — Ansätzen gemacht. Der Fokus bleibt auf Deep Democracy. Sie sind als Leser eingeladen — und auch aufgefordert —, Ihre eigenen Erfahrungen mit Deep Democracy zu machen. Wenn Sie ein Element des Paradigmas tiefer interessiert, finden Sie immer wieder Hinweise auf weiterführende Literatur.

Es gibt keine einfache, rezeptartige Anleitung für die Anwendung von Deep Democracy. Meine Erfahrung ist, dass die Möglichkeiten, die man für die Anwendung sieht, mit dem eigenen Persönlichkeitsentwicklungsprozess verbunden sind. Was im ersten Moment befremdlich aussieht, kann über die wiederholte Anwendung und entsprechende Familiarisierung zu einem Teil des eigenen Repertoires als Führungskraft oder Organisationsberater werden. Am einfachsten ist: Man sucht sich eine inspirierende Idee, die einem besonders Spaß bereitet, und beginnt diese in einer aktuellen beruflichen Situation anzuwenden und Erfahrungen damit zu machen. Dann macht man mehr von dem, was funktioniert, und weniger von dem, was nicht funktioniert. So entsteht ein typischer Entwicklungs- und Reifeprozess, der für Organisationsberater und Führungskräfte im Durchlaufen der vier folgenden Stufen besteht, die Max Schupbach im Rahmen eines Deep-Democracy-Trainings einmal schmunzelnd zusammengefasst hat:

- Stufe 1: Ich will führen — ich bin der Einzige, der das wirklich gut kann hier in dieser Runde.
- Stufe 2: Ich bin ja gar nicht allein: Ich trete ein bisschen zurück, weil andere dasselbe denken.
- Stufe 3: Hey, es gibt Experten — gerne möchte ich von diesen lernen.
- Stufe 4: Gerne lasse ich mich vom Organisationsprozess führen — alle führen und sind gleichzeitig die Geführten.

1.1 Was ist in diesem Buch?

»Das ist ja kalter Kaffee, was Sie uns hier mitteilen«, meinte eine Teilnehmerin an einer Einführung zu Deep Democracy, die ich anlässlich einer Veranstaltung für Organisationsberater und Moderatoren von Großgruppen durchgeführt habe. »Da bin ich mir nicht so sicher, aber wenn es kalter Kaffee ist, dann ist er auf jeden Fall sehr, sehr lecker aufbereitet«, war die Replik eines anderen Teilnehmers. Diese Interaktion zeigt das Spannungsfeld in dem sich Deep Democracy bewegt: Ein Teil der Ideen, Gedanken und Vorgehensweisen sind auch aus anderen Ansätzen bekannt. Je nach individueller Know-how-Ausgangslage sind deshalb unterschiedliche Elemente des Paradigmas interessant. Fokussieren Sie auf die Elemente, welche für Sie interessant sind, vergessen Sie den Rest.

Ihre Situation als Organisationsberater oder Führungskraft sieht vielleicht folgendermaßen aus: Sie haben langjährige Berufserfahrung. Sie haben bei verschiedenen Unternehmen gearbeitet. Haben erlebt, wie Organisationen fusionieren, sich spalten und sich immer wieder neu erfinden bis zum nächsten Transformationsprojekt. Sie haben unterschiedliche Typen von Mitarbeitern, Chefs und Kunden kennengelernt. Sie haben sich gefreut und geärgert in großen und kleinen Angelegenheiten. Vielleicht haben Sie sich vor einiger Zeit selbstständig gemacht und bemerkt, dass die grundsätzlichen Schwierigkeiten nicht kleiner werden. Trotz all Ihrer Erfahrung wundern Sie sich aber bis heute, weshalb gewisse Dinge nur langsam gehen. Warum in bestimmten Momenten Widerstand entsteht, und weshalb es Themen gibt, die partout nicht vorwärtsgehen und bei denen die kleinsten Schritte hart erkämpft werden müssen. Sie realisieren, dass die Anforderungen an Sie zunehmen und ein komplexes Spannungsfeld entstehen lassen: führen mit Visionen, klar und trotzdem rücksichtsvoll. Sich für organisationale Ziele engagieren und die einzelnen Beteiligten nicht aus den Augen verlieren. Hartnäckig mit Durchhaltewillen ein Ziel verfolgen und sich gleichzeitig flexibel und kontinuierlich den sich ändernden Umfeldanforderungen stellen. Dabei selbst geerdet und kraftvoll den eigenen Vorstellungen verpflichtet bleiben — ein permanenter Drahtseilakt. Sowohl für Führungskräfte als auch für Organisationsberater, die zwar nicht formal in einer Führungsfunktion sind, doch oft als temporäre Leitungspersonen in Workshops und Sitzungen fungieren. Ohne formale Weisungsbefugnis — aber mit der klaren Erwartung des Auftraggebers, ein Resultat zu erzielen.

Dieses Buch unterstützt Organisationsberater und Führungskräfte, diesen Drahtseilakt zu bewältigen. Es setzt da an, wo der Leidensdruck hoch ist, da wo eine »Störung« im Sinne einer Disbalance zwischen der aktuellen Situation und einem anvisierten Zustand vorhanden ist. Deep Democracy geht davon aus, dass wir als Leitungspersonen immer wieder an Probleme und Hürden stoßen. Diese Störungen haben die Eigenschaft, dem, was im ersten Moment beabsichtigt ist, zuwiderzulaufen und lösen deshalb negativ besetzte Assoziationen aus. Deep Democracy stellt ein Paradigma und ein Instrumentarium zur Verfügung, das negativ empfundene Störungen in einem anderen Licht erscheinen lassen. Daraus entstehen positive Entwicklungsprozesse: Ein Individuum, ein Team oder eine Organisation verflüssigt eine blockierte Situation und kommt wieder in den Fluss. So betrachtet sind Hürden, Barrieren, aber auch Spannungen, Konflikte und Auseinandersetzungen essenziell für den Fortschritt einer Organisation. Deep Democracy postuliert, dass in diesen unerwünschten Phänomenen der Störungen eine Ressource steckt. Diese Betrachtungsweise wirkt aus herkömmlicher Business-Perspektive zunächst seltsam. Probleme, Störungen, Irritationen, negative Emotionen und Konflikte versuchen wir zu vermeiden. Und wo sie nicht zu vermeiden sind, wollen wir sie typischerweise schnell eliminieren. In diesem Buch ist das nicht der Fall — hier wird über die nächsten acht Kapitel der Ansatz verfolgt, genau an dieser Stelle tiefer einzusteigen und Erfahrungen zu machen, was dann passiert.

Was beinhaltet das Buch?

In **Kapitel 1** finden Sie eine Inhaltsübersicht und einen Einstieg in das Thema. Die **Kapitel 2 und 3** beschreiben die Grundlagen und die Instrumente von Deep Democracy. Der Leser erhält dabei einen Überblick über die Grundbausteine des Ansatzes und die häufig benutzten Instrumente und Interventionsmethoden.

Kapitel 4 beleuchtet die Anwender-Perspektive und zeigt auf, welche Fähigkeiten notwendig sind, damit die Anwendung der Deep-Democracy-Paradigmas Erfolg hat, und was die häufigsten Fallstricke sind. Weiter berichten zehn Anwender im Rahmen eines Interviews mit dem Autor, bei welchen Situationen sie Deep-Democracy-Vorgehensweisen in ihrer beruflichen Tätigkeit einsetzen. Das Kapitel umfasst im Weiteren Antworten auf häufig gestellte Fragen in Deep-Democracy-Trainings.

In **Kapitel 5** finden Sie eine Sammlung von Fallstudien und Anwendungsbeispiele von Deep Democracy in organisationalen Entwicklungsprozessen, die der Autor als Organisationsberater durchgeführt hat. Unter anderem werden ein Visionsprozess, ein Fall aus dem Change Management, eine Konfliktbearbeitung, ein Coaching-Prozess und ein Berater-Akquisitionsprozess beleuchtet.

Kapitel 6 umfasst eine Sammlung von Deep-Democracy-inspirierten Anregungen für typische Momente des organisationalen Lebens: Führen — sich führen lassen, Performance Review und Feedback, Leitung von Sitzungen und Workshops und Unternehmenskultur-Veränderungen.

Kapitel 7 gibt Anregungen, wie man Deep Democracy im eigenen beruflichen Bereich umsetzen und wie man tiefer ins Thema einsteigen kann.

Im (Service-)**Kapitel 8** erhalten Sie Informationen zu Weiterbildungsinstituten und Ausbildungsmöglichkeiten, Kongressen und Community-Treffen, eine Liste von Organisationsberatern mit Deep-Democracy-Know-how, ein Glossar und die wichtigste Literatur zum Thema.

In allen Teilen des Buches finden Sie »Reflexionen«. Das sind Anwendungen, die in der Form einer Übung — am besten zu zweit — durchgegangen werden können. Diese Übungen sind integraler Bestandteil des Ansatzes, weil sich dessen Nutzen vor allem aus der Anwendungserfahrung ergibt. Diese persönliche Auseinandersetzung mit dem Material aus dem eigenen Erfahrungsschatz ist zentral. Aufgelockert werden alle Teile durch Praxisbeispiele des Autors und unterhaltende Kurzgeschichten (die ursprünglich als Blogs in einer Schweizer Tageszeitung veröffentlicht wurden).

Jede Leserin und jeder Leser hat einen individuellen Zugang zu den hier dargelegten Betrachtungen und Inhalten. Wählen Sie bewusst den Ihnen zusagenden Stil und übernehmen Sie keine Inhalte ohne eigene Überprüfung. Testen Sie die hier dargestellten Thesen und mentalen Modelle darauf, inwiefern sie für Ihre individuelle Situation nützlich sind. Vertrauen Sie dabei auf Ihre eigenen Empfindungen und Wahrnehmungen. Es ist wie am leckeren Dinner-Buffet: Halten Sie sich nicht mit Dingen auf, die Sie nicht ansprechen. Gehen Sie sofort zu denen, die lecker aussehen. Aber probieren Sie ruhig das eine oder andere, das Sie noch nicht kennen.

1.2 Was ist Deep Democracy?

Deep Democracy wurde von Arnold Mindell und Mitarbeitern in den 1980er Jahren in Zürich entwickelt. Der Ansatz beinhaltet ein Modell zur Beschreibung von sozialen Wandlungsprozessen auf individueller und kollektiver Ebene und leitet daraus entsprechende Interventionsformen ab. Der Ansatz hat seine Wurzeln in Psychologie, Quantenphysik, Systemtheorie, Kommunikationstheorie, Taoismus und Schamanismus. Als ursprünglich im psychotherapeutischen Bereich entwickeltes Konzept findet Deep Democracy heute Anwendung in Bereichen wie Organisationsberatung, Change Management,

Organisationsentwicklung, Leadership Training, Großgruppenmoderation und Coaching in profitorientierten Organisationen als auch im Non-Profit-Bereich.

Verwirrend sind die verschiedenen Begrifflichkeiten, die für den Ansatz verwendet werden: Deep Democracy, Prozessarbeit, prozessorientierte Psychologie und Worldwork sind Begriffe, die manchmal synonym verwendet werden, auch wenn bei näherer Betrachtung Unterschiede vorhanden sind. Ursprünglich sprach man von Prozessarbeit, wenn man den grundsätzlichen Ansatz meinte. Deep Democracy war die Bezeichnung für die dahinterliegende Haltung. Prozessorientierte Psychologie meint die Anwendung des Ansatzes im therapeutischen Bereich und Worldwork die Anwendung für gesellschaftspolitische Konflikte und weltweit wirksame Spannungsfelder. Unterdessen haben sich die Begriffe etwas verwischt. In diesem Buch wird folgende Begrifflichkeit verwendet: Deep Democracy ist ein Sammelbegriff für den Ansatz, die Haltung und die Interventionsmethoden, wenn von der Anwendung im Organisationskontext gesprochen wird.

Deep Democracy ist ein Paradigma für die Beschreibung und Gestaltung von Veränderungs- und Transformationsprozessen auf individueller und kollektiver Ebene. Es besteht aus einer Sammlung von Ansätzen und Konzepten und stellt Instrumente und Interventionsmethoden zur Verfügung. Im Kern geht es darum, durch Erhöhung von Bewusstheit mehr Fluss und Bewegung in blockierte Situationen von Organisationen und Individuen zu bringen. In einer ersten Näherung kann Deep Democracy mit folgenden sechs Grundthesen zusammengefasst werden (die Grundlagen des Paradigmas sind in Kapitel 2 beschrieben):

1. Feldkräfte organisieren das Verhalten und die Interaktionen in Gruppen und Organisationen. Diese Kräfte sind wie die Gravitation nicht sicht-, aber spürbar. Die Felder haben eine Entwicklungsrichtung.
2. Irritationen, Spannungsfelder, Konflikte und Schwierigkeiten sind Teil und Symptome des Entwicklungsprozesses des gesamten Feldes.
3. Der Entwicklungsprozess kann deshalb über verschiedene Symptome erfahren werden: Zum Beispiel über Kommunikationsstörungen, Auseinandersetzungen und konfliktartige Beziehungen zu Personen im Umfeld wie Mitarbeiter, Chefs, Peers, Kunden, Lieferanten. Aber auch über körperliche Erfahrungen wie Schmerzen, Tag- und Nachtträume.
4. Typischerweise hat man als Person den Eindruck, dass jemand oder das System im Außen die Ursache für die Störung ist. Man verknüpft eine wahrgenommene Störung nicht mit dem eigenen Entwicklungsprozess.
5. In Problemen, Symptomen, Störungen, Schwierigkeiten und Herausforderungen ist Information enthalten, die eine durch die Feldkräfte organisierte

Entwicklung vorwärtstreibt. Das gilt gleichermaßen für ein Individuum, ein Team oder eine Organisation.

6. Die bewusste Wahrnehmung der Signale um ein Problem hilft einer Person oder einer Organisation, sich mehr als Ko-Kreator des Entwicklungsprozesses denn als Opfer zu empfinden.

Ein Grundanliegen von Deep Democracy ist die Ermächtigung von Individuen und Gruppen, die eigenen Wunschvorstellungen, Empfindungen und Erfahrungen in die Zusammenarbeit mit anderen Personen einzubringen, diese in allen Facetten wahrzunehmen und zuzulassen. Und sich von potenziellen Reaktionen nicht blockieren zu lassen, ohne vorher eine bewusste Entscheidung zu fällen. Der Ansatz postuliert, dass *alle* Aspekte, die im Rahmen der Bearbeitung einer Fragestellung auftauchen, wichtig sind für die Weiterentwicklung der spezifischen Gruppe. Dazu gehören neben den Fakten auch subjektive Elemente wie Emotionen, Ahnungen, Intuitionen, traumartige Phänomene und Körpersymptome.

Das Grundmodell

Entwicklungsprozesse von Systemen haben eine Grundstruktur — unabhängig davon, ob eine Person, ein Team, eine Organisation oder eine ganze Gesellschaft betrachtet werden. Ein System definiert eine Gesamtheit von Elementen, die unter »Das bin ich« zusammengefasst werden. Das ist die eigene Identität. Diese Identität wird definiert durch die Abgrenzung nach Außen, zu den Dingen, die außerhalb der Ich-Definition liegen. Aus Sicht des Systems, das die eigene Identität konstruiert, wird der Teil außerhalb als »das andere«, »das, was ich nicht bin« wahrgenommen und so definiert. Die Ich-Identität und das, was Außen ist, wird durch eine Grenze bestimmt, die der Ich-Identität ermöglicht, dieses »Ich« aufrechtzuerhalten. In dem Moment, in dem die Identität aufgefordert ist, mit dem Außen in Beziehung zu treten, entsteht ein Spannungsfeld. Aus diesem Spannungsfeld generiert sich Energie, die dem System das Potenzial gibt, sich weiterzuentwickeln und die Grenzen zu verschieben. Damit erweitert sich die ursprüngliche Identität mit Anteilen aus dem Außen, die zu Beginn als »Störungen« auftreten.

Ein schematisches Beispiel aus dem Leadership-Development-Bereich soll dieses Grundmodell illustrieren. Eine Führungskraft sagt über sich: »Mein Führungsstil basiert auf Beteiligung und Partizipation, aber manchmal ist das schwierig, weil es dann so langsam vorwärtsgeht.« Dieser Vorgesetzte hat die Identität eines Chefs, der Mitarbeiter an Entscheidungsprozessen beteiligt. Vereinfacht gesagt: Seine Identität beinhaltet Beteiligung von Mitarbeitern.

Wenn er das macht, fühlt er sich wohl, er ist dann in seiner Komfortzone. Wenn er das Gegenteil machen würde — zum Beispiel alleine, direktiv entscheiden, dann würde ihn das aus seiner Komfortzone werfen, weil er eine Grenze überschreiten müsste. Und das macht man typischerweise erst, wenn eine Störung von außen erfolgt. Zum Beispiel durch einen Chef, der sich über die Performance des Bereiches beschwert oder durch verlorene Kundenaufträge. Unabhängig davon, woher die Störung an ihn herangetragen wird: Die Störung fordert ihn auf, seine Identität weiterzuentwickeln, seine Grenze in Bezug auf direktives Führungsverhalten zu überprüfen und gegebenenfalls zu verschieben. Am Ende eines gelungenen Prozesses steht eine Führungskraft, die beide Führungsmodi — »Beteiligen« und »Direktiv allein entscheiden« — bewusst gemäß Notwendigkeit der Situation anwenden kann. Die Führungskraft hat nun keine implizite Präferenz mehr gegenüber Führungsstilen oder -modi. Damit wird in Zukunft an dieser Stelle keine »Störung« mehr auftauchen. Man könnte deshalb sagen, sie ist nun »tief demokratisch« gegenüber allen Modi oder Stilen der Führung. Der praktische Vorteil ist: Sie ist nun wirksamer in der Führung.

Was passiert nun, wenn man eine Führungskraft vor sich hat, die sich in der Komfortzone fühlt, wenn sie selbst und alleine direktiv entscheiden kann? Das Grundmodell bleibt dasselbe, aber die konkrete Grundstruktur dieser Person ist umgekehrt ausgerichtet: Die Identität beinhaltet »Allein und direktiv entscheiden« und eine solche Person wird tendenziell Störungen erleben, die sie dazu aufrufen, andere zu beteiligen. Zum Beispiel, indem sie zwar entscheidet, die Entscheidungen aber nicht umgesetzt werden.

Das Grundmodell von Identität und Grenze wird bei Deep Democracy fraktal angewendet. Unabhängig von der betrachteten Ebene — Person, Team, Organisation, Gesellschaft, Welt — ist dieses Grundmodell das Analysewerkzeug für Veränderungsprozesse. Die Grundstruktur des Verhaltens einer Person wird stark von den Grundstrukturen und Polaritäten der übergeordneten Hierarchiestufe geprägt. Ob eine Person zum Beispiel Auskunft über ihr Einkommen gibt, ist stark abhängig davon, ob das in ihrer Kultur Usus ist oder nicht. Interessant an diesem Grundmodell ist auch, dass es die Grundstruktur eines Entwicklungsprozesses beschreibt — nicht aber die konkreten Inhalte. Das heißt, je nach betrachteter Situation wird das Modell mit konkreten Inhalten gefüllt. Das macht das Modell ungemein offen und ermöglicht eine breite Anwendung.

Wo findet der Ansatz Anwendung?

Der Ansatz ist interessant für Personen, die sich professionell mit Veränderungsprozessen befassen wie Organisationsberater, Führungskräfte, Change Manager, Trainer, Coaches, Organisations- und Personalentwickler, HR-Verantwortliche und »Learning & Development«-Spezialisten. Die inhaltliche Offenheit erlaubt eine breite Anwendung. Durch den Fokus auf die Grundstruktur einer Situation stoßen konkrete Anwendungen schnell in grundlegende Spannungsfelder eines Systems oder einer Situation vor. Diese Tiefe ist nicht in jedem Fall notwendig. Deshalb benötigen Anwender solide Kenntnisse des Ansatzes und entsprechende Erfahrung, damit für eine Organisation oder eine Person erkennbarer Nutzen gestiftet werden kann. In Kapitel 5 wird eine Reihe von konkreten Anwendungsbeispielen aus der Praxis des Autors aufgeführt. Nachfolgend eine Übersicht über die vier wesentlichen Anwendungsfelder im Organisationsentwicklungsbereich:

1. Konfliktbearbeitung
Bei der Einführung einer neuen, innovativen Konfliktkultur bietet Deep Democracy sehr interessante Perspektiven und schnell anwendbare Werkzeuge. Und natürlich bei der konkreten Lösung von aktuellen Konflikten, wenn die Arbeitsfähigkeit von Teams und Arbeitsgruppen blockiert ist.

2. Führungskräftetraining (Leadership Development und Einzelcoaching)
Wie einleitend dargelegt, ist Deep Democracy im Kern ein Entwicklungsmodell und eignet sich deshalb besonders dort, wo Entwicklungen im Zentrum der Betrachtung stehen. Dies ist der Fall sowohl im Einzelcoaching, wo der Ansatz als Interventionsmethode eines Coaches verwendet werden kann, als auch bei Führungskräftetrainings. Dazu gibt es entsprechende »Standard«-Programme (siehe dazu Abschnitt 8.2). Der Fokus liegt dabei auf der Erhöhung der Kompetenzen im Bereich Selbstorganisation, gemeinschaftliche Zusammenarbeit und verteilte Führung (Shared Leadership).

3. Besondere Anlässe im Change Management und der Organisationsentwicklung
Deep Democracy beinhaltet neben dem Analysewerkzeug auch spezifische Haltungen, mit denen eine organisationale Frage angegangen werden kann. Die Störung liegt dabei im Kern der Betrachtung und ebenso das Feld respektive die Polaritäten, die sich in diesem Feld konstellieren. Damit kommen verschiedenste Anwendungen und Designs im Rahmen von großen Change-Management-Projekten in Betracht. Darunter zum Beispiel die Facilitation von

Großgruppen-Anlässen, Diversity Management und Community Building oder allgemein: bei der Schaffung von mehr Nähe und Verbundenheit in Gruppen, wenn das Vertrauen und damit die Qualität der Zusammenarbeit erhöht werden sollen.

4. Deep-Democracy-Ausbildungen

Die Anwendung von Deep Democracy geschieht natürlich auch im Rahmen von Aus- und Weiterbildungen. Es gibt dazu weltweit Angebote und Seminare. Die entsprechenden Institutionen sind in Abschnitt 8.1 aufgeführt.

REFLEXION 1

Mein aktueller beruflicher Standort

Nehmen Sie sich einen Moment Zeit und beantworten Sie folgende Fragen für sich, und zwar möglichst genau und persönlich, nicht im Allgemeinen bleibend. Machen Sie Notizen.

1. Was beschäftigt Sie im Moment rund um Ihre berufliche Tätigkeit am meisten?
2. Wobei könnten Sie Unterstützung brauchen? Wen würden Sie sich idealerweise als Unterstützung wünschen?
3. Welche drei konkreten Fragestellungen wollen Sie angehen, während Sie sich mit den Inhalten dieses Buches beschäftigen?

2 Grundlagen Deep-Democracy-Paradigma

Das Paradigma von Deep Democracy besteht aus einer Reihe von Ideen, Ansätzen und Grundelementen, die in Kapitel 2 detailliert beschrieben werden. Zur Vereinfachung werden die Elemente zuerst abstrakt und schematisch beschrieben. Damit sich Organisationsberater und Führungskräfte schnell zurechtfinden, ergänzen konkrete Beispiele aus dem täglichen, organisationalen Leben diese Darstellungen. Jedes Grundelement ist in einem Unterkapitel zusammengefasst. Diese sind so ausgestaltet, dass sie unabhängig voneinander verstanden werden können, obwohl sie zum Teil inhaltlich miteinander verbunden sind.

Das Paradigma von Deep Democracy umfasst folgende Grundelemente:

1. Feldansatz
2. Störung, Irritation oder »das Problem«
3. Signalorientierung, Ampelprinzip und Doppelsignal
4. Grenzen
5. Rang und Privilegien in Beziehungen
6. Gruppenprozess
7. Tendenzen, Polaritäten und Spannungsfelder
8. Konfliktbearbeitungszyklus
9. Organisationsmythos und Selbststeuerungsprinzip
10. Grundrichtung, Zweck oder Mission
11. Wahrnehmungsmodell: Welche Brille habe ich gerade auf?
12. Flackernde Signale (»Flickering Signals«)
13. Meta-Skills
14. Der Körper als Ausgangspunkt der Wahrnehmung (Spürkompetenz)

2.1 Feldansatz

Deep Democracy basiert auf dem Gedanken von »Feldern« und entsprechenden Kräften, die man zwar nicht sehen kann, die aber die Akteure in diesen Feldern gemäß einem inneren Prinzip organisieren und ausrichten. Man spricht auch von einem intentionalen Feld, das die Akteure — Personen, Teams oder ganze Organisationen — organisiert. Die Feldkräfte sind mit der Gravitationskraft vergleichbar. Alle sind ihr ausgeliefert, es ist so normal und allumfassend, dass man sie im täglichen Leben nicht wahrnimmt. Ein Feld kann sich bilden rund um ein Thema, um eine Person, zum Beispiel eine charismatische Person wie Steve Jobs oder Nelson Mandela, oder auch um Orte und Ideen. Arnold Mindell vergleicht diese Kräfte mit einem Magnetfeld, das Eisenspäne entlang der Feldlinien ausrichtet. Das Magnetfeld selbst ist nicht wahrnehmbar, doch die Ausrichtung der Späne sehr wohl. Analog dazu kann man sich vorstellen, dass Personen in einer Gruppe durch Feldkräfte organisiert werden, die zwar nicht erkennbar, deren Auswirkungen in gewissen Situationen aber sehr wohl spürbar sind.

Im Organisationskontext kann man den Feldgedanken auf alle Situationen übertragen, bei denen Gruppen eine Rolle spielen. Unter anderem zum Beispiel in Sitzungen und Workshops und jeder Art von Gremienarbeit. Deep Democracy postuliert, dass das Verhalten der beteiligten Personen maßgeblich von den Feldkräften beeinflusst ist, ohne dass man sich dessen bewusst wäre.

Ein einfaches Beispiel: Stellen Sie sich vor, sie sind begeistert von der neuen Chefin. Nun kommt jemand, der noch begeisterter ist und dies auch stark zum Ausdruck bringt. Die Chance ist groß, dass Sie beginnen, Ihre Begeisterung zu relativieren — im Sinne von: »Ja, sie ist gut, aber so umwerfend ist sie auch nicht, wie der andere sie jetzt sieht«. Das heißt, man verändert seine Position im Feld relativ zu den anderen fortlaufend.

Das Interessante an diesem Ansatz ist weniger die allgemeine Postulierung von Feldkräften, sondern die Konsequenzen, die diese Betrachtung für den Umgang mit zwischenmenschlichen Spannungsfeldern hat. Konfliktartige Situationen sind dann nicht als lästiges, mühsames Problem zu sehen, sozusagen das Resultat einer Fehlschaltung — das wäre ein kausaler Ansatz —, sondern als Ausgangspunkt einer Entwicklung, die in diesem Feld geschehen möchte. Diese Betrachtungsweise erhöht die Optionen, wie mit der Situation umgegangen werden kann, und lenkt die Energie auf die Zukunft. Für Leitungspersonen bedeutet dies: Wenn man lernt, die Feldkräfte bewusst wahrzunehmen und sich nicht unbewusst auszuliefern, dann kann man sich und eine Organisation dabei unterstützen, sich aus einer Blockade positiv weiterzuentwickeln.

Schematische Darstellung Feldansatz

Sobald sich eine Gruppe von Personen mit einem Thema befasst, bildet sich ein Interaktionsfeld, zum Beispiel in einer Sitzung, einem Workshop, in großen Gruppen, aber auch in virtuellen Teams oder bei Telefonkonferenzen. Das Feld hat eine Entwicklungsrichtung. Es besteht aus den vier Ebenen, die man gedanklich trennen kann (siehe Abb. 2.1):

1. Das Thema,
2. die am Thema beteiligten Personen,
3. die Funktionen und Abhängigkeiten im System und
4. die Tendenzen und Potenziale.

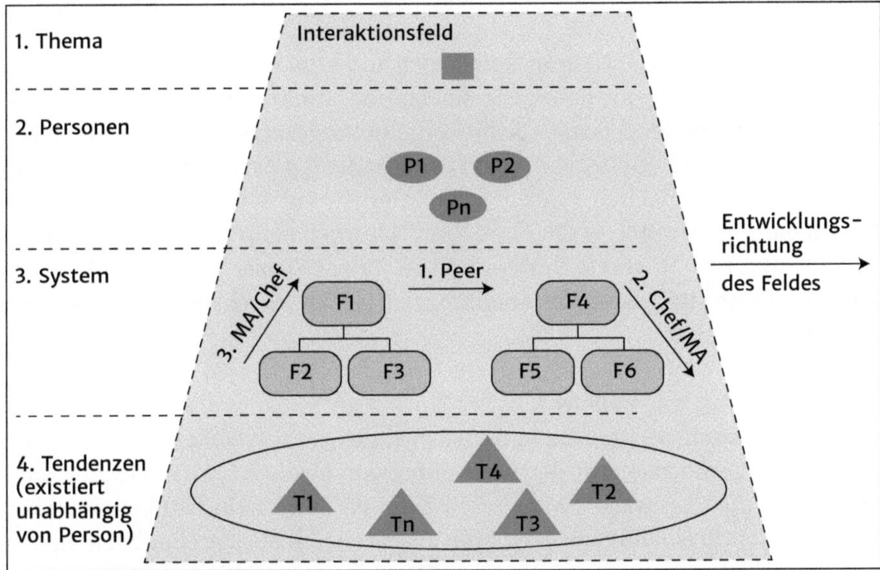

Abb. 2.1: Das Feld mit vier Ebenen (in Anlehnung an Schupbach, 2007)

Themen-Ebene:

Jede Gruppe von Personen, die sich trifft, hat ein Thema als Anlass für das Zusammenkommen. Im Organisationskontext geht es um bestimmte Inhalte, Themen und Fragestellungen, die man in Form von Sitzungen oder Serien von Sitzungen zusammen bearbeitet. Das kann sich auf eine Produktentwicklung beziehen, eine normale Geschäftsleitungssitzung, eine Konfliktklärung oder auf jeden anderen Hintergrund, weshalb diese Personen zusammenkommen. Thema und beteiligte Personen sind beide Elemente eines Feldes, dessen Elemente sich gegenseitig bedingen. Deshalb kann man sagen, dass jede Gruppe ein Thema hat und auch, dass das Umgekehrte zutrifft: Jedes Thema organisiert sich eine geeignete Gruppe von Personen, die das Thema bearbeitet.

Personen-Ebene:
Beteiligte Personen sind alle Personen, welche eine Präsenz und Einfluss auf den Bearbeitungsprozess des Themas haben. Alle diese Personen haben eine Wirkung, auch wenn sie in einzelnen Momenten vielleicht physisch nicht anwesend sind. Einfach gesagt: Wenn jemand Einfluss nimmt, direkt oder indirekt, ist diese Person Teil des Feldes. Dies gilt auch für temporäre Mitarbeiter, externe Berater oder Mitarbeiter von anderen Unternehmen.

System-Ebene:
Die Bearbeitung eines Themas spielt sich innerhalb eines organisationalen Rahmens ab. Es gibt formelle, den Rollen und Funktionen zugeordnete Zuständigkeiten und Einflussmöglichkeiten. Ein Vorgesetzter hat formell andere Möglichkeiten und Privilegien als ein Mitarbeiter. Es existieren drei mögliche Beziehungsmöglichkeiten zwischen Funktionen und deren Trägern: Chef — Mitarbeiter, Mitarbeiter — Chef und Peer. Natürlich kann eine Person in mehreren Funktionen in einem System wirken. Zum Beispiel ein Mitarbeiter, der im Betriebsrat sitzt, oder ein Abteilungsleiter, der gleichzeitig in einer Geschäftsleitung sitzt.

Tendenzen-Ebene (»Rollen«):
Neben der Personen- und der Systemebene, die gut nachvollziehbar sind, arbeitet Deep Democracy mit der Vorstellung von Feldkräften. Tendenzen sind Feldkräfte, die in gewissen Momenten zum Ausdruck kommen können, aber nicht müssen. Das heißt, sie existieren als Potenzial. Sie sind unabhängig davon, ob sich Personen konkret treffen. Tendenzen erscheinen in Polaritäten: Eine Tendenz hat immer eine Gegentendenz. Ein Beispiel: Ein Ja beinhaltet immer auch ein Nein, sonst hätte das Ja keine Bedeutung. Tendenzen machen deshalb nur in der Polarität Sinn. Die beiden Pole einer Polarität in der Tendenzen-Ebene bedingen sich gegenseitig. Wenn Tendenzen sich klar zu manifestieren beginnen, so spricht man auch von »Rollen«.

Wie spielen nun die verschiedenen Ebenen zusammen? Das folgende Beispiel einer Sitzung soll den Feldansatz illustrieren: Wenn jemand ein Thema aufgreift und zum Beispiel ein Projekt anstößt oder einen Vorschlag macht, dann konstituieren sich die vier Ebenen. Tendenzen suchen sich geeignete Personen, die diese Positionsbezüge zum Ausdruck bringen (Betrachtung: Personen-Ebene). Wenn zum Beispiel eine Person sagt: »Jetzt lasst uns mal vorwärts machen und nicht so lange rumdiskutieren«, dann heißt das, dass eine »Macher«-Tendenz zum Ausdruck gebracht wird. Tendenzen tauchen als Polaritäten auf. Deshalb ist auch die gegenteilige Position im Raum. Falls sie nicht eingenommen wird, bleibt sie verdeckt trotzdem vorhanden: Deep Democracy nennt das eine »Geist-Rolle« (oder »Geist-Tendenz«). Eine einzelne Tendenz wie die »Macher«-Qualität kann von unterschiedlichen Personen zum Ausdruck gebracht werden. Typischerweise ist es aber so, dass einzelne Tendenzen immer wieder von denselben Personen eingebracht werden. Dann sagen wir »die Person übernimmt oft die Macher-Rolle«. Einzelne Tendenzen sind von der Gruppe erwünschter, gehören zur »Mainstream«-Kultur. Im Businesskontext ist die »Macher«-Tendenz eine allgemein erwünschtere Ausprägung einer Tendenz. Der andere Pol dieser Polarität, die »Nicht-Macher« ist eine weniger erwünschte Tendenz. Das könnte eine Tendenz sein, die zum Ausdruck bringt, dass es gar nicht immer ums Machen geht. Sondern auch um Nachdenken, Innehalten und das richtige Timing einer Handlung. Wenn sich Personen stark mit einer Tendenz identifizieren, Vorgesetzte zum Beispiel mit der »Macher«-Tendenz, können Irritationen und Konflikte entstehen, die man als Leitungsperson gar nicht versteht.

Ein Beispiel aus der Organisationswelt

Was bedeutet der Feldansatz konkret in der Organisationswelt von Sitzungen, Workshop und großen Gruppen? Im folgenden Abschnitt wird ein plakatives Beispiel ausgebreitet, wie sich ein Interaktionsablauf unter Bezugnahme des Feldansatzes abspielen könnte. Die Ausgangslage besteht aus einer Organisation, die ein Kostenproblem hat. Es wurde ein Projektteam gebildet, dass die Möglichkeiten zur Senkung der »Cost Ratio« auslotete. Das Vorgehen wurde im Unternehmen bekannt gemacht. Ein Leitungsteam eines Bereiches zur Bestimmung der konkreten Maßnahmen trifft sich. Daten, Analysen und Fakten liegen vor. Es entwickelt sich folgende Diskussion, die in Abbildung 2.2 illustriert ist.

Der Chef des Bereichs, hier als P1 (Person 1) bezeichnet, bringt zum Ausdruck, dass er nicht mehr länger diskutieren, sondern mit den Maßnahmen vorwärts machen möchte und konkrete Entscheide in der Runde erwartet (»Ich will vorwärts machen«). Wenn jemand eine solche Aussage macht, dann muss es eine Position in diesem Feld geben, die nicht so schnell machen will. Ansonsten müsste der Chef das nicht so stark einfordern. Je nach Unternehmenskultur zeigt sich diese Gegenposition, zum Beispiel in der Form einer Person 2,

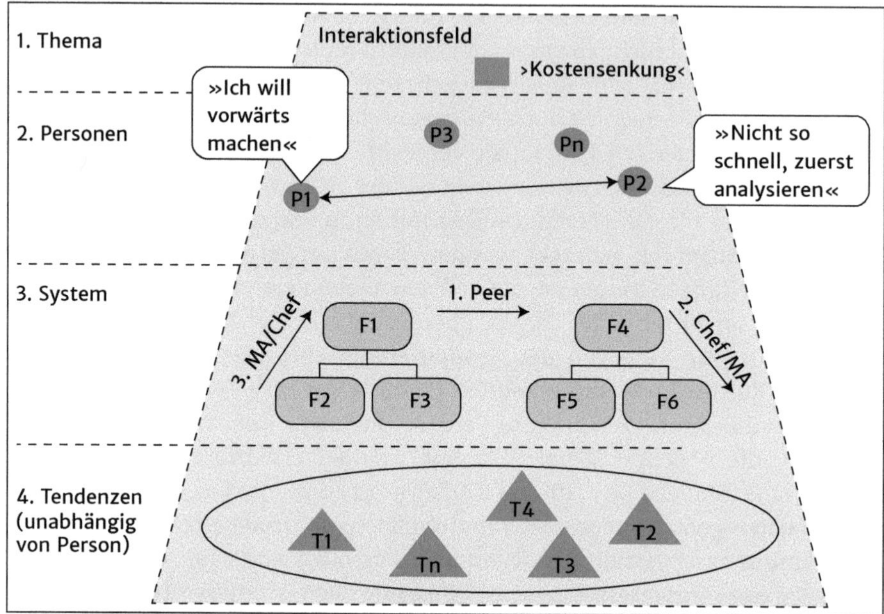

Abb. 2.2: Feldansatz — Personen-Ebene

die vor Schnellschüssen warnt und die sich stark macht für eine sorgfältigere Analyse der Situation und der Fakten (»Nicht so schnell, zuerst analysieren«). In Abbildung 2.2 ist die Aussage von P2 in Klammern gehalten: Dies zeigt an, dass es möglich ist, dass diese Aussage nicht verbal ausgedrückt, aber innerlich gedacht wird. Hintergrund ist eine Vorsicht vor Strafen oder subtilen Sanktionen. In diesem Fall wäre das eine Geist-Tendenz oder -rolle. In diesem Beispiel geht man davon aus, dass P1 die Funktion F1 hat, also Vorgesetzter von P2 ist. Als Chef des Bereiches nimmt man die Aussage von P2 als Bremse, als Widerstand, als Störung wahr. Er ist der Ansicht, dass genügend Fakten vorliegen. Die dargestellte Interaktion gehört zum Alltag in Organisationen. Typischerweise geht die Interaktion so weiter, dass P1 und P2 ihre Argumente schärfen und allenfalls wiederholen, wieso man jetzt vorwärts machen soll respektive weshalb noch mehr Analyse notwendig ist. Dies kann potenziell zu einer besseren Lösung führen, zum Beispiel, dass ein Teil sofort umgesetzt wird und für einen anderen Teil nochmals ein Faktencheck gemacht wird. Eine andere Lösung könnte sein, dass P1 dank ihrer Weisungsbefugnis einen direktiven Führungsentscheid fällt. Sie sagt dann: »Ich möchte hier einen Top-Down-Entscheid fällen im Bewusstsein, dass es andere Meinungen gibt. Wir beginnen sofort.«

Betrachten wir den Fall, dass sich diese Interaktionsdynamik zwischen dem Bereichsleiter und diesem Mitarbeiter nicht zum ersten Mal ergeben hat, sondern bei vielen Themen auftaucht. Der Chef übernimmt dann oft die »Macher-Rolle« und der Mitarbeiter die »Achtung, sorgfältiger«-Rolle. In diesem Fall besteht die Gefahr, dass durch das Spannungsfeld wiederholt keine befriedigenden Lösungen gefunden werden. Wenn sich über längere Zeit weder ein Konsens noch ein Entscheid ergibt, kann ein persönlicher Konflikt zwischen P1 und P2 entstehen mit unangenehmen Effekten wie zum Beispiel schlechte Arbeitsatmosphäre, Ärger, spürbare Wut unter der Oberfläche, ungenügende Effizienz und Zusammenarbeit im Team. Der Konflikt flammt dann unabhängig von den inhaltlichen Themen meist zwischen denselben Personen auf. Und zwar entlang der Polarität mit dem höchsten Spannungspotenzial. Im hier verwendeten Beispiel entlang der Polarität »Vorwärts machen« versus »Tempo rausnehmen, sorgfältig analysieren«.

Diese konfliktartigen Situationen sind im Organisationen durchaus üblich und bekannt. Der Feldansatz bietet nun eine Betrachtung, die zu interessanten Handlungsmöglichkeiten führt. Die Aussage von P1 »Ich will vorwärts machen«, bedeutet im Rahmen des Feldkonzeptes, dass die Person 1, der Bereichsleiter; im Moment eine Tendenz 1 (T1) zum Ausdruck bringt. Man könnte etwas pointierter sagen, dass er durch T1 »besetzt« ist. Dies kommt in Abbildung 2.3 zum Ausdruck. Die Tendenzen bestehen unabhängig von den Personen. Sie »suchen« sich eine Person auf der Personenebene, die diese Qualität zum Ausdruck bringt. Bildlich gesprochen könnte man sagen: Die Tendenz nimmt die am einfachsten dafür zu gewinnende Person in Beschlag. Falls eine Person ausfällt, um eine Tendenz zum Ausdruck zu bringen, »sucht« sich die Tendenz eine andere Person. Man kennt diesen Mechanismus, wenn man als Vorgesetzter ein mühsames Teammitglied auswechselt: Nach einer gewissen Zeit übernimmt eine andere Person die unangenehme Rolle.

Der Feldansatz mitsamt der Tendenzen-Ebene ist unkonventionell. Unter anderem bedeutet diese Betrachtung, dass die Aussage von P1 »Ich will vorwärts machen« gleichzeitig eine persönliche und eine überpersönliche Dimension aufweist. Man sagt deshalb einerseits: Eine Person (wie P1) ist größer als eine Tendenz (wie T1) und meint damit: Eine Person kann mit einer Tendenz verbunden sein und auch eine andere Tendenz einnehmen. Zum anderen gilt auch, dass eine Tendenz größer ist als eine Person: Man meint damit, dass eine Tendenz von mehr als einer einzelnen Person eingenommen werden kann.

Welche Mittel und Wege bietet Deep Democracy, um eine Polarität aufzulösen und die kreativen Kräfte des intentionalen Feldes nutzbar zu machen? Was kann man tun, wenn man sich in einer Konstellation wie P1 oder P2 befindet,

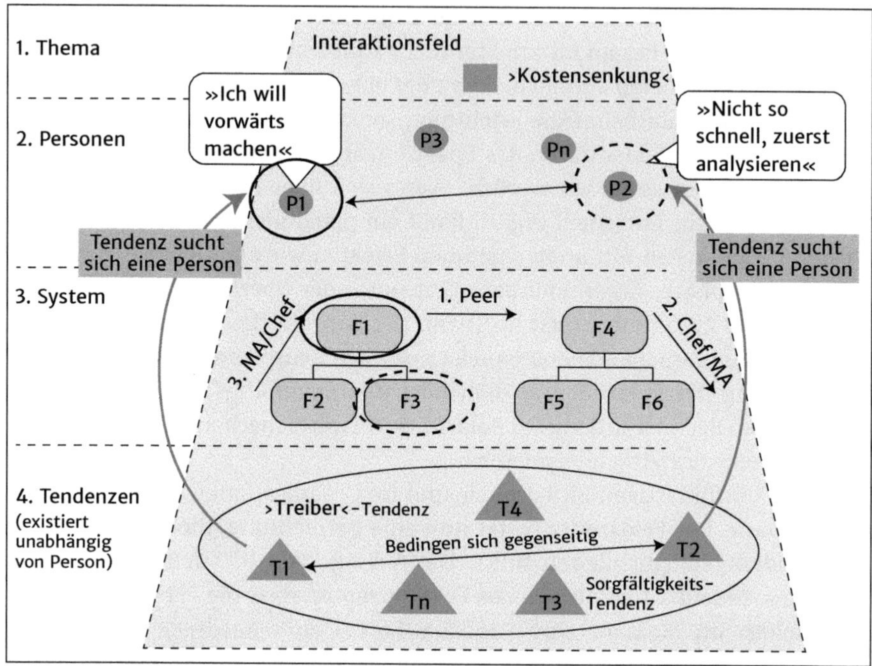

Abb. 2.3: Feldansatz — Tendenzen-Ebene

in der sich zwei Meinungen oder zwei Positionen gegenüberstehen? Blockierte Situationen entstehen gemäß den Überlegungen des Feldansatzes, wenn Personen vornehmlich eine Tendenz einnehmen und keinen Zugang zur Gegenposition haben. Eine solche Situation kann man verflüssigen, indem man auch andere Positionen im Feld einnimmt. In Abbildung 2.4 ist dieser Vorgang illustriert: P1 löst sich aus der exklusiven Vertretung einer Tendenz und nimmt glaubhaft und authentisch auch die andere Position ein. Das funktioniert vor allem dann, wenn man tatsächlich etwas an der Gegenposition auch sinnvoll findet. Was heißt nun »die Gegenposition einnehmen«? Das könnte zum Beispiel bedeuten, dass P1 sich für die Aussagen von P2 interessiert und nachfragt, was der Hintergrund ihrer Aussage ist. Als P1 sucht man nach etwas, was einem positiv erscheint. Grundsätzlich ist hinter jeder Aussage eine positive Essenz zu finden, in hoch emotionalen Situationen verliert man aber typischerweise die Wahrnehmung dafür. Allgemein ausgedrückt: Wenn eine Person glaubhaft und authentisch verschiedene Tendenzen im Feld einnehmen kann, ist sie wirksamer in der Leitungsfunktion.

In Abbildung 2.4 sind noch andere Handlungsvarianten aufgezeigt: P1 könnte zum Beispiel die Tendenz Tn einnehmen (hier: eine Beobachter-Posi-

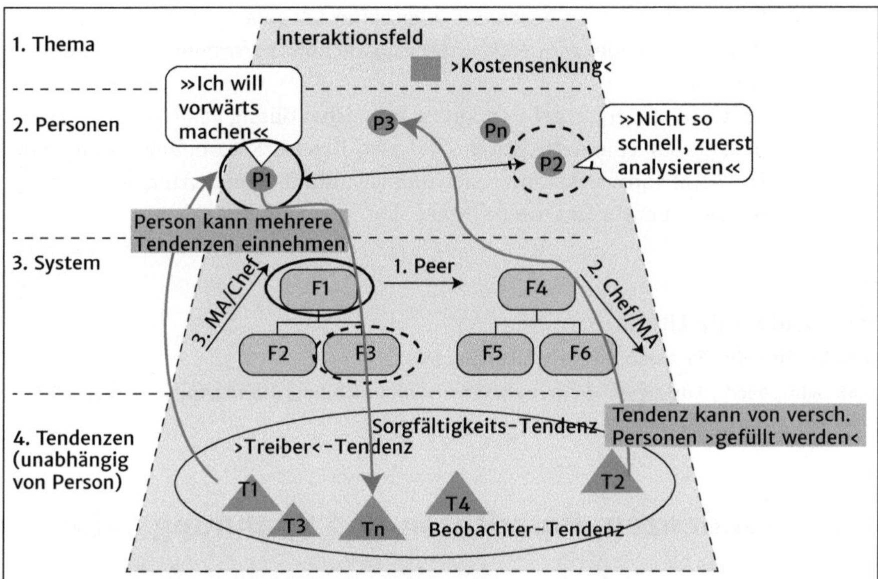

Abb. 2.4: Feldansatz — Entpolarisierung

tion) und konkret beschreiben, was ein Beobachter der ganzen Situation im Moment wahrnehmen würde. Wenn nicht nur zwei Personen an der Interaktion beteiligt sind, so kann auch eine Person P3 die Tendenz T2 übernehmen und so P2 aus der Rolle »entlassen«.

LERNPUNKTE

- Wenn Personen in einer Organisation zusammenkommen, entstehen Felder, deren Kräfte das Verhalten der einzelnen Personen stark beeinflussen und organisieren.
- Die Feldkräfte sind wie die Gravitationskraft nicht direkt beobachtbar. Man kann aber über das Verhalten der beteiligten Personen auf die Feldkräfte rückschließen.
- Meinungen und Positionen, die von Personen in einer Gruppe geäußert werden, können als Ausdruck von Tendenzen verstanden werden, die unabhängig von den Personen als Potenzial im Feld existieren.
- Wenn einzelne Personen ausschließlich und über das Maß hinaus eine Meinung vertreten, so sind sie aus der Feld-Perspektive »besetzt« von einer Tendenz und tragen zu einer Blockierung der Situation bei.

- Eine Deblockierung geschieht über einen Entpolarisierungsprozess, indem die Tendenzen von unterschiedlichen Personen eingenommen werden.
- Als Leitungsperson geht es darum, möglichst flüssig verschiedenen Tendenzen auf eine authentische Art zum Ausdruck verhelfen zu können. Das setzt voraus, dass man sich intensiv mit den Tendenzen beschäftigt, die einem natürlicherweise fremd sind.

Weiterführende Literatur:

Arnold Mindell: *The leaders as martial artist*, 1992

Max Schupbach: *Worldwork — ein multidimensionales Change Management Modell*, 2007

2.2 Tendenzen, Polaritäten und Spannungsfelder

Gibt es nun typische Polaritäten, welche in Organisationen immer wieder auftauchen? Die sozusagen in die DNA eingebaut sind? Mit der man als Leitungsperson immer wieder rechnen muss? Grundsätzlich kann man ohne Kenntnisse einer Organisation nicht vorhersagen, welche Polaritäten in einem einzelnen Gruppenprozess auftauchen. Damit der Leser trotzdem eine Idee über in der Praxis auftauchende Polaritäten erhält, werden im Folgenden Polaritäten und dazugehörige, typische Aussagen aus dem Organisationskontext benannt. Sie sind aus dem Kontext gerissen, verkürzt und zur Illustration plakativ dargestellt. Oft zeigen sie sich auch nicht so direkt, sondern eher vermischt. Es ist Aufgabe der Leitungsperson, mehr Licht in die Grundpolaritäten zu bringen. Solche Polaritäten können sein:

- *Sache — Emotion:* P1: »Mir ist wichtig, dass wir uns hier auf die Facts konzentrieren. Alles andere ist verschwendete Zeit.« — P2: »Facts, Facts, und nichts als Facts — etwas anderes interessiert dich wohl nicht. Schau doch mal die Leute an, wie es denen geht. Hier und Jetzt.«
- *Inhalt — Prozess:* P1: »Die neue Produktlinie bringen wir nicht hin bis Ende des Jahres, wir brauchen mehr Ressourcen.« — P2: »Wollen wir jetzt das Thema der Produktlinie besprechen? Ich dachte wir sind am Thema ›Low-Performer‹ in deiner Abteilung.«
- *Aktion — Analyse:* P1: »Ich will endlich vorwärts machen und zwar ruckzuck.« — P2: »Hold the horses, zuerst müssen wir genau wissen, wo wir stehen. Dazu braucht es eine gründliche Analyse der Ausgangslage.«

- *Ich-Bezogenheit – Wir-Bezogenheit:* P1: »Aber am Ende des Tages muss ich schauen, dass ich für mich eine gute Lösung habe. Ich kann nicht der ganzen Welt helfen.« – P2: »Das ist genau diese Ego-Haltung, die uns nicht weiterhilft. Wir müssen für das Gesamtsystem eine Lösung finden.« Die Ich-Wir-Polarität kommt natürlich auch zwischen ganzen Gruppen zum Ausdruck: P1: »Mich interessiert in erster Linie eine gute Lösung für uns hier im Marketing. Was die Produktion macht, kann uns gleich sein und interessiert mich nicht.«
- *Gleichheit – Ungleichheit:* P1: »Wir sollten keine Leistungslöhne bezahlen. Wir arbeiten alle mit voller Leistung, da stören Unterschiede bei den Löhnen die positive Teamdynamik.« – P2: »Es tragen nicht alle im selben Maße zur Leistung der Organisation bei. Wenn alle dasselbe bekommen, dann lohnt sich Extra-Leistung nicht. Dann lege ich auch meine Hände in den Schoß.«
- *Insider – Outsider:* P1: »Ja, das Thema der Bonus-Verteilung ist wichtig. Aber das müssen wir nicht hier in dieser Runde diskutieren. Es gibt eine andere Arbeitsgruppe, die sich darum kümmert.« – P2: »Ja, und wer ist denn genau in dieser Arbeitsgruppe?«
- *Alt (bestehend) – Neu*: P1: »Ich bin nun seit 30 Jahren hier in dieser Firma. Im Moment wird alles auf den Kopf gestellt. Veränderungen sind ja schon gut, aber nicht so viel auf einmal, während wir schon an der Grenze der Kapazität laufen.« – P2: »Deshalb machen wir ja gerade die Veränderungen. Damit wir effizienter sind und in Zukunft noch weit größere Volumen abwickeln können.«
- *Männer – Frauen:* P1: »In der mechanischen Abteilung hatten wir noch nie Frauen. Vielleicht auch besser so.« – P2: »Mir fällt auf, dass es in Arbeitsgruppen, in denen Frauen dabei sind, weniger ruppig zugeht.«
- *Oben – Unten*: P1: »Mir ist wichtig, dass wir eine faire Lösung für alle finden in dieser Parkplatz-Frage, alle Mitarbeiter sollen gleich behandelt werden.« – P2: »Sehe ich nicht ein, es gibt Unterschiede. Es gibt ja auch Hierarchien, es sind nicht alle gleich, das ist pures Tree-Hugger-Wunschdenken.«
- *Macht – Ohnmacht*: P1: »Ich weiß nicht, weshalb mir die Leute kein Feedback mehr geben, seit ich die Abteilung übernommen habe.« – P2: »Nun, es ist halt ein Unterschied, ob ich einem Chef meine Meinung mitteile oder einem Kollegen.«
- *Freiheit – Angst*: P1: »Wir haben alle Freiheit, hier zu tun und zu lassen, was wir wollen. Wir müssen einfach Vorschläge bringen und am Ende mit den Vorschlägen auch nicht ganz danebenliegen.« – P2: »Ja, aber ich weiß nicht recht, wenn ich Vorschläge einbringe, welche nicht passen, kann das

als Kritik aufgefasst werden. Und ich kann in meiner momentanen Lebenssituation nicht auf den aktuellen Job verzichten.«
- *Leader — Follower*: P1: »Ich schlage vor, dass wir die Diskussion hier stoppen und morgen weiterfahren.« — P2: »Ich bin mit deinem Vorschlag einverstanden.«
- Etc.

Manchmal taucht die Frage auf, ob es möglich ist, »alle Polaritäten« einer Organisation zu bearbeiten, um damit alle Blockaden und Konfliktfelder zu eliminieren. Das ist Wunschdenken. In Organisationen gibt es immer wieder Spannungsfelder und Blockaden und zugrunde liegende Polaritäten. Diese tauchen auf in Wechselwirkung mit äußeren und inneren Faktoren und erhalten ihre Energie erst dadurch, dass sie über eine gewisse Zeit nicht bearbeitet werden und trotzdem nicht verschwinden. Eine Polarität kann längere Zeit als »flackerndes Signal« im Organisationsfeld herumgeistern. Aber erst wenn jemand durch das Phänomen genügend gestört ist, wird es zu einer Handlung kommen (wenn die Störung genügend Energie hat).

LERNPUNKTE

- Meinungen, Positionen sind als Tendenzen im Interaktionsfeld zu betrachten. Sie haben gleichzeitig einen persönlichen und einen überpersönlichen Aspekt.
- Tendenzen haben immer eine Gegen-Tendenz, sie manifestieren sich in Polaritäten oder Spannungsfelder.
- Die Energie zwischen den beiden Tendenzen definiert die Energie, die im Spannungsfeld gebunden ist.
- Diese gebundene Energie kann die Entwicklung der Organisation blockieren oder unterstützen (wenn sie frei zum Ausdruck kommen kann).

2.3 Grenzen

Zwischen der Ich-Identität eines Systems (zum Beispiel einer Person oder einer Organisation) und dem, was dieses System als »Nicht-Ich« bezeichnet, liegt die Grenze. Ein System entwickelt sich im Wechselspiel zwischen »Ich-Identität« und einer Störung, deren Essenz in die »Ich-Identität« eingebaut wird (siehe dazu Deep-Democracy-Grundmodell in Abschnitt 1.2). Um diese abstrakten Betrachtungen zu konkretisieren, betrachten wir ein vereinfachtes

Beispiel: Eine Vorgesetzte hat immer wieder konfliktartige Situationen mit einzelnen Mitarbeitern. Diese beklagen sich, dass die Chefin ihre Führungsrolle zu wenig einnimmt, dass sie zu wenig klar ist, zu wenig durchgreift, zu wenig »den Chef markiert«. Diese Führungskraft meidet offenbar Auseinandersetzungen und hat Bedenken bezüglich negativer Reaktionen, wenn sie durchgreift. Ihre primäre Identität könnte vereinfacht beschrieben werden als einfühlsame, rücksichtsvolle Person mit einem hohen Fokus auf Teamharmonie. Wenn da nur nicht die »Störungen« wären in Form von Konflikten, die andere von außen wiederholt an sie herantragen. Die »Ich-Identität« wird also von außen gestört und ruft auf zu einem inneren Entwicklungsprozess Richtung »sich mehr zu trauen, sich durchzusetzen und klar Stellung zu beziehen«. Damit eine Veränderung eintreten kann, muss die Führungskraft Grenzen überschreiten. Im Business-Jargon nennt man das auch »aus der Komfortzone kommen«. Aber was bildet nun genau die Grenze? Die Grenze besteht beim genauen Hinsehen aus mehreren möglichen Grenzen, die in Abbildung 2.5 illustriert sind. Die Betrachtung ist angelehnt an eine Betrachtung aus dem Buch von Schlehuber und Molzahn (2007): »Die heiligen Kühe und die Wölfe des Wandels«.

Grenze 1: Wahrnehmungsgrenze
Die Grenze bewirkt, dass gewisse Signale nicht wahrgenommen werden. Wenn die Chefin an dieser Grenze zur Wahrnehmung steht, nimmt sie nicht wahr, dass ihr harmonieorientierter Führungsstil zu Schwierigkeiten und manchmal Konflikten führt. Sie hat diesbezüglich einen »blinden Fleck«. Ein Hinweis, dass sie an dieser Grenze steht, wären Aussagen wie: »Nein, Probleme haben wir hier nicht — läuft alles rund«. Aus Deep-Democracy-Sicht sagt man: »Diese Führungskraft hat eine Grenze gegen die Wahrnehmung von Konflikten«.

Grenze 2: Bedeutungsgrenze
Wenn eine Führungskraft an dieser Grenze steht, dann nimmt sie die Signale der weiteren Beteiligten und den Konflikt wahr. Doch ihr eigenes Beurteilungssystem misst den Signalen keine Bedeutung bei. Sie stuft die Kommunikationssignale für sich oder die Organisation als nicht relevant ein. Wenn obige Chefin zum Beispiel entrüstet sagt: »Nein, ich habe kein Problem mit dem neuen Projektleiter — umgekehrt bin ich mir nicht sicher, er verhält sich so komisch mir gegenüber«, dann nimmt sie zwar die Signale einer Beziehungsirritation wahr, sieht das Problem aber vor allem beim anderen und negiert so die Bedeutung für sich selbst. Ein klassischer Hinweis, dass jemand an dieser Grenze steht, sind Aussagen wie: »Ja, die anderen haben ein Problem, ich

nicht«. Aus Deep-Democracy-Sicht sagt man: »Diese Person hat eine Grenze gegen das Erkennen der Bedeutung«.

Grenze 3: Handlungsgrenze

Wenn eine Führungskraft an dieser Grenze steht, dann nimmt sie die Signale aus dem Umfeld wahr, beurteilt sie als relevant, doch sie sieht keine Handlungsmöglichkeiten. Sie verharrt in einer unbefriedigenden Ausgangslage, obwohl die Disfunktionalität der Situation erkannt ist. Im obigen Beispiel der harmonieorientierten Chefin wäre ein Hinweis, dass sie an dieser Grenze steht, eine Aussage wie: »Ja, es ist blöd, aber ich sehe keine Alternative — da kann man nichts machen«. Aus Deep-Democracy-Sicht sagt man: »Diese Person hat eine Grenze gegen die konkrete Handlung«.

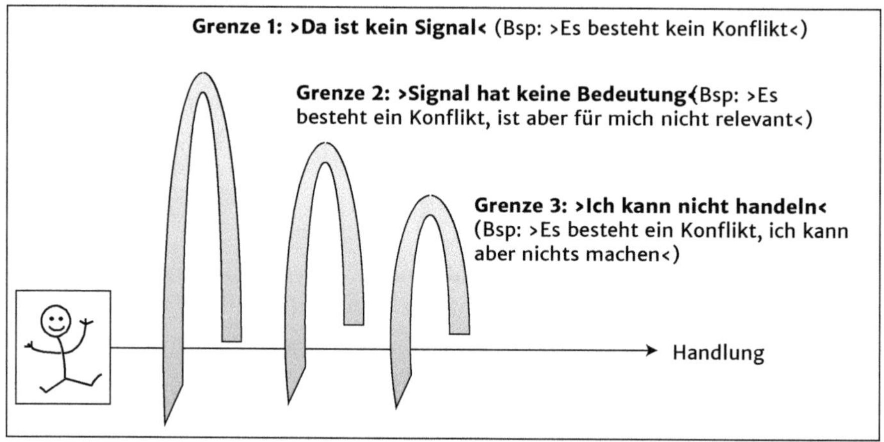

Abb. 2.5: Drei-Grenzen-Modell für Veränderungsprozesse (in Anlehnung an Schlehuber & Molzahn, 2007)

Ein Merkmal dieser drei Grenzen ist, dass sie für eine Person oft zum Bereich des blinden Fleckens gehört und ohne Unterstützung von außen nicht wahrgenommen werden. Die Situation sieht aus Sicht der Person »normal« aus. Normal im Sinne, dass man solche Situationen gewohnt ist (man stand wiederholt an diesen Grenzen) und im Laufe des Lebens gelernt hat, diese auszuhalten — unabhängig davon, wie hoch der Leidensdruck ist.

Was kann man tun, um eine Person dabei zu unterstützen, Grenzen zu überschreiten und in einen Wachstumsprozess zu gehen? Zum einen ist wichtig zu wissen, dass Grenzen eine Funktion haben: Sie halten die Ich-Identität zusammen und schützen diese. Deshalb geht es im ersten Schritt darum, die Grenzen wahrzunehmen und zu sehen, welche weiteren Schritte überhaupt möglich sind. Ein Überschreiten per Anweisung funktioniert nicht, weil dann der ganze Organismus einer Person auf »Rot« stellt (siehe dazu Ampelkonzept; Abschnitt 2.5) und die entsprechenden Abwehrreflexe wachgerufen werden. Um im obigen Beispiel der Chefin zu bleiben: Der Vorgesetzte (oder ein Berater oder Coach) kann die Führungskraft darin unterstützen, ihre Grenzen wahrzunehmen. Das geschieht auch nicht über eine Art Diagnose von außen wie: »Du hast da und da eine Grenze«, sondern geschieht über explorative Fragen wie: »Ich weiß nicht, wie du das siehst. Mir scheint es so, dass du einen betont harmonieorientierten Führungsstil pflegst. Und die Mitarbeiter manchmal mehr Führung von dir spüren wollen. Auch Durchsetzungskraft. Wie siehst du das?«

Zur Exemplifizierung der Idee der Grenzen sind drei prototypische Antworten aufgelistet, die auf eine der drei Grenzen hindeuten:

- **Eine Antwort, die eine Grenze 1 (Wahrnehmung) andeutet**, ist: »Wie kommst Du darauf, dass ich einen harmonieorientierten Führungsstil pflege? Mir ist die Beteiligung der Leute wichtig. Weshalb führen wir dieses Gespräch überhaupt?«
- **Eine Antwort, die eine Grenze 2 (Bedeutung) andeutet**, ist: »Ja, das ist mein Führungsstil, den ich bewusst so wähle. Manchmal wollen die Leute halt mehr Führung, weil sie selbst nicht denken wollen. Ist nicht so schlimm, damit müssen wir leben.«
- **Eine Antwort, die Grenze 3 (Handlung) andeutet**, wäre: »Gut, dass du dieses Thema aufnimmst. Ja, es fällt mir auch auf, dass dieses Team extrem schwierig zu führen ist und ich oft an Konflikten beteiligt bin, obwohl ich sehr auf die gute Atmosphäre achte. Gut, ich pflege einen partizipativen Führungsstil. Möchte gleichzeitig klar den Tarif durchgeben, wenn es notwendig ist. Aber davor schrecke ich manchmal zurück. Ich weiß ja, wie emotional die Leute reagieren und mich plagt dann ein schlechtes Gewissen.«

Nun liegt der Ball wieder beim Gegenüber, sei das der Vorgesetzte, Berater oder Coach. Bei einer Grenze 1 müsste die Person mit anderen, fremden Wahrnehmungen in Kontakt kommen als Ausgangspunkt für den eigenen Erkenntnisprozess. Zum Beispiel darüber, dass sie die Meinungen von Mitarbeitenden aktiv einholt und das eigene Bild mit den anderen Meinungen ergänzt. Bei einer Grenze 2 wäre eine Möglichkeit, im bilateralen Dialog auszuloten, weshalb die Schwierigkeiten im Team keine Bedeutung haben für sie. Bei einer Grenze 3 könnte eine Intervention das Durchspielen verschiedener Optionen sein, darunter ein »Worst Case«, der die schlimmstmöglichen Konsequenzen gedanklich vorwegnimmt.

Persönliche Grenzen erkennen

Wie kann man seine eigenen Grenzen erkennen? Grenzen werden unter anderem vom Körper unbewusst signalisiert: zum Beispiel über plötzlich veränderte Emotionalitäten wie Ärger, Wut, Nervosität. Aber auch lautes Lachen in bestimmten Momenten in Interaktionen. Oder plötzliche Black-outs in Diskussion, Situationen, in denen man den Faden verliert. Plötzliche Müdigkeit, Energieabfall oder Unwohlsein können auch ein Signal einer Grenze sein. Die meisten Menschen kennen zum Beispiel das Gefühl des Unwohlseins, sich im öffentlichen Raum zu äußern unter unbekannten Leuten. Im Organisationskontext bestehen typische Grenzen insbesondere gegen den Ausdruck von Emotionen. Wenn sich jemand überschwänglich begeistert, empfindet man das in einer sachorientierten, auf das Zweckrationale ausgerichteten Organisationswelt als eigenartig und mitunter als fremd.

Ein anderes Beispiel einer Grenze in Organisationen ist, dass es als fremdartig empfunden wird, wenn sich jemand in einer Sitzung oder einem Gespräch rundum positiv äußert. Wir sind es gewohnt, Probleme zu beheben, Lösungen zu suchen und wir finden dabei kaum Zeit, das zu würdigen, was gut läuft oder auch positiv Stellung zu beziehen zum Verhalten der Kollegen. Vielleicht finden Sie diese Aussage übertrieben, dann machen Sie folgendes Experiment: Stellen sich vor, sich bei einer der nächsten Sitzungen in Ihrem Unternehmen sehr positiv, vielleicht überschäumend über eine Sache oder die Resultate eines anwesenden Kollegen zu äußern. Nicht künstlich, es muss authentisch sein — fokussieren Sie auf etwas, was Sie wirklich beeindruckt. Wie geht es Ihnen, wenn Sie sich das vorstellen? Typischerweise stellt sich ein gewisses Unwohlsein ein. Dieses Gefühl deutet auf eine Grenze, wobei diese persönliche Grenze auch im Zusammenhang steht mit Grenzen auf der Ebene der Unternehmenskultur.

Kollektive Grenzen (in Organisationen)

Die Idee der Grenze auf Personenebene lässt sich analog auf kollektive Prozesse in Organisationen anwenden. Deep Democracy geht davon aus, dass es in einer Gruppe zu jedem Thema eine Mainstream-Anschauung gibt. Diese ist in Analogie zum Deep-Democracy-Grundmodell (siehe Abschnitt 1.2) die »Ich-Identität« der Gruppe. Manchmal ist diese Anschauung transparent und ausgesprochen, manchmal auch nicht. Diese Mainstream-Anschauung steht in einem Spannungsverhältnis zu einer Minderheiten-Anschauung (im Grundmodell als »Nicht-Ich« bezeichnet). Je nach Organisationskultur kommt diese mehr zum offenen Ausdruck oder eben weniger. Ein Beispiel, das die meisten kennen: Wenn Fehler nicht zugelassen und marginalisiert werden, heißt das nicht, dass keine gemacht werden, aber man verbaut sich die möglichen Entwicklungs- und Lernprozesse, die mit schnellen, iterativen Fehlerbehebungen verbunden sind. Ein weiteres Beispiel eines Spannungsfeldes mit einer Mainstream- und Minderheitsanschauung: In den meisten Unternehmen besteht ein ausgeprägter Hang zum »Machen und Umsetzen«. Diese Tendenz ist ausgesprochen perfektioniert und geht so weit, dass keine Zeit dafür bleibt, innezuhalten und darüber nachzudenken, ob das, was man tut, auch effektiv ist, ob man das Richtige macht. Man könnte sagen, »diese Organisation hat eine Grenze gegen Innehalten«. Sie nutzt das Potenzial von Retrospektiven und Teamdebriefings nicht voll aus.

Umgang mit Grenzen

Aus Deep-Democracy-Sicht geht es primär um die Schaffung von mehr Bewusstheit um das Phänomen der Grenze und um die Dynamiken, die rund um eine Grenze wirksam sind. Das bedeutet im ersten Schritt vor allem das Erkennen und die Akzeptanz der Grenze. Dies geschieht über das Benennen der Grenze (ohne sofort eine Veränderung zu initiieren). Interessanterweise verschieben sich die Grenzen ein wenig allein durch diesen Schritt. Und man verfügt über zusätzliche Verhaltensmöglichkeiten. Die harmonieorientierte Chefin aus obigem Beispiel könnte zum Beispiel ihre Grenze gegen zu viel Konflikt benennen und den positiven Hintergrund ausleuchten. Sie sagt zum Beispiel: »Mir ist ein angenehmes Arbeitsumfeld sehr wichtig, deshalb scheue ich negative Kritik zu üben, ich bekomme da immer ein schlechtes Gewissen«. Auf diese Art betrachtet sie empathisch die eigene Grenze, was die Chance eröffnet, auch die Disfunktionalitäten dieses Verhaltens zu betrachten. Eine Technik im Umgang mit Grenzen stellt das »Framing« dar, wie es in Abschnitt 3.8 beschrieben wird.

Weiterführende Literatur:

Elke Schlehuber & Rainer Molzahn: *Die heiligen Kühe und die Wölfe des Wandels*, 2007

REFLEXION 2

Persönliche Grenzen wahrnehmen

Nehmen Sie sich eine ruhige halbe Stunde mit einer Person, der Sie vertrauen. Diese Person soll Sie als Lotse durch die folgenden Schritte führen:

1. Denken Sie nun an einen Beziehungskonflikt oder eine leichte Irritation, den/die Sie mit jemandem haben. Beschreiben Sie die Situation dem Reflexionspartner.
2. Machen Sie nun ein Rollenspiel, indem Sie zuerst die beiden Beteiligten in einer typischen Situation darstellen und dann versuchen, die Rollen oder Positionen zu vertiefen, indem Sie sie übertrieben klar darstellen, vielleicht auch in einer Art, die Sie »real« nie machen würden.
3. Beschreiben Sie nun, was Sie hindert, Ihre Position mit dieser Klarheit zum Ausdruck zu bringen. Ist es das Ungewohnte oder eine gewisse Angst? Oder mehr Skepsis, dass sich etwas verändern würde, oder eine gewisse Hoffnungslosigkeit? Allenfalls Angst vor Eskalation oder Abbruch der Beziehung? Inwiefern spielen die hiesige Kultur, die Unternehmenskultur oder persönliche Hintergründe eine Rolle?
4. Gestalten Sie nun eine Interaktionssequenz »im Sandkasten«, indem Sie zuerst Ihre Grenze zum Ausdruck bringen (das, was Sie hindert, direkt zu sein — zum Beispiel die Angst, die Hoffnungslosigkeit etc.) und anschließend Ihren eigenen Punkt klar vertreten. Sprechen Sie zu Ihrem Übungspartner als Ersatz für die Person, mit der Sie den Beziehungskonflikt haben.
5. Spielen Sie diese Interaktionssequenz zwei bis drei Mal durch und achten Sie auf Ihre Stimmungen und Empfindungen, wenn Sie diese Punkte konkret aussprechen. Wie fühlt es sich am Schluss an?

LERNPUNKTE

- Alle Personen, Führungskräfte, Berater und Coaches befinden sich immer wieder an einer dieser drei postulierten Grenzen: 1. Grenze zur Wahrnehmung, 2. Grenze zur Relevanz, 3. Grenze zur Handlung.
- Meistens merkt man es selbst nicht, wenn man an einer Grenze steht (man identifiziert sich selten damit, an einer Grenze zu stehen). Wenn man über längere Zeit an einer Grenze festsitzt, erkennt man dies z. B. an ausbleibender Motivation, fehlender Leidenschaft und resignativen Tendenzen.
- Signale einer Grenze können sein: erhöhte Emotionalität wie Ärger, Wut, Nervosität, lautes Lachen, Black-outs, Trance-Zustände, plötzliche Müdigkeit, Absenzen, Energieabfall und so weiter.

2.4 Die Störung

Die »Störung« ist ein wichtiger Begriff im Deep-Democracy-Paradigma. Eine Störung kann ein Ungleichgewicht sein, ein Empfinden des Unwohlseins, ein Impuls, der negativ erlebt wird, oder ein unbefriedigender Zustand. Allgemeiner ausgedrückt: Die Ich-Identität (siehe Abschnitt 1.2) wird durch etwas Fremdes, ein »Nicht-Ich« gestört. Die Störung ist Ausgangspunkt für Entwicklung und Veränderung in Systemen. Eine Störung kann bei Einzelnen oder ganzen Gruppen von Leuten ausgelöst worden sein. Das sind die »Gestörten«, die Irritierten. Der oder die Urheber der Störung sind die Störer. Sie bringen eine Stör-Energie aus Sicht des Gestörten.

In der Organisationswelt kann eine Störung viele Formen haben: ein neues Gehaltssystem, überzogene Spesenrechnungen, die Neuordnung der Parkplatzverteilung, eine neue Chefin, die Produkteinführung klappt nicht auf den vereinbarten Termin, die Tonalität einer E-Mail vom Kollegen stimmt nicht, ein hoher Krankenstand, die Qualität des Essens im Betriebsrestaurant lässt zu wünschen übrig, die Liefertreue des A-Lieferanten ist inakzeptabel, die Mitarbeiter reagieren auf die neue Matrixorganisation mit Widerstand, der abtretende Chef kann nicht loslassen, eine Kollegin sägt einem am Stuhl, der Mitarbeiter, der keine Seminare besuchen will, obwohl der Chef dringend dazu geraten hat, der Projektleiter, der nicht transparent über die Projektfortschritte berichtet. Und viele weitere mehr. Sie kennen die Geschichten — und wie sich eine Störung bei Ihnen anfühlt.

Prinzipiell kann alles zu einer Störung werden. Wenn sich jemand gestört fühlt, dann liegt eine Störung bei der gestörten Person vor.

Ein Beispiel: Manche Menschen verspüren ein Störgefühl, wenn sie in einem Stau auf der Autobahn stehen. Andere empfinden einen Stau nicht als Problem, sondern nutzen diesen zur Erledigung anstehender Telefonate — sie freuen sich auf den Stau, weil sie wichtige Dinge erledigen können. Oder ein Beispiel aus der Organisationswelt: Der üblicherweise auftretende Widerstand in einem Reorganisationsprojekt ist für eine Leitungsperson meist ein Anlass für ein Störgefühl. In der Vorgesetzten-Rolle fühlt man sich blockiert, es geht nicht mehr weiter, man ist gelähmt oder paralysiert, die Kommunikation ist schwierig, die Leute schweigen oder zeigen durch Passivität Dissens mit den umzusetzenden Maßnahmen. Das bedeutet, das ein Störgefühl eine komplett subjektive Empfindung ist, die beim »Gestörten« produziert wird (indem er sie wahrnimmt). Die Störung oder die Spannung zwischen den Polen im Spannungsfeld kann genutzt werden, um Energie zu gewinnen für die weitere Entwicklung der Organisation. Stör-Erfahrungen und -Empfindungen sind das Ausgangsmaterial für die Anwendung von Deep-Democracy-Interventionsmethoden, wie sie in Kapitel 3 beschrieben sind. Typisch für die Organisationswelt sind »Störungen« wie:

- Überlastung
- Auseinandersetzungen und Konflikte (offen und latent)
- gespannte Stimmungslagen
- Aussitzen, Verdrängung und Tabuisierung von Themen (»heiße Kartoffeln«)
- Blockaden, Paralyse, Nicht-Kommunikation im Team
- Überforderung
- angestrengtes Gefühl
- wiederholter Termindruck — Nichteinhaltung von Terminen

Weiterführende Literatur:

Julie Diamond & Lee Spark Jones: *A path made by walking: Process work in practice*, 2004
Ryan Holiday: *The obstacle is the way*, 2014

REFLEXION 3

Störenergie von schwierigen Mitarbeitern, Vorgesetzten, Kollegen oder Kunden

Machen Sie die folgende Übung zu zweit:

1. Denken Sie an eine spezifische Situation mit einem Mitarbeiter, Vorgesetzten oder Kunden, der Ihnen immer wieder Schwierigkeiten macht. Beschreiben Sie Ihrem Übungspartner diesen Menschen, was er macht, wie er ist und was Ihnen falsch und schwierig erscheint in einer konkreten, spezifischen Situation.
2. Nun versuchen Sie einmal einen Perspektivenwechsel (Rollenwechsel) zu vollziehen und zu dieser Person zu werden. Vielleicht bewegen Sie sich so, reden so, verhalten sich so. Was immer Sie machen, spüren Sie tiefer in diese Person und deren Motive und Kraft hinein.
3. Nun versuchen Sie zu erkennen, was hinter dieser Rolle steckt, welche Qualität, welche Kraft, welche positiven Seiten? Werden Sie ganz zu dieser Kraft, zu dieser Qualität, vielleicht bewegen Sie sich so, sprechen so etc.
4. Anschließend beantworten Sie die Frage: »Welchen Ratschlag würden Sie aus dieser Perspektive, dieser Rolle und spezifischen Qualität heraus im Umgang mit dem schwierigen Mitarbeiter, Vorgesetzten oder Kunden geben?«
5. Welche Erkenntnisse gewinnen Sie aus dieser Übung? Wie setzen Sie diese Erkenntnisse in Ihrer täglichen Führungsarbeit um? Welche konkreten Schritte sehen Sie?

2.5 Signalorientierung, Ampelprinzip und Doppelsignal

Wenn zwei Personen in einer Interaktion stehen, dann tauschen sie pausenlos Signale aus, sowohl auf der Inhalts- als auch auf der Beziehungsebene. »Man kann nicht nicht kommunizieren«, sagte Watzlawick (Watzlawick et al., 1969) und meinte, dass auch in der Art und Weise, wie man interagiert, eine Botschaft, ein Signal liegt, wie die Beziehung zum Gegenüber bestellt ist. Deep Democracy räumt diesem non-verbalen Signalfluss eine große Bedeutung ein und fordert dazu auf, genau hinzuschauen. Und entsprechende Signale ernst zu nehmen und sich nicht von den verbalisierten Inhalten hypnotisieren zu lassen.

Ein Beispiel aus einem Gruppensetting: Ein Chef will der Belegschaft die neue Unternehmensstrategie erklären. Er geht davon aus, dass alle am gleichen Strang ziehen. Deshalb versucht er typischerweise auf möglichst clevere Art und Weise die wesentlichen Punkte per Powerpoint-Darstellungen verbal zu erklären. Dabei konzentriert er sich auf möglichst präzise Formulierungen und auf Klarheit und Kohärenz in den Aussagen. Kurz: Er fokussiert komplett auf den Inhalt. Und beachtet dabei kaum, wie offen, interessiert oder zugänglich die Adressaten für seine Botschaft im Moment sind. Die Erfahrung zeigt, dass einzelne Mitarbeiter während solchen Präsentationen mit anderen Dingen beschäftigt sind. Zum Beispiel mit dem Gedanken an die Ehefrau, die im Krankenhaus liegt, an das Interview mit dem Politiker, mit dem Schreiben einer SMS an das Kind in der Schule. Oder sie schauen mit einem gelangweilten Gefühl aus dem Fenster, weil die dargelegten Inhalte keinen Bezug zur eigenen Tätigkeit haben. Sie sitzen zwar physisch da, sind aber innerlich abwesend. Die non-verbalen Kommunikationssignale drücken aus, dass sie nicht aufnahmebereit sind. »Nein es gab weder Reaktionen noch Fragen«, wird der Chef einem Kollegen im Nachgang zur Informationsveranstaltung erzählen. Leider hat er übersehen, dass es viele Reaktionen gab, aber nicht auf der verbalen oder inhaltlichen Ebene, sondern auf der Ebene der non-verbalen Kommunikationssignale.

Das hier beschriebene Ampelprinzip stammt von Max Schupbach und ist eine Metapher für die Beachtung der non-verbalen Kommunikationssignale. Dabei gilt: Signalisiert jemand »Grün«, ist er aufnahmebereit für eine Botschaft, signalisiert er »Rot«, ist die Aufnahmebereitschaft nicht gegeben. Wenn eine Mitarbeiterin wie im obigen Beispiel aus dem Fenster schaut, ist sie nicht zugänglich für eine Information oder Botschaft. Sie steht auf »Rot«. Auch die besten und cleversten Darlegungen erzielen dann nicht die gewünschte Wirkung, eben weil die dazu notwendige innere Aufnahmebereitschaft oder Offenheit nicht gegeben ist. Im Einzelfall mag die mangelnde Aufmerksamkeit für

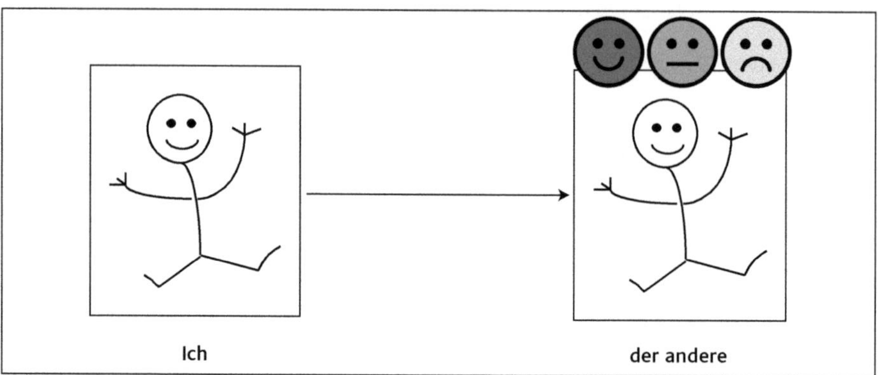

Abb. 2.6: Ampelprinzip

die Aufnahmebereitschaft einer Person oder einer Gruppe nicht relevant sein. Doch das Ampelprinzip gilt im Kern für jede Interaktion. Nehmen wir an, dass zwei Personen wie in Abbildung 2.6 dargestellt im Gespräch sind. Die Person auf der linken Seite macht eine Aussage. Das löst eine innere Reaktion aus beim Gegenüber. Was genau im Inneren der anderen Person abläuft, lässt sich nicht sagen. Aber die innere Reaktion lässt sich vereinfacht mit den drei Zuständen 1. »Ich bin offen« (Grün), 2. »Ich bin halb geschlossen« (Gelb) und 3. »Ich bin geschlossen« (Rot) beschreiben. Natürlich sind in der Realität die Grenzen fließend. Diese Reaktionen sind über die non-verbalen Kommunikationssignale sichtbar. Als Faustregel gilt: Je mehr eine Person Rot anzeigt, desto weniger aufnahmebereit ist sie. Es macht dann keinen Sinn, auf diesem Gleis weiterzufahren. Man muss das Gleis wechseln auf einen Gleisteil, wo das Signal auf Grün steht. Wie merkt man nun, welche Ampelfarbe jemand anzeigt? Vereinfacht gesagt: an Körpersprache, Gestik und Mimik und wie kongruent diese mit den verbalen Aussagen ist.

Doppelsignal

Verbal bringen Personen oft die sozial erwarteten Antworten zum Ausdruck, auch wenn ein anderer innerer Teil eine andere Antwort geben möchte. Ein Beispiel: Wenn eine Führungskraft dem Organisationsberater auf die Frage, ob sie ein Angebot für eine bestimmte Analyse haben möchte, mit einem zögerlichen und scheuen »Ja, eigentlich eine gute Idee« antwortet und gleichzeitig ein ängstliches Gesicht macht, so zeigt die non-verbale Antwort ein »Orange-Rot«, auch wenn sie verbal Ja sagt. Die Inkohärenz zwischen verbalen und non-verbalen Signalen bezeichnet man im Deep-Democracy-Ansatz als Doppelsignal. Doppelsignale erschweren die Kommunikation, weil das Gegenüber eine vieldeutige Botschaft erhält. Eine Person, die ein Doppelsignal sendet, ist sich dessen selten bewusst. Deshalb macht es auch keinen Sinn, Personen darauf aufmerksam zu machen. Im Gegenteil, es kann sein, dass man damit eine Beschämung auslöst und die weitere Interaktion deutlich erschwert wird. Deep Democracy deutet Doppelsignale so, dass verschiedene Subpersönlichkeiten parallel eine Antwort geben und diese im Inneren noch nicht synchronisiert wurden. In dieser Betrachtung sind Doppelsignale ein Hinweis, wo bei einer Person noch Klärungsbedarf besteht. Doppelsignale können auch auf persönliche Grenzen hinweisen (siehe Abschnitt 2.4). Die Quintessenz der Signalorientierung ist: Solange das Kommunikationssignal nicht eindeutig auf Grün steht, ist der Fluss der Interaktion nicht optimal. Das führt dazu, dass das Gegenüber keine Botschaft aufnehmen kann oder will. Es macht die Schotten dicht. Im Außen wird sich das vielleicht nur über ein scheues Zögern bei der Beantwortung einer Frage zeigen. Schlussfolgerung für Leitungspersonen bei der Interaktionsgestaltung ist deshalb, parallel zum Gesprächsfluss die nonverbalen Signalisierungen permanent mit zu beachten und in geeigneter Weise zu intervenieren, sodass das Gegenüber auf Grün bleibt.

Praxiserfahrung

Neulich thematisierte eine Coaching-Kundin eine schwierige Situation: Sie führte im Rahmen eines Bewerbungsprozesses bei einer Executive Search Firma eine Reihe von Gesprächen mit zukünftigen Kollegen. Unter vielen anderen mit einer Frau, welche ihr später das Feedback gab, dass sie wenig persönliches Interesse an ihr als Mensch verspürte. Meine Klientin irritierte dieser Eindruck aus verschiedenen Gründen. Sie wollte mehr darüber wissen, »wie ich diesen falschen Eindruck in Zukunft vermeiden kann«, klärte sie mich auf. Nachdem glaubwürdig geklärt war, dass sie dieses Gespräch tatsächlich nicht mit Desinteresse geführt hatte, forschten wir weiter. Wir fokussierten auf den Kontext des Gespräches unter der Hypothese, dass sie der anderen Person auf der Ebene der Körpersprache Signale der Distanz gegeben hatte, welche diese als »Desinteresse«. interpretierte. Es stellte sich heraus, dass die andere Person bei der ersten Begegnung die Begrüßung körperlich relativ nah gestaltet hatte und dabei unbewusst in den »Sicherheitsraum« meiner Klientin eingedrungen war. Als Reaktion hatte meine Klientin »die Schotten dicht gemacht« und unbewusst darauf geachtet, dass die andere Person nicht mehr in diesen Raum eindringen konnte. Dies erfolgte wahrscheinlich über das Aussenden von non-verbalen Signalen der Distanz (Ampelfarbe: Rot). Diese wurden von der anderen Person als »Desinteresse« wahrgenommen.

Beide Seiten signalisieren Ampelfarben

Die Idee der Ampelfarbe beim Gegenüber kann noch erweitert werden: Nicht nur ein Gegenüber signalisiert einen bestimmten Grad an Aufnahmebereitschaft (signalisiert über die Ampelfarbe), sondern auch ich selbst als Organisationsberater oder Führungskraft komme mit einer Ampelfarbe in eine Interaktion. Dies ist in Abbildung 2.7 dargestellt. Dieser Aspekt wird manchmal übersehen, wenn man sich als Kommunikationsexperte fühlt und besonderes Augenmerk auf eine flüssige Kommunikation legt. Besonders in schwierigen Interaktionsmomenten mit belastenden Erfahrungen aus der Vergangenheit ist die Wahrscheinlichkeit hoch, dass man selbst mit einer orange-roten Ampelfarbe in eine Interaktion einsteigt. Die eigene Farbe nimmt man häufig nicht bewusst wahr, blendet diese Betrachtung typischerweise aus. Man kann nun alle erdenklichen kommunikativen Tricks anwenden und die Inhalte einer Botschaft nett präparieren, doch der Teil, der sich ärgert, dringt über die eigenen non-verbalen Signale zum Gegenüber durch und »stellt« dessen Ampel ebenfalls auf Orange-Rot. Die Folge ist, dass der Inhalt der Botschaft in den Hintergrund tritt. Das Gespräch läuft zwar verbal ab, aber im Kern stehen zwei Ampeln miteinander im Kontakt, die auf Rot stehen und Angriff und Verteidigung praktizieren. Die Gesprächssituation wird dann als unangenehm, blockiert, emotional belastet oder gespannt erlebt — und zwar von beiden Seiten. Dabei machen sich beide Gesprächspartner offen oder verdeckt gegenseitig für die Blockierung verantwortlich. Eine zentrale Fähigkeit für Leitungspersonen ist deshalb die bewusste Wahrnehmung des eigenen inneren Zustandes parallel zum Zustand des Gegenübers. Und die Fähigkeit, die eigene Ampelfarbe (respektive den eigenen emotionalen Zustand) konstruktiv in die Interaktion ein-

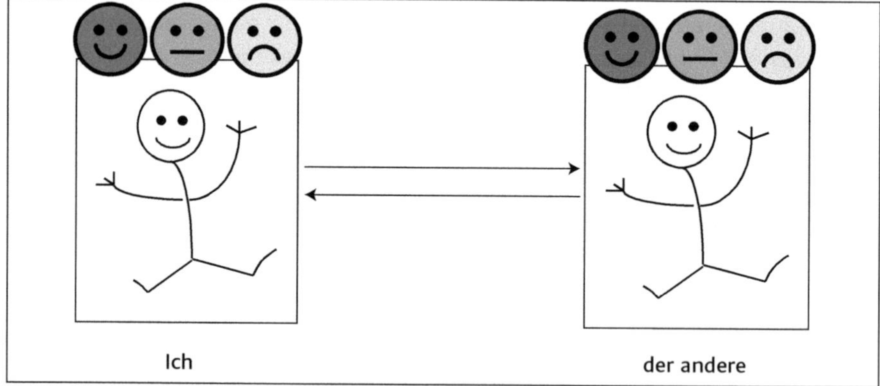

Abb. 2.7: Ampelprinzip — »Die Ampelfarbe des Betrachters«

zubringen. Zum Beispiel über ein entsprechendes Framing wie in Abschnitt 3.8 dargestellt und beschrieben.

LERNPUNKTE

- In gewissen Interaktionen ist es nicht der Inhalt, sondern die Qualität der Beziehung, die (unbewusst) definiert, ob ein Austausch als gut und hilfreich empfunden wird.
- Es liegt an der Leitungsperson, darauf zu achten, welche Ampelfarbe das Gegenüber hat. Je nach Ampelfarbe kann man entscheiden, ob der Moment für eine bestimmte Botschaft adäquat ist.
- Personen, die auf Rot stehen, sind tendenziell wenig zugänglich für inhaltlichen Input. Die Beziehungsebene ist nicht genug geschützt. Es gilt, zuerst eine Situation zu schaffen, in der beide Interaktionspartner ihre Ampel Richtung Grün stellen. Zum Beispiel durch eine zeitliche Verschiebung der Interaktion.
- Leitungspersonen sind sich oft zu wenig bewusst, mit welcher Ampelfarbe sie selbst in Interaktionen gehen. Insbesondere bei delikaten, heiklen Fragestellungen hat sich aus der Vergangenheit bereits ein eigenes, unbewusstes Rot-(Ärger-)Potenzial aufgebaut. Das Gegenüber nimmt dies über non-verbale Signale wahr. Das kann dazu beitragen, dass das Gegenüber ebenfalls auf Rot schaltet.
- Oft hat man als Leitungsperson wenig Zeit wahrzunehmen, wo das Gegenüber gerade in Bezug auf die Offenheit für eine Interaktion steht (oder welche Farbe dessen Ampel hat).
- In diesem Fall tastet man vorsichtig ab und achtet besonders auf die Reaktion des Interaktionspartners. Zögerliche Reaktionen bedeuten tendenziell Orange-Rot. Dieses Abtasten respektive die sorgfältige Wahrnehmung der Reaktionssignale bildet einen Grundbaustein im Führungsverständnis von Deep Democracy. Man nennt es Signalorientierung.

KURZGESCHICHTE

Mein Chef stellt mich auf Rot

Neulich führte ich ein anregendes Gespräch mit einem Manager aus einer Kommunikationsagentur. Bei einem Arbeitstreffen mit Lunch berichtete er hochemotional von seinem energischen Chef: »Der ist so eingenommen von sich selbst! Beharrt auf der eigenen Meinung! Hört nicht zu! Ein klassischer Besserwisser und Fundi! Hat auch diesen Fimmel mit den Haaren!« Ich versuchte diesen Chef als eine Art Roger Schawinski [ein bekannter Schweizer Radio6TV-Pionier; Anm. d. Verf.] vor meinem geistigen Auge zu visualisieren — schnittig, kantig, dynamisch, jugendliche Attitüde trotz viel Lebenserfahrung. Hatte schon bald ein klares Bild.

»Ja, das kann wirklich sehr schwierig sein«, antwortete ich lapidar. Und dachte gleichzeitig an die charismatische, menschliche, gewinnende Seite, die solche Chefs oft haben. Und die dafür sorgt, dass man ihnen immer wieder neu verzeiht. Wir haben über verschiedene, ganz konkrete Möglichkeiten gesprochen, wie er dem Chef in schwierigen Situationen begegnen kann.

Dann überraschte er mich: »Ist eigentlich ganz komisch, auch wenn wir jetzt miteinander über ihn sprechen, dann kommt meine Wut sofort hoch. Im Büro ist das manchmal auch so: Obwohl ich von Weitem nur seinen Hinterkopf sehe, kommt eine Wut hoch, sodass ich eine Handgranate in seinen Bereich werfen könnte. Dermaßen krass kribbelt das in meinem Bauch.« Diese Betrachtung fesselte mich. Weil jemand bemerkte, dass allein die Betrachtung des Hinterkopfes des Chefs eine ganze Reihe von körperlichen Reaktionen und Gefühlen in ihm auslöste. Die wiederum die Basis waren für das Verhalten dem Chef gegenüber. Ein rühmlicher, aber seltener Akt der Selbsterkennung.

Was können Sie tun, wenn Sie das bei sich selbst bemerken? Anthony de Mello hat das in seinem Buch »Der springende Punkt« (2002) gut beschrieben:

Erstens: Akzeptieren Sie, dass dieses irritierende oder negative Gefühl in Ihnen selbst ist. Nicht beim Chef, nicht bei den Kollegen. In dieser Form nur bei Ihnen. Sie sind selbst dafür verantwortlich und niemand sonst. Auch wenn Sie denken, der andere habe es ausgelöst. Das stimmt natürlich auch, aber es ist trotzdem Ihr eigenes Gefühl. Um im obigen Beispiel zu bleiben: Eine andere Person wäre in der Gegenwart des Hinterkopfes des Chefs nicht derart in Rage zu bringen. Einem anderen wäre der Hinterkopf gleichgültig — dem Manager aber nicht.

Zweitens: Lernen Sie dieses Gefühl besser kennen. Achten Sie zum Beispiel darauf, wie sich dieses Gefühl in Ihnen verhält. Wo im Körper merken Sie es zuerst? Was passiert dann? Wann hört es auf — oder ist es vielleicht permanent da? Tragen Sie es mit sich herum und — päng! —, sobald der Hinterkopf in den Blick kommt, breitet es sich aus? Und dann: Wie breitet es sich im Körper aus?

Drittens: Lernen Sie, von diesen körperlichen Reaktionen zu sprechen. Der Manager könnte seinem Chef zum Beispiel sagen: »Jetzt lässt du mich zum x-ten Mal nicht ausreden. Das macht mich total wütend, sodass ich dich richtig anschreien könnte. Und deshalb will ich jetzt nicht weiter mit dir sprechen, aber ich komme zu einem anderen Zeitpunkt auf dich zu.«

Zugegeben, das ist etwas didaktisch und wirkt für einige künstlich. Ähnlich, wie wenn Sie den ersten Schritt im Tanzkurs wagen, die ersten Worte einer neuen Sprache anwenden oder die ersten Hanteln stemmen.

Weiterführende Literatur:

Joe Goodbread: *The dreambody toolkit: A practical introduction to the philosophy, goals, and practice of process-oriented psychology*, 2007

Anthony de Mello: *Der springende Punkt – Wach werden und glücklich sein*, 2002

REFLEXION 4

Beziehungssignale wahrnehmen (Kopfkamera aufsetzen)

Setzen Sie sich mit einer anderen Person zusammen und sprechen Sie ein bisschen miteinander, um sich näher kennenzulernen (jeder spricht ca. 5 Minuten).

1. Wenn Sie so miteinander sprechen, versuchen Sie einmal, sich vom Inhalt zu lösen und parallel wahrzunehmen, wie sich das anfühlt, mit dieser Person zu sprechen, so als hätten Sie eine Kopfkamera auf. Was fällt dieser Kamera sofort auf? Was sieht sie beim anderen? Was sieht sie bei einem selbst? Wie ist die Atmosphäre des Gespräches? Wie stehen die beiden Personen zueinander? Wie ist die Qualität dieser Interaktion?
2. Verwenden Sie die nächsten 10 Minuten, um sich über Ihre Erfahrungen und Erkenntnisse aus diesem Gespräch auszutauschen. Wie ist es, eine Kamera dabei zu haben in einem Gespräch? Was hat geklappt? Was war schwierig?

2.6 Gruppenprozess

Gruppen gehen in der Zusammenarbeit und bei der Entscheidungsfindung durch verschiedene Phasen. Dabei entfalten sich die Feldkräfte wie in Abschnitt 2.1 dargelegt. Entscheidungsprozesse werden typischerweise als Abfolge von verschiedenen Treffen und Sitzungen von Personen strukturiert. Diese diskutieren, debattieren, streiten, entscheiden, schmieden Konzepte und definieren immer wieder die nächsten Schritte. Etwas abstrakt betrachtet geht man immer ähnliche Schritte durch (siehe auch Abb. 2.8):

1. Einstieg
2. Sorting (Themen-Sammlung)
3. Konsens-Findung

4. Bearbeitung (der gewählten Themen)
5. Definition des weiteren Vorgehens

Bei Deep Democracy ist nun spezifisch, dass man sich im Schritt 4 der Bearbeitung eines Themas darauf fokussiert, die Tendenzen und Polaritäten im Feld zu betrachten und erfahrbar zu machen. Im Folgenden sind die Schritte näher beschrieben. Im Unterschied zu üblichen Vorgehensweisen in Organisationen fällt auf, dass im Sortingprozess (Schritt 2) *alle* im Moment auftauchenden Themen und Aspekte der Teilnehmer gesammelt werden und keine Einschränkungen gemacht werden. Die spezifische Bearbeitung gemäß Feldansatz erfolgt in Schritt 4.

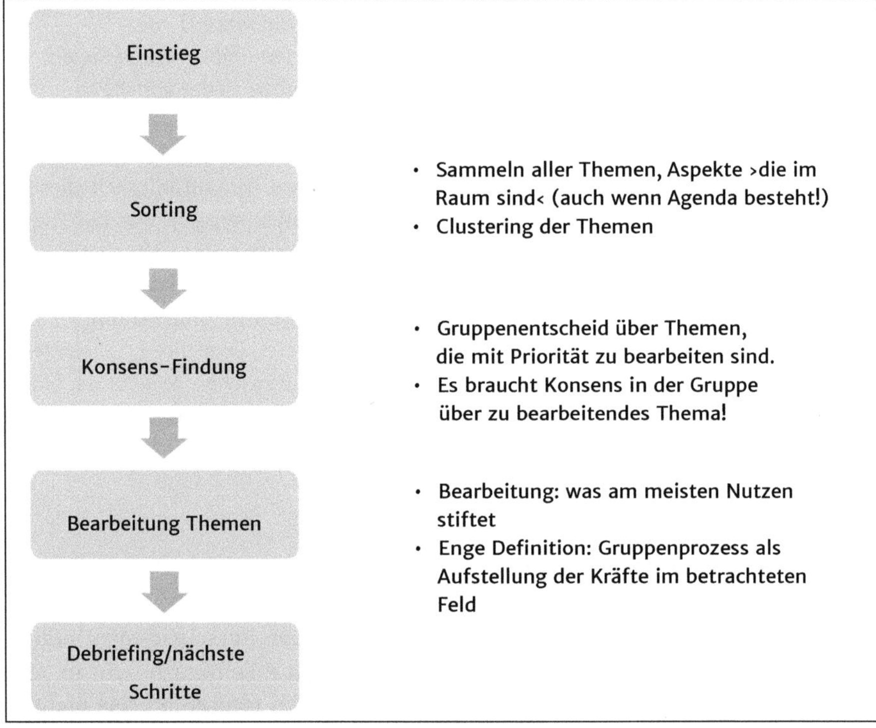

Abb. 2.8: Fünf Schritte eines Gruppenprozesses

Schritt 1: Einstieg

Beinhaltet die formelle Begrüßung und einen emotionalen »Check-In«. In diesem Schritt wird sichergestellt, dass sich die beteiligten Personen wohl fühlen und in der Gruppe ankommen. Zum Beispiel über einen kurzen Kontakt mit den anderen.

Schritt 2: Sorting
Beinhaltet den Sammelprozess der Themen, die besprochen und bearbeitet werden sollen. In der realen Organisationswelt wird dieser Schritt oft zusammen mit Schritt 3 »Konsens-Findung« im Vorfeld durchgeführt und darauf eine formelle Agenda erstellt. Im Deep-Democracy-Gruppenprozess wird dieser Schritt zusammen mit allen Anwesenden gemacht. Damit wird besser sichtbar, welche Themen von welchen Personen mit welcher Energie eingebracht werden. Außerdem entsteht bei allen Anwesenden sofort ein Gefühl, welche Themen in der Gruppe besonders wichtig sind.

Schritt 3: Konsens-Findung
Dieser Schritt beinhaltet den Entscheid, welche Themen diskutiert werden sollen und mit welchem Thema man beginnen soll. Jedes Unternehmen, jede Abteilung oder jedes Team hat spezifische Mechanismen, zu einer Entscheidung zu kommen. Die einen erwarten eine Führungsentscheidung durch die höchstgestellte Führungskraft, andere entscheiden per Mehrheitsentscheid. Es gibt Gruppen, die debattieren, bis alle einverstanden sind bzw. bis sich alle der Entscheidung anschließen können, auch wenn sie individuell nicht diese Entscheidung fällen würden. Sie kommen also zu einem Konsens.

Schritt 4: Bearbeitung der Themen
In diesem Schritt werden die Themen in geeigneter Art bearbeitet. In Organisationen traditionell durch eine Serie von Meinungsbeiträgen der Teilnehmer, bis ein Entschluss, eine Meinung gebildet wurde. Diese Bearbeitungsrunden werden fortgesetzt, bis entweder alles bearbeitet ist oder die Zeit ausläuft.

Im Deep-Democracy-Gruppenprozess wird das Thema auf eine ganz bestimmte Art bearbeitet: Man wendet den Feldansatz an und erweitert den Beobachtungsfokus vom Inhalt der Diskussion auf die mit dem Thema verbundenen Tendenzen und Rollen und wie diese miteinander interagieren. Typische Fragen der Facilitators sind dann:

- Was sind die Tendenzen und Rollen die sich im Moment hier zeigen? Was ist auch noch im Raum, scheut sich aber deutlich zu werden?
- Welche Polaritäten haben richtig Energie?
- Wo gibt es Grenzen, Hotspots und Coolspots?
- Welche Positionen bringen welche Motive und Essenzen?
- Welche Gemeinsamkeiten gibt es hinter den Tendenzen und Rollen?
- Was brauchen die Tendenzen und Rollen von der Gegenseite?

Schritt 5: Weiteres Vorgehen

In diesem Schritt wird bestimmt, was die nächsten Schritte sind. Manchmal wird eine »Manöverkritik« durchgeführt und dann geht es in einer neuen Sitzung wieder mit Schritt 1 von vorne los.

Das spezifische Vorgehen in Schritt 4 ist zum Beispiel dann sinnvoll, wenn die Bearbeitung eines Themas nicht vorankommt. Oder wenn ein Thema immer wieder auftaucht und nicht richtig gelöst wird. Oder wenn die Leitungsperson Interesse daran hat, einmal die Tiefenstruktur der eigenen Organisation auszuleuchten. Das heißt, die im Moment stärksten Tendenzen genauer und stärker zum Ausdruck zu bringen und zu schauen, wie mehr Kontakt zu einer neuen Art der Beziehungsgestaltung und Lösungen führen kann, die durch die Feldkräfte »organisiert« werden. Manchmal wird dieser Ablauf auch »Prozessieren einer Polarität« genannt. Die Kernidee dabei ist: Es gibt in Gruppen immer wieder Themen, die sind nicht auflösbar, weil gleichzeitig verschiedene Kräfte wirken, die sich gegenseitig bedingen, aber auf einer ersten Ebene nicht vereinbar sind. Ein Beispiel in Organisationen ist das Thema »Zentralisierung« versus »Dezentralisierung« respektive die Zuweisung von Entscheidungskompetenzen an die verschieden hierarchischen Ebenen. Oder die Frage der Balance zwischen Ausrichtung von Organisationsstrukturen auf die Bedürfnisse von Einzelpersonen oder die Organisation.

Eine ganz praktische, aktuelle Frage ist auch die Ausrichtung von Gehalts- und Anreizsystemen: Zu welchem Grad sollen sich diese auf das Individuum beziehen und zu welchem Grad auf das Kollektiv? Wenn solche Fragen hohe Wellen schlagen in einer Organisation — also eine hohe energetische Ladung besitzen — dann kann man neben den üblichen Analysen (Gehaltssysteme-Vergleiche etc.) einen Gruppenprozess zu diesem Thema durchführen. Das Resultat eines Gruppenprozesses ist nicht in erster Linie eine inhaltliche Lösung des Themas, sondern:

1. Die Sichtbarmachung des Spannungsfeldes, das sich unter dem Thema verbirgt.
2. Die Bewusstmachung, dass das Spannungsfeld aus zwei sich gegenseitig bedingenden Polen (Tendenzen) besteht, die nicht aufgelöst werden können.
3. Das Erscheinen einer neuen Art des Kontaktes zwischen den Tendenzen.
4. Das Spannungsfeld wird als nutzbringend für die Entwicklung des Gesamtsystems erlebt, indem zum Beispiel neue Qualitäten im Zusammenspiel der Tendenzen entstehen. Das können neue Wege oder tragfähigere Beziehungen sein.
5. Dieser Ablauf geht einher mit einer Verminderung des Spannungszustandes zwischen den Polen (es stellt sich ein Coolspot ein).

6. Inhaltliche Themen können nach dem Prozessieren in einer anderen Haltung angegangen werden.

Ein Gruppenprozess setzt voraus, dass die beteiligten Personen an einer neuen Art der Auseinandersetzung Interesse haben und nicht die inhaltliche Problemlösung des Themas auf der Faktenebene absolut in den Vordergrund drängen. Ein Gruppenprozess eignet sich zum Beispiel in Situationen, in denen die Arbeitsfähigkeit von Organisationen und Teams durch nicht klar zuordenbare Gründe immer wieder behindert werden.

Schematisches Beispiel eines Deep-Democracy-Gruppenprozesses

Grundsätzlich kann zu jedem Thema ein Rahmen geschaffen werden, der es erlaubt, die Tiefenstruktur auszuloten, indem alle Positionen und Stimmen zum Ausdruck kommen können. Dies macht gerade für zweckrationale Organisationen Sinn und ist besonders interessant bei Themen, die mit hoher Intensität und Energie immer wieder ergebnislos diskutiert werden.

Nehmen wir das Beispiel eines Unternehmens, das eine Matrixorganisation einführt. Der Entscheid wurde Top-Down gefällt, eine anschließende Information- und Schulungsveranstaltungen brachte alle Mitarbeiter auf denselben Wissensstand. Fragen oder Reaktionen gab es kaum. Gleichzeitig gibt es aber im informellen Rahmen Unruhe und intensive Diskussionen über Sinn und Zweck bzw. Vorteile und Nachteile der organisatorischen Neuregelung. Einzelne Teams beginnen offen gegen die Neuregelung zu rebellieren.

Im Folgenden ist in einem schematischen Beispiel dargestellt, wie sich ein Deep-Democracy-Gruppenprozess zum Thema »Matrixorganisation« abspielen könnte.

Es kommt eine Gruppe der Schlüsselpersonen zusammen, die von der Neuorganisation betroffen sind. Sie schauen sich die laufenden Diskussionen und die darunterliegenden Feldkräfte, Tendenzen und Spannungsfelder an. Die wesentlichen zwei Tendenzen oder Rollen sind in den beiden folgenden Äußerungen von zwei Personen erkennbar:

Ein Mitarbeiter (M1) sagt: »Ich bin sehr verunsichert: Ab dem neuen Jahr sollten wir in der neuen Organisation arbeiten, alle haben dann zwei Chefs. Das gibt doch das totale Chaos. Stoppt diesen Irrsinn.« *Kernaussage ist: Nein — wir sind dagegen.*

Ein zweiter Mitarbeiter (M2) entgegnet: »Ich bin dafür. Zumindest sollten wir es versuchen. Die aktuelle Organisation ist einfach zu starr, zu wenig flexibel für die neuen Leistungsanforderungen. Wir müssen schneller und flexibler über die verschiedenen Abteilungen arbeiten können. Eine Matrixorganisation ist da eine mögliche Lösung und ich will jetzt endlich vorwärts machen. *Kernaussage ist: Ja, lasst uns das machen.*

Inhaltliche Diskussionen dieser Art kann man ohne Ende weitertreiben, die Argumente werden typischerweise immer vielfältiger, doch die Kernaussagen verändern sich nicht. Das ist aus Deep-Democracy-Sicht so, weil diese »Positionierungen« — ausgedrückt durch zwei Personen — nicht nur auf diese beiden Personen beschränkt sind. Es gibt typischerweise mehrere Personen, die ähnliche Sichtweisen haben. Das heißt, man kann diese Meinungen als Ausdruck einer kollektiven Meinung im »Feld« betrachten. Sie sind fast »überpersönlich«, das heißt, sie sind nicht an eine Person gebunden. Eine Meinung ist dann eine Tendenz im Feld.

Diese Betrachtung hat den Vorteil, dass man als Person verschiedene Positionen im Feld einnehmen kann. Man kann gleichsam »in verschiedene Positionen« ein- und aussteigen. Dies ermöglicht einer Person (oder einer Gruppe von Personen) tiefer wahrzunehmen, was an dieser Position im Feld wichtig ist, wie es sich anfühlt, diese Meinung zu vertreten. Und weiter, wie die Qualität der Beziehung zum anderen Pol, der anderen Tendenz ist und allenfalls welche Wünsche und Erwartungen an die Gegenseite vorhanden sind. Dies geschieht im ersten Schritt über die Benennung und gemeinsame Wahrnehmung der unterschiedlichen Pole und Tendenzen. Das ist eigentlich eine paradoxe Intervention: Durch das deutlichere Kenntlichmachen der Unterschiede wird die Möglichkeit geschaffen, mehr Verbindung zwischen den Polen und Tendenzen herzustellen. Die beteiligten Personen realisieren, dass sie nicht nur mit *einer* Position im Feld verbunden sind, sondern flexibel mehrere Pole und Tendenzen einnehmen können. Man spricht von der Fähigkeit, »flüssig« zwischen den Positionen wechseln zu können (wenn dies authentisch geschieht). Aus Deep-Democracy-Sicht eine der Fähigkeiten, die Leitungspersonen entwickeln können, um mehr Wirkung in ihrer Leadership-Funktion erzielen zu können (zu den notwendigen Fähigkeiten siehe Abschnitt 4.1). Wenn das gelingt, wird nicht nur die Blockade im System aufgeweicht, sondern die Energie die vorher in der Blockade gebunden war, wird frei. Dies macht sich bemerkbar als Entspannung, als erhöhtes Wir-Gefühl, als ein erhöhtes Interesse an den anderen Gruppenmitgliedern und ein wahrgenommener Energieschub in der Organisation. Manchmal ist es auch so, dass die Bearbeitung von einzelnen Polaritäten eine innere Klarheit bei den Beteiligten über ihre grundsätzliche Ausrichtung in der Organisation auslöst.

LERNPUNKTE

- Jeder Entscheidungs- oder Veränderungsprozess — und zum Beispiel auch jede Sitzung — durchläuft immer wieder die fünf Schritte des Gruppenprozesses. Dies ist unabhängig von den anwesenden Personen oder deren Persönlichkeiten.
- Die Sorting-Phase (Schritt 2) findet implizit zu Beginn in jeder Sitzung statt. Auch wenn eine vorgefertigte Agenda vorliegt. Deshalb lohnt es sich nachzufragen, ob die Agenda die wichtigsten Punkte für das Treffen abdeckt oder ob ein wesentliches Thema noch nicht auf der Agenda steht.
- Solange sich noch kein Konsens über das zu bearbeitende Thema ergeben hat, kann die Bearbeitung nicht sinnvoll stattfinden. Die Anwesenden sind innerlich an zu unterschiedlichen Orten.
- Das Resultat eines Gruppenprozesses besteht in einer Sichtbarmachung der grundlegenden Polaritäten im Feld und wie diese mit der Entwicklung der Organisation in Zusammenhang stehen. Aufgrund dieser Bewusstheit können die inhaltlichen Themen in einem sachlichen Rahmen bearbeitet werden.
- Das Format eines Gruppenprozesses eignet sich für Situationen, in denen bestehende Konflikte bearbeitet werden sollen, oder wenn die Arbeitsfähigkeit von Abteilungen oder Teams ohne klar zuordenbare Gründe immer wieder behindert wird.

Weiterführende Literatur

Arnold Mindell: *The Deep Democracy of open forums*, 2002
Max Schupbach: *Worldwork in organisations*, 2004

2.7 Rang und Privilegien in Beziehungen

Mit Rang bezeichnet Deep Democracy die Gesamtheit von Möglichkeiten, Ressourcen und Privilegien, die einer spezifischen Person in einer Beziehungsinteraktion zur Verfügung stehen. Ein höherer Rang bringt gewisse Vorteile, Möglichkeiten und Privilegien gegenüber einer Person mit weniger Rang. Deep Democracy postuliert, dass die Rangverhältnisse die Interaktionsqualität mitbestimmen. Im Businesskontext hat zum Beispiel die hierarchische Stellung einer Person große Relevanz für die Art der Interaktion: Wenn der Auszubildende mit dem Chef spricht, sind aufgrund der Machtverteilung gewisse Arten der Interaktion wahrscheinlicher (Daumenregel: je größer der Rangunterschied desto förmlicher). Doch Rang ist nicht nur im hierarchischen Sinne zu verstehen. Rang-Aspekte wie Alter, Erfahrung, Wissen, ethnische Zughörigkeit, Gender, Ausbildung, Sprachfähigkeiten, Aussehen, rhetorische Fähigkeiten, sexuelle Identität, Familienbeziehungen etc. haben einen starken Einfluss auf Interaktionsdynamiken. Dies deshalb, weil eine Person oft gar nicht mit dem tatsächlichen Gegenüber in Kontakt ist, sondern mit dem Bild, das sie sich vom Gegenüber macht. Dieses Bild ist stark geprägt von Stereotypen, Vorurteilen und eigenen Glaubenssystemen zur Rolle des Gegenübers, welche sich im Laufe des Lebens durch persönliche und kollektive Erfahrungen entwickelt haben. Man kann die Quellen des Ranges in fünf Bereiche ordnen, die in Abbildung 2.9 dargestellt sind und nachfolgend im Detail beschrieben werden. Die Bereiche sind nicht trennscharf voneinander abgrenzbar. Es handelt sich um ein Gedankenmodell, das dabei helfen kann, eigene Interaktionsschwierigkeiten, die man nicht erklären kann, unter einem neuen Gesichtspunkt zu betrachten.

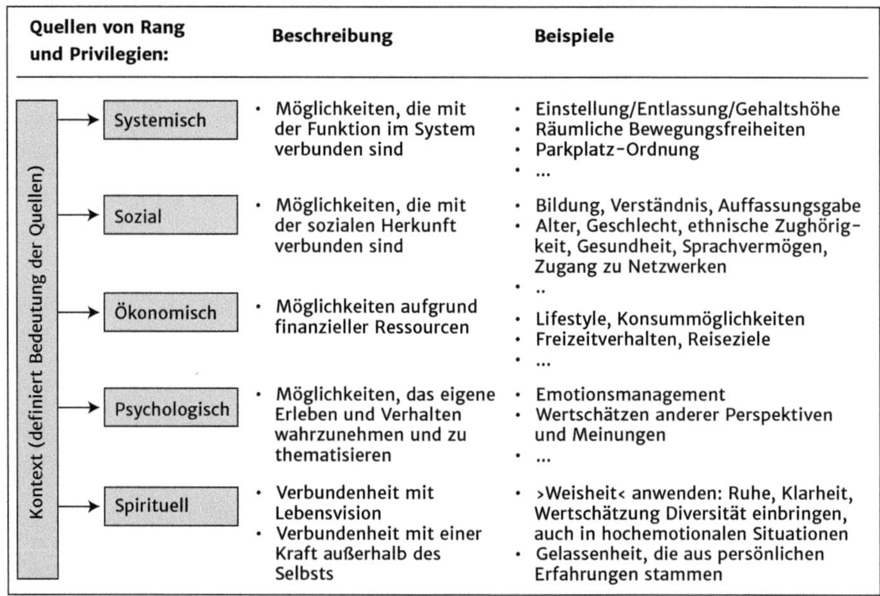

Abb. 2.9: Quellen von Rang

- **Systemischer Rang**: Möglichkeiten, die mit der Rolle oder Funktion in der Organisation verbunden sind, die man als Person einnimmt. Zum Beispiel Weisungsbefugnis, Macht- und Einflussmöglichkeiten, Entscheidungskompetenz etc.

- **Sozialer Rang**: Möglichkeiten, über die man als Person verfügt, die mit der Herkunft (und Familie) verbunden sind: Ausbildung, Zugang zu Netzwerken, Sprachfähigkeiten, ethnische Zugehörigkeit, Geschlecht, sexuelle Identität, Alter, Lifestyle, körperliche Eigenschaften, Fitness etc.
- **Ökonomischer Rang**: Möglichkeiten, die einem zur Verfügung stehen, die mit wirtschaftlichen Aspekten verbunden sind: Vermögen, Einkommen, Wohn- und Reisemöglichkeiten etc.
- **Psychologischer Rang**: Möglichkeiten, die einem zur Verfügung stehen, um das eigene Erleben und Verhalten wahrzunehmen und auf — für den jeweiligen sozialen Kontext verständliche — Art zum Ausdruck zu bringen.
- **Spiritueller Rang**: Möglichkeiten, die einem zur Verfügung stehen, die auf Klarheit und Verbundenheit mit einer persönlichen Lebensvision basieren. Diese Vision ist typischerweise größer als das eigene Ich und hat auch mit einer Verbundenheit mit einer Kraft außerhalb des eigenen Selbst zu tun.

Wenn zwei Personen in einer Interaktion stehen, dann signalisieren sie nicht nur ihre Offenheit gegenüber der Interaktion (siehe Ampelprinzip Abschnitt 2.5), sondern beobachten sich gleichzeitig in der Art, dass sie wahrnehmen, welche Kraft (oder welchen Rang) der andere in die Interaktion mit einbringt und — davon abhängig — welchen Stellenwert man den Aussagen des anderen beimessen soll und wer wem was sagen kann oder darf und in welcher Form. Kurz: Es findet eine Art Vergleichsprozess statt wie in Abbildung 2.10 dargestellt.

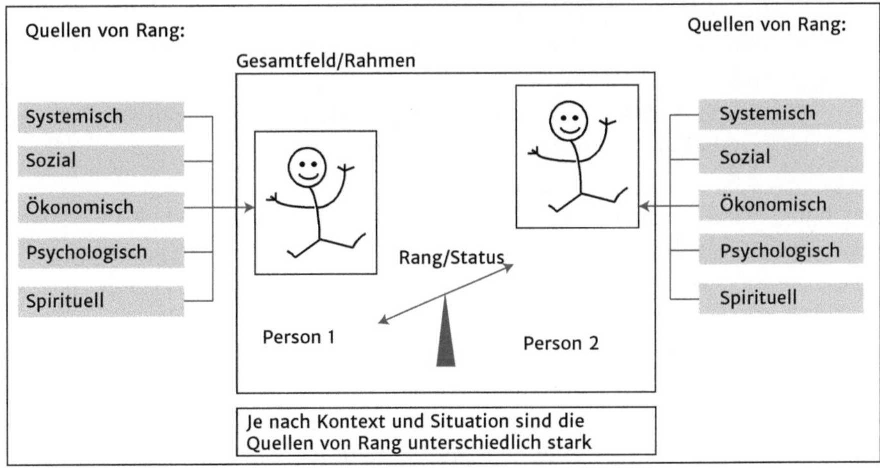

Abb. 2.10: Macht, Rang und Privilegien

Wenn der Rangunterschied genügend groß ist, können Superioritäts- und Inferioritätserfahrungen entstehen, die sich folgendermaßen anfühlen und bei Lehner und Ötsch (2006) in »Jenseits der Hierarchie« ausführlich beschrieben sind:

- **Superioritätserfahrungen** umfassen folgende Elemente:
  - Angenehmes Gefühl von Macht, Kraft, Stärke und Überlegenheit. Gutes, starkes Selbstbild.
  - Wahrnehmung ausgedehnter Ausdrucksfähigkeit, ungehemmter Kreativität und Handlungsfreiheit.
  - Man erlebt überwiegend positives Feedback von anderen in Form von Lächeln, Geschenken, Höflichkeit, Unterwürfigkeit.
  - Keine schlechten Nachrichten — kein negatives Feedback.
  - Auf die Dauer: Mangel an Vertrautheit auf gleichberechtigter Basis, Isolation.
  - Misstrauen gegen andere, Furcht vor Machtverlust.
  - Große Diskrepanz zwischen dem, was man zu sein glaubt, und dem, was die unterwürfigen anderen einem signalisieren.
- **Inferioritätserfahrungen** umfassen folgende Elemente:
  - Schüchternheit, Stammeln, Erröten, Herzklopfen, stockender Atem, Unfähigkeit, Blickkontakt zu halten.
  - Eigener Ausdruck, Kreativität und Handlungsfähigkeit sind eingeschränkt.
  - Gefühl von Unfreiheit und Blockade.
  - Neigung, Perspektive von ranghöherer Person zu übernehmen.
  - Neigung, ranghöherer Person nur positives Feedback zu geben (Komplimente, Lob, Zustimmung).
  - Furcht vor Zurückweisung oder Bestrafung durch ranghöhere Person.
  - Neigung, das eigene unterwürfige Verhalten auf Eigenschaften der ranghöheren Person zurückzuführen.

Das Rang-Modell erhält eine zusätzliche Komplexität durch den Aspekt, dass die einzelnen Quellen von Rang je nach Kontext unterschiedlich bewertet werden. Eine Interaktion zwischen zwei Chirurgen bei einem Chirurgenkongress findet in einem Kontext statt, bei dem technisch-handwerkliche Fähigkeiten anders bewertet werden als bei der Interaktion zwischen Personen, die in der Seelsorge arbeiten. Typischerweise werden im Businesskontext der systemische und der ökonomische Rang hoch bewertet. Der spirituelle Rang hingegen spielt tendenziell weniger eine Rolle. Außer man trifft sich in einem Zen-Retreat für Manager.

Praxiserfahrung

Die Rang-Thematik kann an folgendem Beispiel schön illustriert werden: Der jugendlich wirkende 37-jährige, frisch ernannte, sehr leistungsorientierte und sportlich auftretende Personalchef eines größeren Betriebes hat einmal pro Jahr die Auszubildenden zu einem Gespräch in sein Büro eingeladen. Das sollte einen »informellen Charakter« haben. »Die sind ja gar nicht so viel jünger als ich«, so der Personalchef im Originalton. Nach den etwas verkorksten ersten Zusammenkünften war der Personalchef ziemlich enttäuscht von den Jugendlichen. Die jungen Leute verhielten sich freundlich, aber zurückhaltend, haben sich kaum spontan geäußert. Kurz: Sie wahrten eine gewisse Distanz. Was ist hier passiert? Der Personalchef ist sich des Settings der Interaktion zu wenig bewusst: Jüngere, stark abhängige Personen treffen auf die Person, von der ihre Position in der Organisation maßgeblich abhängt. Auf verschiedenen Ebenen besteht hier also ein massiver Rangunterschied (systemisch, ökonomisch, sozial, psychologisch). In diesem Kontext ist es ein Irrtum zu glauben, dass sich die abhängigen Personen unbefangen und offen verhalten würden. Auch wenn eine gute Absicht hinter den Treffen steckte, so ist es falsch, davon auszugehen, dass Rangunterschiede in einem als informell deklarierten Gespräch keinen Einfluss hätten. In diesem Beispiel grenzt die Situation, in die der Personalchef die Auszubildenden bringt, schon fast an eine potenziell missbräuchliche Situation. Wenn solche Treffen wiederholt stattfinden, beginnen die Rangniederen Aggressionen zu entwickeln, weil sie immer wieder in eine Art »Zwangslage« gebracht werden. Diese Emotionen können auf die ranghöhere Person sehr irritierend wirken, weil sie sich keinen Reim darauf machen kann.

Welche Möglichkeiten gibt es für Leitungspersonen und Führungskräfte, die die Möglichkeiten nutzen wollen, die ihr Rang ihnen bietet, ohne Konflikte zu evozieren? Eine Möglichkeit ist die Benennung von Unterschieden. Das ist aber eigentlich gegen das allgemeine Empfinden, weil man als Leitungsperson die gehobene Position gegenüber dem Interaktionspartner in der Regel nicht speziell hervorheben möchte. Das ist legitim und nett. Es geht aber nicht darum, sich besser zu stellen oder die eigene Dominanz oder Größe zu betonen. Sondern darum, Klarheit in die Phänomene zu bringen, die wir wahrnehmen, aber nicht aussprechen. Rang hat man respektive wird einem in einer Interaktion zugewiesen, unabhängig vom eigenen Willen. Man könnte angelehnt an Watzlawicks Diktum »Man kann nicht nicht kommunizieren« sagen: »Man kann nicht keinen Rang haben«. Was man üblicherweise tut, ist, diesen Rang nicht zu stark bemerkbar zu machen. Und das führt tendenziell zu unterschwelligen Spannungen und Konflikten. Allgemeiner formuliert: Wenn man als Leitungsperson nicht zu seinem Rang steht oder versucht, Rangunterschiede einzuebnen, führt das mit einer gewissen Wahrscheinlichkeit zu Irritationen und Konflikten mit dem Umfeld.

LERNPUNKTE

- Personen kommen mit einem »Rang-Rucksack« in Interaktionen. Das lässt Unterschiede entstehen. Wenn man als Leitungsperson diese Unterschiede ausblendet und aufgrund persönlicher Präferenzen lieber nicht beachten möchte, löst man tendenziell Irritationen und Konflikte aus.
- Eine Führungskraft ist im systemischen Rang (hierarchisch) den Mitarbeitern gegenüber höhergestellt. Das heißt, sie hat mehr Rang, was ihr ermöglicht, Entscheide zu fällen, die einer Person mit weniger Rang nicht zur Verfügung stehen — neben der Entscheidungsgewalt zum Beispiel auch die Macht, das Arbeitsverhältnis zwischen den Mitarbeitern und dem Unternehmen zu gestalten.
- Ein Teil der Mitarbeiter muss immer wieder spüren, dass diese Macht auch präsent ist. Auch wenn man in der täglichen Arbeit lieber kumpelhaft mit den Mitarbeitern umgehen würde, so ist es dennoch empfehlenswert klar zu stellen, wer der Chef ist.
- Die heute oft propagierte Art der partizipativen Führung kann dazu führen, dass eine Verwirrung um die tatsächliche Entscheidungshoheit entsteht. Der Grad und die Grenzen der Mitsprachemöglichkeiten sind im Einzelfall klar zu formulieren. Zum Beispiel so: »Ich möchte ein Meinungsbild einholen. Wenn ich alle Aspekte gehört habe, werde ich eine Entscheidung fällen.«
- Ein Teil der Rang-Wertigkeit ist in gewissen Bandbreiten beeinflussbar, zum Beispiel Bildung oder soziale Fähigkeiten. Andere dagegen weniger wie zum Beispiel körperliche Eigenschaften wie Größe.
- Grundsätzlich veränderbar ist aber die eigene Haltung, mit der man mit den Unterschieden umgeht.

Weiterführende Literatur:

Franz Fendel, Dorothée Fendel & Benedikt Fendel: *Die Kunst des Zusammenarbeitens*, 2014

Johannes Lehner & Walter Ötsch: *Jenseits der Hierarchie*, 2006

Arnold Mindell: *The leader as martial artist*, 1992

REFLEXION 5

Klärung des eigenen Ranges

Das ist eine Reflexion, die für drei Personen angelegt ist:

1. Jeder einzeln und für sich beantwortet sich folgende Frage: Wo habe ich viel Rang im Sinne von Macht und Privilegien in meinem Führungsalltag bezüglich sozialen, systemischen, ökonomischen, psychologischen, spirituellen Aspekten? Wo habe ich weniger Rang? Dies geht am einfachsten im Vergleich mit einer bestimmten Person aus dem beruflichen Alltag.
2. Jetzt tauschen Sie die Erkenntnisse aus (5 Minuten pro Person). Jemand erzählt, jemand hört zu, jemand hat die Rolle des Beobachters. Der Sprechende erläutert,
   a) inwiefern er mehr oder weniger Rang bezüglich eines gewissen Aspekts hat,
   b) welche Privilegien und Möglichkeiten mit diesem Rang verbunden sind,
   c) wie er Privilegien und Möglichkeiten im Führungsalltag immer wieder zum Ausdruck bringt.
3. Nach 5 Minuten wechseln Sie die Rollen, bis alle einmal von ihrem Rang berichtet haben.
4. Wenn alle berichtet haben, sprechen Sie darüber, wie es ist, über den eigenen Rang miteinander zu sprechen. Was fällt leicht? Was fällt schwerer? Was bedeutet das für den Führungsalltag?
5. Zum Schluss erläutern alle folgende Punkte: In welcher konkreten Situation können Sie in ihrem Führungsalltag Ihren Rang respektive die damit verbundenen Privilegien zugunsten einer guten Gesamtlösung noch klarer einnehmen? Was würde das konkret heißen? Welche Ideen haben Sie dazu?

2.8 Selbstorganisationsprinzip

Gemäß Feldansatz geht man bei Deep Democracy davon aus, dass es in Organisationen — und prinzipiell jeder Gruppe — eine Art von Energie, Kraft oder Prinzip gibt, das dafür sorgt, dass sich die Organisation vorwärts bewegt. Und zwar aus sich selbst heraus, nicht notwendigerweise von oben oder von außen gesteuert. Dieses Prinzip organisiert die Handlungen der einzelnen Akteure. Dieses Selbstorganisationsprinzip ist Teil des intentionalen Feldes. Wenn man diesem Prinzip den notwendigen Raum gibt, dann entwickeln sich Projekte, ein Team oder eine Organisation in einer Art natürlichem Fluss. Dabei kann beobachtet werden, dass alle Beteiligte auf freiwilliger Basis einen Beitrag gemäß den eigenen Möglichkeiten und Interessen leisten. Wenn man als Leitungsperson in einer Gruppe gemäß traditionellem Führungsverständnis agiert, ist diese Vorstellung eines Selbstorganisationprinzips irritierend oder sogar abenteuerlich. Wie soll eine gemeinsame Arbeit Resultate bringen ohne klare Vorgaben des Vorgesetzten? Ohne die gestaltende Kraft eines Chefs? Was ist dann noch die Rolle der Führungskraft? Die direkte Antwort aus Deep-Democracy-Sicht ist: dem Selbstorganisationsprinzip Raum, Kraft und Zeit geben. Insbesondere dadurch, dass man Gefäße schafft, in denen sich das Selbstorganisationsprinzip entfalten kann. Zum Beispiel indem man für einzelne Sitzungen darauf verzichtet, eine vorgefertigte Agenda zu schaffen, indem man Äußerungen, die nicht der eigenen Meinung entsprechen, speziell wertschätzt oder indem man ergebnisoffene Workshops durchführt und die Agenda gemeinsam entlang der »brennenden« Themen bestimmt. Es ist jedoch wichtig zu verstehen, dass es nicht um ein Entweder-Oder der Prinzipien im Sinne von »Steuerung von oben« versus »Selbstorganisation« geht. Oder dass das eine Prinzip besser wäre als das andere. Vielmehr geht es für Leitungspersonen darum, die für eine gewisse Situation optimale Mischung zu finden. Und die Formen beider Ansätze zu verstehen und das Know-how für deren Anwendung zur Verfügung zu haben. In Abschnitt 5.6 werden eine Reihe von Möglichkeiten beschrieben, wie man als Leitungsperson mit dem Selbstorganisationsprinzip umgehen kann.

Weiterführende Literatur:

Alexander Exner, Hella Exner & Gerhard Hochreuter: *Selbststeuerung von Unternehmen: Ein Handbuch für Manager und Führungskräfte*, 2009

2.9 Organisationsmythos

Deep Democracy postuliert, dass jede Gruppe, jedes Team, jede Organisation einen Moment des Ursprungs hat. Das ist der Moment, in dem sich eine Institution oder ein Unternehmen, aber auch eine Projektgruppe oder ein Team etabliert. Die Qualität dieses Ursprungsmomentes reflektiert den Zweck und die Daseinsberechtigung der betrachteten Institution. Wenn der Zweck erfüllt ist, dann entfällt die Daseinsberechtigung und die Energie zur Aufrechterhaltung der Institution verschwindet. Die Geschichten rund um den Ursprungsmoment einer Organisation werden bei Deep Democracy als »Organisationsmythos« bezeichnet. Mythos wird verstanden als (eine oder mehrere) Erzählungen, die sinn- und identitätsstiftend sind und mit denen Mitarbeiter in einer Organisation ihr Welt- und Selbstverständnis bezüglich der Organisation zum Ausdruck bringen. Diese Erzählungen ranken sich meist um legendäre Momente in den Anfängen einer Organisation. Um Momente mit hoher symbolischer Kraft, die oft wesentliche Weichenstellungen zur Folge hatten. Wenn zum Beispiel erzählt wird, dass die Gründer eines Unternehmens, das sie zum Weltmarktführer aufgebaut haben, nie bei einer Bank Fremdkapital bezogen haben, weil sie sich »nie in die Fänge von Banken« begeben wollten, dann ist die Qualität »Unabhängigkeit« ein wesentlicher Aspekt dieses Unternehmens. Dies kommt nicht nur im Verhältnis zu Banken zum Ausdruck, sondern als ein das ganze Unternehmen durchdringendes Prinzip auch im Verhältnis zu weiteren Anspruchsgruppen. Vielleicht richtete sich die Absicht »gegen« jemanden, zum Beispiel gegen die etablierten (Branchen-)Strukturen oder die dominierenden Unternehmen im Markt.

Um den Organisationsmythos zu erforschen, können folgende Fragen hilfreich sein:

- Wer war bei der Gründung der Organisation mit welcher Absicht beteiligt?
- Was oder welche Qualitäten wollte der Gründer — oder die Gruppe der Gründer — in die Welt bringen?
- Was stand als Grundabsicht am Ursprung?
- Wer oder was war sonst noch wichtig im Ursprung?

Wie bei Mythen üblich, besteht um den Organisationsmythos letztendlich eine gewisse Vagheit und Unbestimmtheit. Jede Nacherzählung von Ursprungsgeschichten unterliegt der jeweiligen Interpretation und dem spezifischen Blickwinkel durch den Erzähler. Man kann das so verstehen: Der Mythos ist die Kraft, die im Untergrund wirkt, die nicht ganz fassbar oder eindeutig ist, trotz wiederholter Erzählungen. Der Organisationsmythos entfaltet eine Kraft im Alltag. Das merkt man, wenn Mitarbeiter davon berichten, weshalb sie beim Unternehmen arbeiten. Sie erzählen neben konkreten Aspekten wie Gehalt oder Nähe zum Wohnort auch weitere, nicht so genau definierbare Aspekte und Qualitäten. Zum Beispiel die Atmosphäre oder die Qualität des Kontaktes im Bewerbungsverfahren. Oder die Freiheit und Unabhängigkeit, die sie erfahren bei der Gestaltung der Arbeitsumgebungen. Aus Deep-Democracy-Sicht würde man sagen: Es ist nicht nur der Mitarbeiter, der sich ein Unternehmen sucht, sondern das Unternehmen sucht sich die Mitarbeiter. Oder anders ausgedrückt: Der Organisationsmythos ist die Kraft, welche eine Anziehungskraft auf das weitere Feld der Organisation ausübt und die Mitarbeiter anzieht, die das Unternehmen braucht. Dieses Resonanzphänomen führt über die Zeit zu einer positiven Selektion von Mitarbeitern, die zum Unternehmen passen. Die Mitarbeiter »ticken« selbst ähnlich wie der Organisationsmythos und sehen darin positive, auch sie persönlich betreffende inspirierende Qualitäten. Typischerweise benennen Organisationen ihren Organisationsmythos nicht als Mythos.

Was bringt einem nun das Verständnis des Organisationsmythos? Einerseits ein besseres Verständnis über aktuelle Abläufe und Prozess in Unternehmen. Gewisse Aspekte werden besser verstehbar, wenn man an den Ursprung geht. Andererseits kann auf den Geist und die Kraft des Organisationsmythos als Ressource zurückgegriffen werden, wenn Schwierigkeiten auftauchen. Ein Beispiel ist in der Reflexion »Störung und Organisationsmythos« zu erleben.

REFLEXION 6

Störung und Organisationsmythos

Setzen Sie sich zu zweit hin, beide Gesprächspartner bereiten sich 10 Minuten individuell für einen Austausch vor. Sie machen 10 Minuten Einzelarbeit entlang folgender Fragen:

a) Welche Geschichte, Erzählungen ranken sich um den Ursprung der Firma, in der ich arbeite?
b) Welche markanten Punkte gibt es in diesen Geschichten?
c) Welche Hauptpersonen tauchen auf? Wie sind diese Personen? Was sticht heraus?
d) Welche ein bis drei Aspekte oder Qualitäten haben für mich am meisten Energie und/oder inspirieren mich besonders?

Jemand (Coach) führt den anderen (Coachee) durch folgende Schritte durch:

1. Coach sagt zum Coachee: Erzählen Sie mir von einer aktuellen schwierigen Situation im Unternehmen, von der Sie persönlich betroffen oder an der Sie beteiligt sind. Zum Beispiel von schwierigen Kunden, die nicht antworten, von einer Projektleiterin, die regelmäßig nichts sagt, oder andere Situationen. Schälen Sie zusammen die Schwierigkeit für den Coachee heraus. Lassen Sie das stehen.
2. Dann fokussieren Sie sich auf die Ergebnisse der einleitenden vier Fragen rund um den Organisationsmythos. Der Coachee beginnt zu erzählen, was er gefunden hat. Er benennt zum Schluss in einem Satz eine Qualität, die ihn besonders inspiriert aus all den Punkten. Er sagt zum Beispiel: »Absolut beeindruckend finde ich die Haltung der Gründer, die ganze Firma ohne Bankenkredite zu finanzieren. Mir gefällt dieses große Streben nach Unabhängigkeit.«
3. Während der Coachee erzählt, beobachtet der Coach, in welchen Momenten der Erzählung die größte Leidenschaft, die stärkste Verbundenheit mit der Geschichte beim Erzähler erkennbar ist.

4. Jetzt vergegenwärtigt der Coachee die eingangs geschilderte schwierige Situation und denkt über Möglichkeiten nach, wie er die im Organisationsmythos gefundene Qualität noch stärker einsetzen könnte in der schwierigen Situation aus Schritt 1. Zum Beispiel, wie die ihn beeindruckende Qualität »Unabhängigkeit« ein Schlüssel sein könnte zur Lösung der schwierigen Situation. Oder wie das aussehen würde, wenn er noch mehr »Unabhängigkeit« in diese schwierige Situation bringen würde. Erarbeiten Sie zusammen zwei, drei mögliche, konkrete Schritte.
5. Anschließend wechseln Sie die Coach- und Coachee-Rolle und wiederholen die Schritte 1 bis 4.
6. Zum Schluss führen Sie ein gemeinsames Debriefing durch. Was war besonders sinnstiftend oder hilfreich an dieser Übung? Wohin führen die Erkenntnisse?

2.10 Lebensmythos und Life Mission

Analog der Vorstellung eines Organisationsmythos in Organisationen postuliert Deep Democracy für das Individuum einen Lebensmythos. Manchmal wird er auch als Grundrichtung, Zweck oder »Reiseprinzip« bezeichnet. Es geht um eine Idee und Vorstellung, was am Ursprung des Lebens steht, welche Ursprungskräfte auf den Entwicklungsweg einwirken und welche speziellen, einzigartigen Werte oder Aspekte man selbst »in die Welt« bringen oder welchem »Zweck« man dienen möchte. Als Leitungsperson ist man umso stärker oder wirksamer, je mehr man eine Bewusstheit entwickelt hat für die eigenen Grundwerte und den Zweck, den man mit der Gesamtheit seiner Aktivitäten verfolgt. Dabei geht es weniger um Ziele bezüglich hierarchischer Position, Macht, Einkommen oder gesellschaftlichem Status, sondern um die grundsätzliche Art, durch das Leben zu gehen. Die Life Mission basiert auf der Überlegung, dass die eigenen Handlungen und Entscheidungen die Welt, in der man lebt, gestalten. Und dass man über die bewusste Ausrichtung der eigenen Handlungen zu einer Welt beiträgt, in der man selbst leben möchte. Eigentlich eine offensichtliche Tatsache, doch wenig im Bewusstsein von Menschen verankert. Wenn man Führungskräfte zum Beispiel fragt: »Welche Welt möchten Sie mit Ihrer Schaffenskraft helfen, mit zu gestalten?«, empfinden das die meisten als eine überraschende Fragestellung und müssen erst einmal länger überlegen. Eine Fragestellung, die man sich zu selten stellt. Genau diese Aspekte sind aber interessante Fragestellungen, weil in aktuellen Führungsausbildungen die Fragen nach persönlichen Werten zunehmend von Wichtigkeit sind.

Die Life Mission bezieht sich typischerweise auf Aspekte, die größer sind als die unmittelbare Erfahrungswelt einer Person. Sie zielt auf das größere Ganze und auf eine Verbesserung oder Veränderung der als störend erlebten Zustände auf der Welt. Sie sind absolut individuell und durchdringen — manchmal einfach unbewusst — alle Handlungen einer Person. Man kann die Life Mission mit einem Gefäß vergleichen, das alles formt und stark beeinflusst, was man als Person macht. Die Life Mission ist nicht mit dem Beruf oder sonst einer Tätigkeit zu verwechseln wie zum Beispiel Managerin, Arzt, Marketingleiterin, Kosmetiker etc. Und auch nicht mit wesentlichen Rollen wie Mutter oder Vater, Führungskraft, Stiftungsrat, Vormund, Autor, Künstler, Schriftsteller etc.). Eine Life Mission hat folgende Wirkungen für eine Leitungsperson:

- vermittelt Handlungsorientierung
- schafft ein Gefühl der Klarheit bezüglich Sinn, Bedeutung oder persönlichem Wertbeitrag zum größeren Ganzen
- bezieht sich auf etwas, das größer ist als das eigene Selbst
- ist immer subjektiv und entzieht sich Kategorien wie »richtig/falsch«
- stiftet einen Nutzen für einen selber — nicht primär für andere Personen
- ist Quelle der Inspiration für schwierige Momente und Entscheidungen
- übt eine Gravitationskraft aus auf Personen mit ähnlicher Life Mission oder persönlichen Visionen (ob bewusst oder unbewusst)

Wie kommt man zu einer Life Mission

Eine Grundrichtung oder einen Zweck kann man nicht rein analytisch erarbeiten und gestalten — visionäres Denken erfordert die Erzeugung von Bildern (oder anderen Sinneserfahrungen), die nicht über »Zerlegen und Zergliedern« erschaffen werden können. Der Zugang ist nicht logisch rational fassbar. Die Bestimmung der Life Mission kann als Prozess der Bewusstwerdung gesehen werden, von etwas, das sowieso da ist. Deep Democracy vertritt die Grundthese: Jeder hat einen Lebensmythos und eine Life Mission im Sinne eines Bündels von Kernanliegen, die man in die Welt bringt — bewusst oder unbewusst. Dieser Zweck basiert stark auf intuitiven Ahnungen, Ideen, flackernden Signalen, Assoziationen und »träumerischen« Elementen und erfordert deshalb den Einbezug unbewusster Aspekte. Hier einige Empfehlungen für die Erarbeitung:

- Es gibt viele verschiedene Wege zur Erarbeitung der Grundrichtung oder der Life Mission. Um erste Ansatzpunkte zu entwickeln, machen Sie sich Gedanken zu einer der folgenden drei Fragen (achten Sie auf die ersten Reaktionen und Antworten):
  - Wenn Sie Königin/König (oder mit der Kraft eines Gottes ausgestattet) wären, wie würden Sie die Welt gestalten, allenfalls verändern wollen?

Was wäre etwas vom Ersten, was Sie tun würden, wenn Sie diese Macht hätten?
- Wenn Sie 100 Mio. Euro auf Ihrem Konto hätten, was würden sie tun, wie würden Sie Ihre Lebenszeit gestalten?
- Was macht Sie lebendig? Wann hatten Sie im letzten Jahr ein großes Gefühl der Lebendigkeit? Welche Momente sind besonders bedeutsam?

- Es kommt zu Situationen in diesem Prozess, bei denen man unsicher wird, ob man auf dem richtigen Weg ist. Dieses Gefühl der Unsicherheit und manchmal der Angst gehört dazu.
- Vertraute Menschen, Familie und Freunde können eine Unterstützung sein, manchmal sind sie aber auch irritiert. Es kann sich dann richtiger anfühlen, mit wenigen Menschen über die Erfahrungen zu sprechen.
- Das richtige Timing ist wichtig, nichts überstürzen und trotzdem handeln. Versuchen Sie sofort umsetzbare kleine Schritte für sich zu definieren und diese auch konsequent umzusetzen.
- Es gibt viele Gründe, weshalb man etwas im Moment nicht machen kann: fehlende Zeit, fehlende finanzielle Ressourcen, fehlende Unterstützung von außen etc. — Es kann sein, dass diese an sich plausiblen Gründe im Kern eigentlich ein Widerstand sind, der verhindert, dass Sie ins Tun & Gestalten kommen.
- Es lohnt sich, ehrlich und transparent mit sich selbst umzugehen und zu sehen, wo man tatsächlich mehr Zeit braucht und wo dieses Verschieben eine Vermeidungsstrategie ist.
- Regelmäßige Überprüfung des Fortschrittes: Gestalten Sie eine Gruppe, die sich gegenseitig unterstützt bei der Erarbeitung der Life Mission.
- Starten Sie indirekt: Machen Sie heute mehr von etwas Konkretem, das Sie freut (wie z. B. Joggen, Singen, Spa), und verzichten Sie auf etwas, was Sie weniger freut.

Praxiserfahrung

Die Bewusstmachung des eigenen Lebensmythos oder der Life Mission kann im Rahmen einer Karriere-Standortbestimmung hilfreich sein. Typischerweise ist es so, dass Führungskräfte sehr analytisch ausgerichtet sind und dem Ansatz einer intuitiven Vorgehensweise skeptisch gegenüberstehen. Und auch die Idee eines Lebensmythos oder einer Life Mission als esoterisch und nutzlos betrachten. Dann kann es helfen, eine spezifische Vorgehensweise zu entwickeln. Ein Beispiel: Eine rational ausgerichtete Führungskraft mit journalistischem Hintergrund hat im Coaching eine persönliche Standortbestimmung vorgenommen. In der Formulierung einer

Grundrichtung oder Life Mission sah er jedoch wenig Nutzen. Im Gegenteil, das Wort der Mission löste einige Widerstände aus, insbesondere war ihm die religiöse Konnotation zuwider. Im Gespräch stellte sich heraus, dass er ein großer Anhänger der Idee einer Europäischen Union und freier Grenzen war und sich neben seiner beruflichen Tätigkeit auch persönlich für die Idee offener Grenzen einsetzte. Dies war ein Ansatzpunkt: An der Wurzel einer solchen Leidenschaft steht typischerweise ein Bündel von Grundwerten, die einem ganz wichtig sind. Im Fall des Journalisten könnte man etwas simplifiziert sagen, dass sein Lebensmythos oder seine Life Mission mit der Erhöhung von Freiheit, Offenheit und Bewegungsmöglichkeit für Personen zu tun hat. Diese Art der Betrachtung hat den Journalisten angeregt, als Element seiner Standortbestimmung einen Essay für sich selbst zu verfassen mit dem Titel: »Wofür möchte ich meine Schaffenskraft als Journalist einsetzen?«.

Eine Schlussbemerkung: Das Thema des eigenen Lebensmythos oder der persönlichen Life Mission ist »groß«. So groß, dass die meisten Menschen in Organisationen recht schnell mit Widerstand oder auch Resignation reagieren, wenn man sie darauf anspricht. Insbesondere verursacht der Begriff der Mission Abwehrreflexe, weil er auf der individuellen Ebene üblicherweise in religiösen Zusammenhängen verwendet wird. Es braucht eine Portion Mut und Überwindung, sich der Frage auf individueller Ebene zu öffnen. Auf der kollektiven Ebene wird der Begriff im Rahmen von »Mission Statements« in Organisationen vielfach verwendet, ohne dieselben Reflexe auszulösen. Im Gegenteil, ein sauber und manchmal eher steril wirkendes Mission Statement ist unterdessen ein unerlässliches Element der Außendarstellung von Unternehmen. Auch wenn in jüngster Zeit Projekte und Wettbewerbe zum Thema »Weltverbesserung« zunehmend populärer werden, hat der mit der Mission assoziierte Begriff »Weltverbesserer« eine negative, idealistische Komponente. Man tut entsprechende Diskussionen als naiv ab. »Wer Visionen hat, sollte zum Arzt gehen«, hat der deutsche Ex-Bundeskanzler Helmut Schmidt einmal gesagt. Der gewisse Pragmatismus ist wichtig, wenn es um die Umsetzung von Ideen und Vorstellungen geht. Doch vor der Phase der Umsetzung kommt ein kühner Traum, wie die Welt idealerweise aussehen könnte.

REFLEXION 7

Life Mission, Sinn und Ambition

Machen Sie diese Reflexion mit einer Person Ihres Vertrauens. Einer führt den anderen durch die Schritte:

1. Wählen Sie eine Situation, die Ihre Führungstätigkeit herausfordert. Beschreiben Sie diese äußere Situation und welcher Aspekt Sie besonders herausfordert. Lassen Sie das ruhen.
2. Formulieren Sie eine persönliche Mission, eine Vision, die Ihrer Führungstätigkeit zugrunde liegt. Was macht Ihnen dabei besonders Freude? Wann spüren Sie am meisten Energie bei Ihrer Tätigkeit? Wann fühlen Sie sich im Fluss? Leiten Sie davon eine Grundrichtung, eine Art Mission ab, was Sie auf dieser Welt gestalten wollen. Finden Sie nun zusammen mit Ihrem Coach einen Satz für die Mission. Probieren Sie aus, bis ein Satz im Moment gut passt.
3. Wählen Sie nun eine Person, die Sie für Ihre Führungstätigkeit immer wieder inspiriert. Das kann eine Figur aus der Geschichte oder Ihr Nachbar sein. Falls es mehrere sind, wählen Sie diejenige aus, die Sie im Moment besonders anspricht. Erzählen Sie Ihrem Coach, was Sie besonders beeindruckt an dieser Person.
4. Jetzt schauen Sie sich um: Wo in diesem Raum fühlt es sich ähnlich an wie diese Person (nicht nachdenken, einfach der Körperbewegung nachgehen). Gehen Sie dort hin, spüren Sie nun die spezifische Eigenschaft oder Energie der Person, werden Sie zu dieser Person.
5. Schauen Sie nun von dieser Perspektive auf die Situation, die Sie zu Beginn beschrieben haben: Welchen Ratschlag geben Sie sich aus der aktuellen Perspektive für die nächsten Schritte, die sie einschlagen sollten?
6. Behalten Sie die Perspektive, bis Sie verstehen, welche Vorbild-Funktion, welcher hohe Traum »hinter« dieser Perspektive steckt. Welche Essenz bringt diese Perspektive in die Welt? Wie sind Sie selbst mit dieser Essenz verbunden? Wo ist sie Teil Ihrer Mission, wo (noch) nicht?
7. Welcher Entwicklungsprozess wäre nötig, um die Mission noch mehr umzusetzen in Ihrem aktuellen Tätigkeitsgebiet? Was müssten Sie mehr machen? Was müssten Sie loslassen?

Weiterführende Literatur:

Arnold Mindell: *Earth-based psychology*, 2007
Joseph Campbell: *Die Kraft der Mythen*, 2007

2.11 Wahrnehmungsmodell: Welche Brille habe ich gerade auf?

Der Deep-Democracy-Ansatz postuliert drei Ebenen, auf die ein Betrachter seine Wahrnehmung richten kann. Diese Ebenen sind schematisch zu verstehen, die Grenzen sind fließend und nicht eineindeutig (siehe Abb. 2.11).

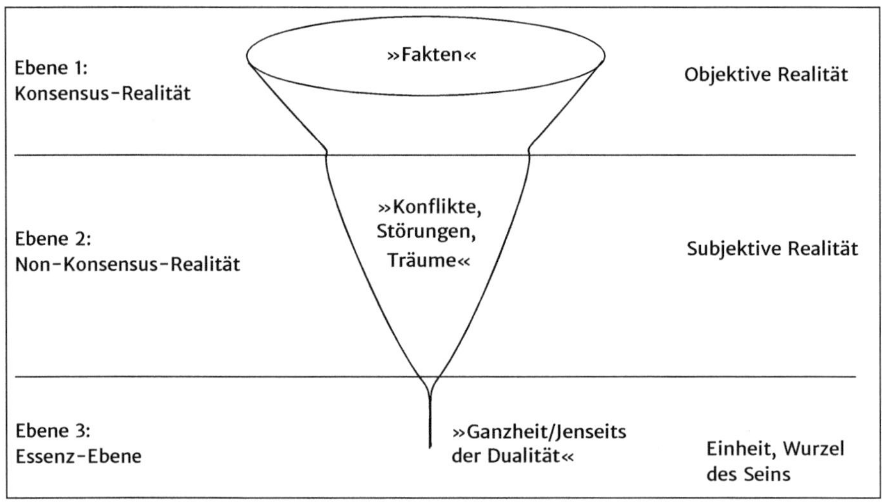

Abb. 2.11: Drei Ebenen der Wahrnehmung

Konsensus-Realität:
Das ist die Ebene des Objektiven, der Fakten, des Messbaren, des Rationalen, das worauf man sich als Gesellschaft geeinigt hat: Ein Meter ist ein Meter, Organigramm, personelle Besetzung von Positionen, Business-Prozess-Definitionen, Finanzielle Buchführung etc. Das was man oft als »Realität« oder »Wahrheit« wahrnimmt und wo die Unterscheidung »richtig/falsch« angewendet werden kann. In Organisationen fokussiert man typischerweise auf diese Ebene (und beachtet die anderen Ebenen eher nicht).

Non-Konsensus-Realität:
Die Non-Konsensus-Realität wird manchmal auch Emergenz-Ebene bezeichnet. Die Ebene der subjektiven Eindrücke, des Irrationalen, des Stils, der Träume, Stimmungen und Atmosphären, des Geschmacks, der Emotionen oder des Flirts, die im Zusammenhang mit den Elementen der Konsensus-Realität auftauchen. Zum Beispiel kann die Zeitqualität eines Meetings von zwei Per-

sonen komplett unterschiedlich wahrgenommen werden. Diese Ebene beinhaltet auch sogenannte »flackernde Signale« also subtile Phänomene, die plötzlich auftauchen, und oft nicht von allen bemerkt werden (siehe dazu Abschnitt 2.12). Sie gehen oft mit einer Stimmungsveränderung einher. Zum Beispiel eine plötzliche Stille, nachdem eine Person in einer Gruppe ein Tabu angesprochen hat, was zu einer allgemeinen Erleichterung führt. Diese Ebene kann nicht sinnvoll in »richtig/falsch« kategorisiert werden. Trotzdem kann man sich über Wahrnehmungen auf dieser Ebene austauschen.

Essenz-Ebene:
Die Ebene, wo alles im Universum seinen Ursprung hat, die Ebene, wo es keine Worte gibt. Die Ebene, wo sich die persönlichen Differenzen und Wahrnehmungen auflösen. Atmosphärische Momente von Einssein einer Gruppe.

Dieser Drei-Ebenen-Ansatz ist als Modell zu verstehen, worauf man seine Wahrnehmung fokussieren kann. Es ermöglicht einem Betrachter, gewahr zu werden, auf was er schaut und was außen vor gelassen wird. Es ist ein Instrument, um das Wahrnehmungspotenzial eines Akteurs zu erweitern, insbesondere an den Stellen und in Momenten, in denen ein Meeting, eine Veranstaltung oder auch eine bilaterale Interaktion nicht den gewünschten Weg geht — also in einem Moment, den der Betrachter als »Störung« empfindet. In Organisationen besteht typischerweise eine immanente Präferenz für die Konsensus-Realität. Sätze wie »am Ende des Tages müssen die Ergebnisse stimmen« zeugen von dieser nachvollziehbaren Haltung. Die anderen zwei Ebenen bleiben tendenziell wenig berücksichtigt. Wenn wichtige Aspekte im Zusammenhang mit der Konsens-Ebene nicht besprechbar sind — zum Beispiel Ängste, Bedenken und Unsicherheit im Zusammenhang mit einer Reorganisation —, dann besteht die Gefahr einer Blockierung des Gesamtsystems, was als »Widerstand« im Change Management ein viel diskutiertes Phänomen ist.

LERNPUNKTE

- Die Dinge die man als wichtig, relevant und bedeutsam empfindet, sind abhängig vom eigenen Wahrnehmungsmodell.
- In Organisationen besteht eine Präferenz für »objektive« Fakten. Das ist oft hilfreich, führt jedoch auch zu schwierigen Situationen, weil wichtige Aspekte marginalisiert werden.
- Schwierige Momente, Störungen und Spannungsfelder können entspannt werden, wenn man neben der Konsensus-Realität weitere Wahrnehmungsebenen betrachtet.

Weiterführende Literatur:

Julie Diamond & Lee Spark Jones: *A path made by walking: Process work in practice*, 2004

Arnold Mindell: *The dreammaker's apprentice: The psychological and spiritual interpretation of dreams*, 2002

2.12 Flackernde Signale

Als flackernde Signale werden Wahrnehmungen bezeichnet, die eben die Schwelle der Wahrnehmbarkeit erreicht haben und deshalb nur schwach oder subtil wahrnehmbar sind. Dabei hängt die Wahrnehmung natürlich stark vom Betrachter ab. Flackernde Signale können verschiedene Formen annehmen: die Auffälligkeit einer Stimmlage, die Helligkeit eines Raumes, eine Waschmaschinen-Trommel, die im Hintergrund schwingt. Aber auch ein inneres Körpersignal wie Herzklopfen, das man plötzlich spürt, oder Bilder, Fantasien oder Tagträume. Flackernde Signale tauchen auch in Interaktionen mit Menschen häufig auf. Jeder kennt die subtilen Gefühle, die man hat, wenn man neuen Menschen begegnet: schwache Zeichen von Zu- oder Abneigung, die man gewöhnlich nur wahrnimmt, wenn man besonders darauf achtet. Das Gleiche gilt für Gruppensituationen. Da geschehen immer wieder gewisse Auffälligkeiten: Leute verlassen den Raum in einem bestimmten Moment, ein Teilnehmer äußert sich wiederholt zum selben Thema, zwei Teilnehmer tauschen tuschelnd Informationen aus, jemand bringt einen Diskussionsbeitrag, der gar nicht zum Thema zu passen scheint. Ein atmosphärischer Wechsel entsteht, weil eine Person eine ganz persönliche Geschichte einbringt. All diese unbestimmten, subtilen »Auffälligkeiten« werden aus Deep-Democracy-Sicht als »flackernde Signale« bezeichnet. Dabei handelt es sich um Aspekte, die an der Grenze stehen, um als klare Signale in die Interaktionsprozesse Eingang zu finden. Man könnte flackernde Signale auch als leichte »Störungen« verstehen, also wiederum als Information, die gegebenenfalls für die weitere Entwicklung der Gruppe von Nutzen sein kann. Unterschiedliche Meinungen oder Konflikte brechen nicht plötzlich, aus dem Nichts aus. Auseinandersetzungen in Gruppen melden sich üblicherweise durch »flackernde Signale« im Vorfeld an. Signale können sein: Die Stimmlage einzelner Teilnehmer hebt sich, Argumente wiederholen sich oder einzelne Personen beginnen zu schweigen. Für eine Leitungsperson bedeutet die Idee von flackernden Signalen, dass man auf diese Signale besonders achten sollte und über entsprechende Beobachtungen, die man mit der Gruppe teilt, das flackernde Signal benennen kann, um zu sehen, ob dahinter ein wichtiger Entwicklungsaspekt der Gruppe steht.

Praxiserfahrung
Neulich führte ich mit einer Coaching-Kundin aus einer Anwaltskanzlei ein Gespräch über »eine komische Situation«, wie sie es ausgedrückte. Im Fall, den sie beschrieb, hatte ein Kunde der Anwaltskanzlei gegenüber mittels einer E-Mail seinen Unmut darüber ausgedrückt, dass die Anwaltsseite geplant hatte, mit mehreren Personen zu einer bestimmten Verhandlung zu kommen, obwohl ein einzelner Anwalt seiner Ansicht nach reichte. Der verantwortliche Partner in der Kanzlei beschloss, die E-Mail nicht weiter zu beachten. Seine Haltung: Er hatte im Vorfeld erklärt, weshalb er sich entschlossen hatte, mehrere seiner mit der Materie betrauten Anwälte mitzunehmen. Im Verlaufe der konkreten Verhandlungen äußerte sich der Kunde wiederholt über die Kosten von Anwälten und lamentierte über das seiner Ansicht nach unnötige Verfahren. Dies in Verkennung der Sachlage: Die Verhandlungssituation ermöglichte es, langwierige, richtig teure Gerichtsverfahren zu umgehen. Darüber ließ der Kunde das geplante gemeinsame Mittagessen mit seinen Anwälten ohne Information platzen. Aus Deep-Democracy-Sicht besteht die »komische Situation« aus wiederholten Signalen (flackernde Signale) des Kunden, welche die Anwaltsseite konsequent nicht beachtet hatte. Diese Nichtbeachtung führte zu einer »atmosphärischen Störung« und weiter zu einer Blockade der Zusammenarbeit, ohne dass der Kunde ein Wort darüber verloren hätte. Dieser Kunde muss merken, dass er gehört wird — eine Art Quittierung seiner Bedürfnisse ist notwendig, sonst bleibt die Zusammenarbeit schwierig und wenn es in der Entscheidungsbefugnis dieses Kunden liegt, dann ist die Zusammenarbeit mittelfristig gefährdet. Von außen mit dem notwendigen Abstand betrachtet, muten diese Überlegungen logisch an. Aber wenn man selbst in solche Interaktionen direkt involviert ist, verfügt man oft nicht über die notwendige Distanz, um »flackernde Signale« richtig einzuordnen.

2.13 Meta-Skills

Das Deep-Democracy-Methodenspektrum ist im Kern unkompliziert, ja fast simpel. Das Schwierige ist nicht, dieses zu verstehen, sondern es in der Praxis so anzuwenden, dass es für den jeweiligen Kontext einen Sinn und einen Nutzen ergibt. Wendet man die Grundelemente mechanisch an, verkommen sie zu banalen Kommunikationstechniken. So könnte man aufgrund der Idee des

Feldansatzes empfehlen, dass man immer auch die Position des Gegenübers wertschätzen soll. Das stimmt inhaltlich, doch wenn dies einfach immer, roboterhaft oder eben mechanisch gemacht wird, dann hat diese Technik mit der Zeit keine Wirkung mehr. Ein solches Verhalten ist nicht glaubhaft oder authentisch, weil es einem »Programm« entspringt, dass jemand sich vorgegeben hat.

Meistens haben die Betroffenen ein feines Gespür, was die Motivation hinter einer Intervention ist, die eine Leitungsperson macht. Ein Beispiel: Wenn Sie als Führungsperson wissen, dass ein Vorschlag besser ankommt, wenn Sie sofort auch die Gegenposition benennen, dann können sie das tun. Im besten Fall akzeptieren das die Leute, im schlechteren Fall wird Ihr Verhalten als manipulativ wahrgenommen und stößt deshalb grundsätzlich auf Ablehnung. Das hängt von der Grundhaltung ab, mit der man ein Vorgehen wählt. Die Betroffenen erkennen bald, ob die Leitungsperson einfach den Entscheidungsprozess möglichst kurz halten möchte oder ob man grundsätzlich wichtig findet, dass alle Positionen im Feld benannt werden. Im ersten Fall wendet man eine Technik an, um sich durchzusetzen, im zweiten, um in der Gruppe einen Bewusstheitsprozess auszulösen, welcher es der Gruppe ermöglicht, einen besseren Entscheid zu fällen. Die Idee von Meta-Skills als Grundelemente von Deep Democracy besagt, dass weniger die Anwendung von einzigartigen Methoden und Konzepten wesentlich sind für die optimale Gestaltung von Interaktionen, Sitzungen und Meetings, sondern vielmehr die Art und Weise oder die Haltung, mit welcher diese Methoden eingesetzt werden. Diese Idee hat Amy Mindell im Buch »Meta-Skills« (2003) beschrieben. Es basiert auf der empirischen Beobachtung, dass in Gruppensituationen die verkörperte Haltung der Leitungsperson — in Form von im Moment gezeigten und vorgelebten Verhaltensweisen — den Unterschied zwischen erfolgreichen und nicht erfolgreichen Interventionen ausmacht.

Diese Haltungen werden bei Deep Democracy »Meta-Skills« genannt. Sie kommen auf zwei Ebenen zum Ausdruck: 1. gegen innen, sich selber gegenüber und 2. gegen außen, zum Beispiel mit einem Gesprächspartner, einem Team und der Organisation. Julie Diamond beschreibt Meta-Skills als »feeling attitudes, values, and beliefs that deeply inform our way to working with others« (Diamond & Jones, 2004). Also eine Mischung aus gefühlter Haltung, Werten und Glaubenssystemen, welche die Art und Weise bestimmen, wie wir mit anderen Personen umgehen. Sie führt aus, dass Meta-Skills zwar entwickelbar, aber nicht direkt lernbar sind. Sie bringt damit zum Ausdruck, dass zum Beispiel eine Beginner's-Mind-Haltung zwar intellektuell ein simples Konzept ist, dass die spürbare und deshalb glaubwürdige Verkörperung dieser Haltung insbesondere in schwierigen Situationen aber typischerweise nur über ein längeres Eigentraining zu erreichen ist. Manchmal sind Meta-Skills bei einer Person von Natur aus ausgeprägt vorhanden, manchmal sind sie die Folge von bewusstem Training. Die Wichtigkeit von verschiedenen Meta-Skills ist letztendlich ein persönlicher Entscheid einer Leitungsperson. Für die Facilitation und Leitung von Gruppen stehen aus meiner Perspektive die im Folgenden dargelegten Meta-Skills im Vordergrund. Sie sind als Beschreibungen einer Grundhaltung zu betrachten, nicht als direktive Handlungsanweisung im Sinne von »so muss man es machen«.

Dem Prozess folgen (»Follow the process«)

Das Grundparadigma von Deep Democracy geht davon aus, dass man als Leitungsperson eine Gruppe unterstützt, indem man ihr hilft, mehr Klarheit und Bewusstheit in Bezug auf das zu erhalten, was im Gruppengeschehen im Moment abläuft und was das mit der allgemeinen Entwicklungsrichtung zu tun hat. Das heißt, es geht darum, dass man lernt, dem sich entfaltenden Prozess zu folgen, unabhängig davon, was geschieht. Das klingt einfach und banal, ist aber in einer Gruppensituation oft überaus schwierig. Man benötigt eine gute Portion Vertrauen in die Selbstorganisationskraft einer Gruppe, um die Gelassenheit zu behalten, wenn die Situation zwischenzeitlich »unstrukturiert« erscheint. Zum Beispiel, weil es sehr emotional wird, weil keine Lösung ersichtlich ist oder wenn es vermeintlich chaotisch wird. Das gilt für alle Anwesenden, aber im Besonderen für die Leitungspersonen, weil deren Rolle darin gesehen wird, Unsicherheit und Unwohlsein auslösendes Chaos in geordnete Bahnen zu lenken und für Ordnung sorgen. Leitungspersonen, die »dem Prozess folgen«, machen das nicht direktiv. Sie lösen keine Probleme oder schwierige Situation in der Gruppe. Vielmehr achten Sie auf Signale aus der Gruppe und auftauchende Polaritäten und teilen ihre Beobachtungen mit der Gruppe. Man könnte fast sagen, sie verzichten auf die ihnen zugewiesene Delegation der Verantwortung an eine »Führungsperson, die entscheidet wohin die Reise geht«. Damit geben sie die Verantwortung zurück in die Gruppe und stärken die Selbstorganisationskraft. Mit dieser Haltung wird niemandem ein Ergebnis verordnet, niemand muss sich verändern.

Einfach dem Fluss folgen, das passende Resultat folgt automatisch: eine auf den ersten Blick bestechende Erleichterung für Leitungspersonen. Auf den zweiten Blick wird schnell klar, dass von einer Leitungsperson oft das Gegenteil erwartet wird – nämlich dafür zu sorgen, dass ein bestimmtes Resultat erreicht wird. Ergebnisoffenes Arbeiten ist in wirtschaftlichen Institutionen selten Teil der Vorgehensweisen, die gewählt werden. Auch wenn in der aktuellen Diskussion um Management-Kompetenzen Selbstorganisationskompetenz,

Selbstverantwortung, agiles Management und dergleichen sehr prominent diskutiert werden. Deshalb ist es für alle Leitungspersonen eine kontinuierliche Gratwanderung, die optimale Mischung aus traditionellem, direktivem Einflussnehmen und »Dem Prozess folgen« zu finden. Wenn man in der Rolle des Organisationsberaters aktiv ist, ist es zusätzlich zentral, dass die eigene Verhaltensweise und Rolle im Gruppensetting vorab mit dem Auftraggeber abgestimmt ist. Ansonsten kann die Situation eintreten, dass man sich im Modus »Dem Prozess folgen« befindet, während der Auftraggeber erwartet, dass man Turbulenzen nicht zulässt, sondern sofort einschreitet. Dies kann zu Missverständnissen führen, die auch ein Mandatsverhältnis auf die Probe stellen können.

Praxiserfahrung

Im Rahmen eines Leadership-Trainings mit Kaderangehörigen des mittleren Managements führten wir ein Experiment durch. Wir vereinbarten, dass wir dem Ablauf eines Gruppenprozesses folgen (siehe Abschnitt 2.6) und genau beobachten, welchen Weg die Gruppe nimmt. Zeitlicher Rahmen: eine Stunde. Meine eigene Rolle war diejenige eines Facilitators, der sich inhaltlich nicht einmischt, sondern dem Prozess folgt und seine Beobachtungen einbringt. Das Oberziel war, allen Teilnehmenden eine Erfahrung mitzugeben, wie sie sich verhalten, wenn nicht eine klassische Leitungsperson das Heft klar und direktiv in den Händen hält. Umgekehrt gesehen war es eine Selbstevaluation, wie hoch die Selbstorganisationskompetenz dieser Gruppe war. Im Anschluss an das Experiment planten wir ein Debriefing.

Wir erarbeiteten in einem Sorting-Schritt eine Liste von Themen, welche die Teilnehmenden interessierten. Doch die Konsens-Findung war nicht möglich, die Gruppe einigte sich nicht auf ein Thema. Und auch nicht auf ein von allen unterstütztes Verfahren zur Bestimmung des Themas. Nach 45 Minuten standen zwei Themen im Vordergrund, portiert von je zwei Subgruppen, die sich nicht einigen wollten, obwohl die Zeit ablief. Die Atmosphäre wurde recht gespannt, weil der Entscheidungsprozess so lange dauerte. Und es machte sich ein Gefühl der Resignation und der Hoffnungslosigkeit breit. Kurz vor Ablauf der Stunde einigten sich die Teilnehmer, dass der Facilitator die Entscheidung für ein Thema treffen sollte. Unterdessen war die Zeit aber abgelaufen, und wir kamen nicht mehr zur Diskussion des Themas, das ich als Facilitator zu wählen hatte. Im Debriefing wurde klar, dass die Erfahrung eines Entscheidungsprozesses ohne direktive Führung eine neue war. Einige Teilnehmer beklagten sich darüber, dass die »Führung« respektive die Klarheit einer Führungsperson, wohin die Reise gehen soll, eindeutig gefehlt habe. In der Rolle des Facilitators war es nicht einfach, dem auch während des Experimentes wiederholt zum Ausdruck gebrachten Wunsch nach Führung und Entscheidungsübernahme nicht einfach stattzugeben. Eine Kernerkenntnis, die wir im Debriefing herauskristallisierten, war: Als Gruppenteilnehmer sind wir stark darauf konditioniert, dass jemand die Führung der Gruppe eindeutig übernimmt. Sobald dies nicht der Fall ist, wird es schwierig, weil wir es nicht gewohnt sind, uns in solchen Umfeldern selbst zu organisieren und schnell ein optimales Gruppenergebnis zu erzielen. Diese Kompetenz zur Selbstorganisation wird immer wichtiger, weil man unter den aktuellen wirtschaftlichen Rahmenbedingungen immer öfter in unklar strukturierten Verhältnissen, abteilungsübergreifend und projektmäßig zusammenarbeiten muss, ohne dass immer ganz klar ist, wer in welcher Rolle agiert respektive agieren soll.

Mit Anfänger-Geist agieren (»Beginner's Mind«)

Mit zunehmender Erfahrung und Ausübung einer Tätigkeit entsteht das Gefühl, dass man die Materie im Griff hat. Man fühlt sich immer mehr als Experte, lässt sich nicht so schnell abbringen von eigenen Beobachtungen und traut der eigenen Meinung oft mehr als allem, was einem von außen zugetragen wird. Dem positiven Aspekt der Selbstsicherheit und dem Gefühl, über ein solides Fundament zu verfügen, steht die Gefahr entgegen, dass man eine Situation schnell erfasst, einteilt, kategorisiert und aufgrund dieses eigenen inneren Bildes handelt, obwohl eine Situation vielleicht auch anders sein kann. Deshalb postuliert Amy Mindell (2003) den Meta-Skill »Mit Anfänger-Geist agieren«.

Diese aus dem Zen-Buddhismus stammende Maxime meint, dass man den Signalen der Beteiligten folgen soll, ohne zu urteilen, ohne zu interpretieren und ohne die durch die eigenen Filter verzerrte Wahrnehmung. Als Leitungsperson versucht man, dem Prozess zu folgen, als würde man das zum ersten Mal machen — mit einem neuen, frischen, unbelasteten Blick auf das Geschehen. Es ist, als würde man mit komplett neuem Blick durch das eigene Wohnviertel gehen, das man schon lange kennt. Man schaut sich Details einmal genau an, wo man sonst einfach durchgegangen ist und gedacht hat, man ist vertraut mit allem hier. Dieser Meta-Skill hilft besonders in Situationen, in denen man als Leitungsperson der Ansicht ist, dass man alles schon erfahren hat und für jede Situation die passende Lösung bereithält. Jede Erfahrung, jede Wahrnehmung wird neu betrachtet, das Haus, das gestern noch da war, wird heute vielleicht renoviert. Wenn wir mit dem Blick von gestern auf das Heute schauen, dann sind wir gefangen in unseren eigenen Bildern und können nicht dem folgen, was sich im Moment vor uns entfaltet. Leitungspersonen, die Anfänger-Geist praktizieren, sind an der neugierigen Haltung erkennbar, an der offensichtlichen Freude, etwas zu lernen, und an einem ausgeprägten Forschungsdrang.

Der Meta-Skill »Mit Anfänger-Geist agieren« steht manchmal quer in der Organisationslandschaft. Von Leitungspersonen wird erwartet, dass sie Experten sind und dementsprechend alles Wesentliche wissen und die Anwesenden auch mit rhetorischer Brillanz für sich einnehmen.

Praxiserfahrung

Neulich habe ich einen Workshop moderiert, bei dem das Leitungsteam einer Produktentwicklungsabteilung den eigenen Entwicklungsweg über die nächsten 36 Monate definierte. Ein Thema war die weitere Gestaltung der Aufbauorganisation, daneben standen noch 18 weitere Themenbereiche auf der Agenda, sodass mein Impuls war, dem Thema der Aufbauorganisation nicht überproportional viel Zeit zu widmen. Doch wie bei einer Babuschka tauchten im Laufe der Diskussion immer weitere Unteraspekte auf. Die Energie der Anwesenden, das Thema von verschiedenen Seiten zu beleuchten, war hoch. Meinen Anfänger-Geist aktivierend begann ich die Situation neugierig zu beobachten. Zwischendurch habe ich auf die Zeit hingewiesen, damit in der Gruppe auch darüber Bewusstheit bestand, doch ich stoppte mein normales Verhalten, schnell zum nächsten Thema zu gehen. Mein persönlicher Eindruck war, dass wir dem Thema Aufbaustruktur zu viel Zeit widmeten, doch im abschließenden Debriefing äußerten sich alle Teilnehmer ausgesprochen positiv über die Tiefe, Ausführlichkeit und den Nutzen der Diskussion über die Aufbauorganisation.

Eldership (Ältestenschaft)

Der Meta-Skill »Eldership« kann vielleicht am einfachsten erklärt werden mit einem positiven Großeltern-Bild: Mit einer liebenden, akzeptierenden und unterstützenden Haltung sind sie präsent bei den Enkeln, unabhängig davon, was diese im Moment anstellen. Sie sehen den aktuellen Lebensmoment in einem größeren Lebenszusammenhang und können deshalb über aktuelle Irritationen großzügig hinwegsehen und bei Bedarf liebevoll Richtlinien setzen. Ihre Lebenserfahrung ermöglicht ihnen, parallel den Moment, die Vergangenheit und die Zukunft in ihre Wahrnehmung einzubauen. Eldership als Haltung ist aber nicht nur Großeltern vorbehalten. Es bedeutet eine Haltung, die Leitungspersonen ermöglicht, Irritationen, Störungen und Spannungsfelder aller Art in einem größeren Rahmen zu sehen. Und den beteiligten Personen, unabhängig von ihrem persönlichen Stil, in einer akzeptierenden und unterstützenden Haltung zu begegnen, so fremd dieses Verhalten im Moment auch erscheinen mag. Eldership ermöglicht auch, Verständnis zu haben für alle Seiten oder Parteien und für beide Seiten glaubwürdig Stellung zu beziehen, ohne den eigenen Standpunkt völlig außer Acht zu lassen. Die Fähigkeit zu Eldership zeigt sich in Organisationen konkret in Momenten, in denen es in einer Gruppe schwierig und turbulent ist. In Konfliktsituationen gibt es zum Beispiel oft die Situation, dass ein Teil der Gruppe nicht direkt betroffen ist und sich nicht an der Auseinandersetzung beteiligt. Eine Person, die bewusst Eldership pflegt, ist sich bewusst, dass alle in der Gruppe an der Situation beteiligt sind und einen Beitrag zur Lösung leisten können. Sie sagt dann zum Beispiel: »Mir ist diese Situation auch ungemütlich, und wenn ich auch nicht direkt beteiligt bin, so wünsche ich mir eine Arbeitsumgebung, in der alle einen guten Job machen können. Jetzt haben wir eine Situation, in der ein Teil nicht mehr miteinander spricht. Aufgrund der Vorgeschichte kann ich beide Seiten verstehen. Trotzdem find ich das persönlich schade und wenn jemand eine Idee hat, was wir machen können, um die Situation zu entspannen, so bin ich interessiert, diese Ideen zu hören.«

Aufgrund dieses Beispiels wird auch klar: Eldership, wie übrigens alle Meta-Skills, sind Haltungen, die nicht nur den Leitungspersonen vorbehalten sind. Sie können unabhängig von den formalen hierarchischen und formellen Rangverhältnissen angewendet werden.

REFLEXION 8

Eldership in Aktion

Gehen Sie zu zweit zusammen. Tauschen Sie sich kurz aus, was Ihnen im Moment am meisten Freude bereitet bei der Arbeit, und atmen Sie dreimal tief durch. Jemand führt durch die nachfolgende Reflexion.

1. Schauen Sie sich eine Situation an, wo Sie Unterstützung gebrauchen könnten. In der Organisation, im Team, mit der Chefin, einem Mitarbeiter oder einem Kunden etc. Welche Herausforderung gibt es? Welche persönlichen Grenzen erfahren Sie? Erzählen Sie das Herausfordernde dem Gegenüber, der allenfalls Notizen macht.
2. Stellen Sie sich nun vor — und vielleicht schließen Sie die Augen —, Sie sind 100 Jahre alt und haben ein wirklich gutes Leben gehabt und schauen

nun zurück. Das haben Sie gemacht. Gewisse Dinge erreicht, gewisse Dinge ausgelassen. Jetzt zum Schluss des Lebens ist alles in Ordnung. Alles ist okay. Versuchen Sie Zugang zu diesem Zustand zu bekommen.
3. Wenn Sie ein inneres Gefühl dazu entwickelt haben, machen Sie eine Handbewegung dazu, welche das Gefühl im Moment ausdrückt. Denken Sie nicht lange darüber nach — lassen Sie Ihren Körper einfach machen. Wiederholen Sie die Körperbewegung drei- bis viermal.
4. Bleiben Sie nun in diesem Zustand und schauen Sie die herausfordernde Situation aus diesem Zustand an. Aus diesem »Am Ende des Lebens«-Zustand heraus: Was würden Sie ändern wollen? Welche Einstellungen an Ihnen würden Sie mehr unterstützen, welche Dinge weniger? Würden Sie gegebenenfalls etwas ändern in Beziehungen? Welche Aktivitäten würden Sie sich raten zu stoppen, einfach nicht mehr oder weniger zu tun?
5. Kommen Sie zurück zu heute und diskutieren Sie zusammen, was Sie zurückhält, diese Dinge in der Realität — zum Beispiel in der geschilderten Situation zu Beginn (siehe Punkt 1) — umzusetzen.

Gasthaus-Haltung

Als Leitungsperson ist man im Kontakt mit einer Gruppe unterschiedlichsten Erfahren ausgesetzt: Leute, die zu spät kommen, Leute, die nur kurz bleiben wollen, Leute, die nie etwas sagen, Leute, welche die Gruppenzeit überbeanspruchen. Leute, die schnell sprechen, Leute, die einfach dasitzen und keine Regung machen, Leute die nervös und unsicher sind, Leute, die die Gelegenheit nutzen wollen, um eigene Ziele zu erreichen, Leute, die im Widerstand gegenüber dem Zusammensein sind, Leute, die sich freuen, andere zu treffen, Leute, denen es kalt oder warm ist im Raum, Leute, die sich auf das Mittagessen freuen, Leute, die Workshop-Junkies sind, Leute, denen Gruppensettings ein Gräuel sind. Diese Liste ist beliebig verlängerbar. Der Umgang mit den verschiedensten Ansprüchen und Bedürfnissen ist als Leitungsperson nicht immer einfach, kann mitunter auch anstrengend werden. Eine bewusst gepflegte »Gastgeber-Haltung« kann dabei helfen, für alle diese Bedürfnisse offen zu bleiben, ohne sich selbst dabei zu vergessen. »Gastgeber-Haltung« meint, sich bewusst als Gastgeber offen zu halten für alle Meinungen, Stile, Ansätze und Bedürfnisse der Anwesenden, sodass diese sich in dem von der Leitungsperson geschaffenen »Raum« wohl und akzeptiert fühlen. Genau so, wie sie kommen. Die Rolle der Leitungsperson beinhaltet gemäß diesem Meta-Skill auch eine Verantwortung, dass sich die Anwesenden wohl und geschätzt fühlen. Dies kann auch die äußeren Aspekte betreffen wie Größe, Licht, Wärme, Bestuhlung eines Raumes, in dem eine Sitzung oder ein Workshop stattfindet.

In Abschnitt 6.3 sind dazu Ideen aufgelistet, was man als Leitungsperson machen kann, um Sitzungen und Workshops erfolgreich zu gestalten.

Du heute — ich morgen

Der Meta-Skill »Du heute — ich morgen« geht davon aus, dass man als Leitungsperson oder Facilitator im Prinzip gleich ist wie alle anderen im Raum. Man macht dieselben Erfahrungen von Freude, Frust, Lebendigkeit, Langeweile und was dergleichen mehr ist. Und man findet sich — vielleicht nicht im selben Moment — in denselben Rollen, Tendenzen oder Polaritäten wieder. Die Bewusstheit, dass man selbst auch schon in diesen Schuhen gesteckt hat oder dies in Zukunft mit hoher Wahrscheinlichkeit passiert, führt zu höherer Toleranz und Mitgefühl mit Gruppenmitgliedern und ermöglicht Akzeptanz, wenn sich ein Teilnehmer besonders schwierig verhält. Julie Diamond (Diamond & Jones, 2004) schreibt dazu, dass diese Haltung mehr ist als pure Empathie oder Sympathie mit den Teilnehmenden: Es ist eine wissende Haltung, dass die Hochs und Tiefs des Lebens alle gleichermaßen betreffen und dass wir alle im selben Boot sitzen, was diese grundlegenden Punkte betrifft. Eine Leitungsperson kann durch die Verkörperung dieser Haltung ein Maß an Vertrauen und Verbindung zu den Gruppenmitgliedern schaffen, die es ermöglicht, auch tiefer liegende Themen anzusprechen.

Praxiserfahrung

Eine Möglichkeit, den Meta-Skill »Du heute — ich morgen« in einer Gruppe zu praktizieren, besteht darin, dass man als Leitungsperson nach einer Aussage eines Teilnehmers über sich selbst in der Gruppe rückfragt, wer diesen Aspekt bei sich selbst auch schon erfahren hat. Ein Beispiel aus einem kürzlich durchgeführten Workshop mit einem Management-Team: Ein Mitglied hat im Rahmen einer kurzen kollegialen Fallbearbeitung über einen besonders schwierigen Mitarbeiter erzählt. Dieser Mitarbeiter zeigte einen Leistungseinbruch mit Burn-out-Symptomen. Die Frage war nun, wie weiter. Bevor wir in den Feedback-Prozess eingestiegen sind, habe ich die Frage gestellt, wer auch schon mal in dieser Situation war, dass ein Mitarbeiter vor einem Burn-out stand (»Bitte Hand heben« war die Anweisung). Eine satte Mehrheit hat angezeigt, dass sie die Situation aus persönlicher Erfahrung kennt. Dies hatte zur Folge, dass sich die Fallgeberin nicht mehr so allein mit der Problematik fühlte und in der Folge entwickelte sich ein sehr offener und persönlicher Austausch unter den Anwesenden.

Weiterführende Literatur:
Amy Mindell: *Meta-Skills: The spiritual art of therapy*, 2003

2.14 Konsens

Neulich hat mir ein Vorgesetzter einer hierarchisch organisierten Organisation seine Führungs- und Entscheidungsphilosophie erklärt: »Klar bin ich formal in der Position, alles allein und für mich zu entscheiden. Wenn ich das in einem von zehn Fällen tue, wird das akzeptiert und in gewisser Art auch erwartet. Wenn ich es in neun von zehn Fällen mache, kriege ich mittelfristig ein Problem. Da laufen mir meine Top-Leute aus dem Haus.« Diese Führungskraft zeigt ein hohes Bewusstsein im Umgang mit Entscheidungen und damit, welche Wirkungen der gewählte Entscheidungsprozess auf die Betroffenen hat.

Es gibt viele mögliche Entscheidungsregeln in Gruppen. Typisch für hierarchisch organisierte Gruppen ist der Führungsentscheid durch die Person, die hierarchisch vorgesetzt ist. Eine andere Möglichkeit besteht in der Entscheidungsfindung durch die Gruppe, zum Beispiel mit Mehrheits- oder Einheitsregel (oder Mischformen). Nachteil der Entscheide von oben ist, dass sich die Leute nicht einbezogen fühlen, kein Commitment zum Entscheid entwickeln. Nachteil der Einheitsregel ist naturgemäß, dass oft kein Entscheid zustande kommt, wie zum Beispiel im UNO-Sicherheitsrat. Bei der Mehrheitsregel ist der Nachteil, dass immer ein Teil der Gruppe offiziell gewinnt und ein Teil verliert.

Um die Nachteile zu minimieren, wird im Deep-Democracy-Gruppenprozess (zum Ablauf siehe Abschnitt 2.6) deshalb versucht, die Entscheidungen im Konsensverfahren zu treffen. Das heißt, man versucht als Leitungsperson die Stimmung für einzelne Optionen in Erfahrung zu bringen, ohne dass dies als offizielle Abstimmung mit Gewinnern und Verlierern zu betrachten wäre. Zum Beispiel indem man die Gruppe auffordert, »laute Geräusche« zu machen, als Signal der Zustimmung zu den Themen, die man bevorzugt. Grundsätzlich kann man natürlich auch eine Abstimmung durchführen, wichtig ist dann, dass die unterlegene Minderheit sich nochmals dazu äußern kann, was es braucht, dass sie sich mit dem Entscheid anfreunden kann. Das verändert zwar die Entscheidung nicht, berücksichtigt aber in hohem Maße die Befindlichkeit von allen Beteiligten und insbesondere der unterlegenen Minderheit. Der Gedanke im Hintergrund ist wiederum: Oft ist es nicht der inhaltliche Entscheid, der Unstimmigkeit und Sand im Getriebe einer Gruppe verursacht, sondern die Art und Weise des Entscheides und die emotionale Berücksichtigung der Seite, welche »unterliegt«. Mit der Berücksichtigung der unterlegenen Seite oder Position im Feld schafft man als Leitungsperson einen Entscheid, der gestützt ist von allen Anwesenden, auch wenn einige inhaltlich anders entschieden hätten. Das nennt man im Deep-Democracy-Ansatz »einen Konsens schaffen«. Die Idee des Konsenses ist wichtig für die Leitung von Gruppenprozessen, wie sie in Sitzungen immer ablaufen: Bevor eine Gruppe in eine inhaltliche Bearbeitung eines Themas gehen kann, muss ein Konsens über die Themen und die Art der Bearbeitung hergestellt werden. Wenn kein Konsens hergestellt wird, ist die Wahrscheinlichkeit hoch, dass jemand aus der Gruppe nochmals auf die Entscheidung zurückkommt und grundsätzlich die Relevanz des besprochenen Themas infrage stellt.

Um die Frage der Wichtigkeit des Konsenses entstehen oft Missverständnisse. Viele moderne Unternehmen sind stolz auf ihren »konsensorientierten« Ansatz. Sie meinen damit, dass alle Personen einer Gruppe zustimmen müssen, damit ein Entscheid zustande kommt. Das ist aus Deep-Democracy-Sicht nicht notwendig. Konsens heißt hier, dass alle Gruppenmitglieder die Möglichkeit haben, ihre Präferenzen zu benennen und das die Qualität des Verfahrens so ist, dass möglichst alle Meinungen Berücksichtigung finden, gleichzeitig auch klar ist, dass einzelne Personen manchmal in der Gewinner-Rolle, manchmal in der Verlierer-Rolle sind. Und solange nicht immer die gleichen Personen sich in denselben Rollen finden, ist eine Gruppe funktionsfähig.

2.15 Der Körper als Ausgangspunkt der Wahrnehmung (Spürkompetenz)

Deep Democracy basiert auf der These, dass alle Positionen, Meinung, Gefühle, Tag- und Nachtträume, Emotionen, Flirts und flackernde Signale — auch die subtilen — wichtig sind für die Weiterentwicklung eines Systems. Wahrnehmungen sind in letzter Konsequenz radikal subjektiv und an eine Person gebunden, die über die Möglichkeit verfügt, überhaupt Wahrnehmungen über ihren Körper zu haben. Körperempfindungen und -symptome werden bei Deep Democracy als Ausgangsmaterial gesehen und entsprechend verwendet: Man geht davon aus, dass der laufende Entwicklungsprozess einer Person auf verschiedenen Ebenen zum Ausdruck kommt. Unter anderem in Tag- und Nachtträumen, in Konflikten, aber eben auch auf körperlicher Ebene über Körpersymptome. Deep Democracy betrachtet eine Person als Wahrnehmungssensorium, das Signale von außen und von innen wahrnimmt. Der Körper bildet die Brücke oder einen Resonanzboden, auf dem die inneren und äußeren Signale überhaupt ins Bewusstsein emporsteigen. Dieses sensorische Köper-Selbst gibt den Menschen erst das Gefühl »zu sein«. Manchmal haben Personen diese Verbundenheit mit dem Körper verloren. Sie spüren sich buchstäblich nicht mehr, wobei sie dies selbst nicht wahrnehmen. Von außen nimmt man in solchen Fällen ein roboterhaftes, mechanisches Verhalten wahr, Emotionen haben keinen Platz mehr, dringen nicht mehr ins Außen. Schmerzen kommen bei diesen Personen nicht mehr als Störungen ins Bewusstsein — es entsteht eine Gleichgültigkeit und zunehmende Entmenschlichung, die Spürkompetenz, die einem eine Richtschnur für das persönliche Verhalten geben kann, ist dann nur eingeschränkt nutzbar. Das kann dazu führen, dass persönliche Grenzen nicht beachtet werden.

Ein konkretes Beispiel: Spannungsfelder in einer Sitzung oder in einem Workshop können dazu führen, dass man als Leitungsperson (oder Teilnehmer) Kopfschmerzen bekommt. Wenn man sein eigenes Spürbewusstsein trainiert hat, so können diese Empfindungen als Ausgangspunkt für eine Intervention als Leitungsperson sein. Christiane Windhausen (2014) argumentiert im Buch »Das flüssige Ich« für die Wichtigkeit eines Spürbewusstseins für Personen, die sich professionell mit Veränderungsprozessen befassen. Für Leitungspersonen könnten subtile Körperwahrnehmungen die Basis für die erfolgreiche Leitung von Gruppen sein. Oder anders ausgedrückt: Die Qualität der Beziehung zu sich selber hat einen Einfluss auf die Qualität der Beziehung zu anderen Personen und den Raum, den man als Leitungsperson schaffen kann. Wenn man offen ist für die Wahrnehmung von subtilen Signalen, dann eröffnet man auch einer Gruppe die Möglichkeit. Das Umgekehrte trifft natürlich auch zu.

3 Instrumente und Methoden

In Kapitel 3 sind die Instrumente und Methoden von Deep Democracy überblickartig beschrieben. Ziel ist, dass der Leser sich schnell orientieren kann und versteht, was die einzelnen Instrumente beinhalten, und damit befähigt ist, die erfahrungsbasierten Reflexionen zu verstehen und durchzuführen. Es geht nicht um eine detaillierte Darlegung und Würdigung der Techniken und Interventionsmethoden. Einige der beschriebenen Ansätze, Ideen und Techniken werden nicht exklusiv von Deep Democracy benutzt, sondern kommen auch bei anderen Ansätzen zu Anwendung. Man stellt schnell fest, ist, dass die Instrumente relativ einfach zu verstehen sind. Die Kunst besteht allerdings in der geschmeidigen Anwendung der Instrumente im Rahmen von konkreten beruflichen Situationen.

3.1 Aufstellung der Tendenzen und Rollen im Feld

Eine der wesentlichen Interventionsmethoden ist die organische Sichtbarmachung der Rollen und Tendenzen in einem Feld (zum Feld siehe auch Abschnitt 2.1). Physisch wird dies oft im Inneren eines Kreises, der durch die Anwesenden gebildet wird, durchgeführt und hat daher eine gewisse Ähnlichkeit mit Organisationsaufstellungen, das Ganze spielt sich aber etwas anders ab.

Die Technik besteht darin, dass die Beteiligten vom Facilitator dazu eingeladen werden, sich in die Mitte des Kreises zu begeben, um eine Rolle oder Tendenz zu repräsentieren. Nehmen wir das in Abschnitt 2.1 verwendete Beispiel, in dem eine Führungskraft vorwärts machen will. Konkret übernimmt eine Person diese Rolle und sagt: »Ich will jetzt nicht weiter abwarten, es geht der Unternehmung wirklich schlecht, ich will jetzt sofort vorwärts machen mit der Umsetzung der Kostensenkungsmaßnahmen.« Nachdem das geschehen ist, werden die Teilnehmer, die sich im Moment mit dieser Rolle identifizieren respektive eine Resonanz spüren, gebeten, sich zu der/den anderen Person(en) der Rolle hinzustellen und eventuell zu ergänzen, was diese betreffende Rolle auch noch zu sagen hat. Typischerweise aktiviert ein solche Aussage einer Rolle sofort eine zweite Tendenz oder Rolle im Feld. Im Beispiel unter 2.1 wäre das eine Rolle, die sagt: »Achtung, nicht überreagieren, wir müssen zuerst sorgfältig analysieren, bevor wir handeln.« Diese Reaktion wird manchmal als »Gegenrolle« bezeichnet.

Der Facilitator lädt wiederum alle Beteiligten ein, auch diese Rolle zu repräsentieren, am besten übernehmen sie diejenigen, die sich mit der Gegenrolle identifizieren können. Damit wird eine Interaktion zwischen den beiden Rollen oder Tendenzen in Gang gebracht. Die Beteiligten sind frei, sich physisch im Raum zu bewegen. Sie können in die Rollen »ein- und aussteigen«, gemäß den eigenen Impulsen. Damit werden die Dynamik zwischen den Rollen und die wesentlichen Kräfte bezüglich einer Fragestellung bildlich im Raum sichtbar. Man kann auf diese Art zum Beispiel die Arbeitsbeziehung zwischen verschiedenen Abteilungen einer Organisation, aber auch einen inneren Konflikt einer einzelnen Person darstellen.

Manchmal sieht diese Technik nach Theaterspielen aus, das kann geschehen, wenn die Beteiligten die Rollen theatralisch spielen und weniger aus den inneren Impulsen heraus die Rolle einnehmen. Typischerweise löst sich dieses Phänomen nach einer gewissen Zeit auf, weil die Beteiligten genauer und präziser die Qualitäten der Rolle zum Ausdruck bringen können.

3.2 Embodiment (Verkörperung einer Tendenz)

Embodiment meint eine mit dem gesamten Körper ausgedrückte Tendenz oder Rolle. Das kann auch ein Gefühl sein, eine Stimmung oder eine Atmosphäre. Damit dies gelingt, lädt der Facilitator die Teilnehmer ein, voll in eine Rolle oder Tendenz einzusteigen und in einer Figur zu verkörpern. Das heißt, sich so zu bewegen, sich so zu verhalten, zu sitzen, zu sprechen oder zu schweigen, wie die zum Ausdruck zu bringende Tendenz das intuitiv vorgibt. »Zeigen Sie, wie diese Ohnmacht aussieht, die diese Rolle im Moment spürt«, könnte eine Aufforderung des Faciliators sein. »Oder demonstrieren Sie kurz die Sorgfalt, welche die andere Rolle zum Ausdruck bringt.« Wenn es den Akteuren gelingt, ein Embodiment zu halten, dann kann man als Facilitator auch weiter die Situation der betrachteten Rollen erforschen.

Er fragt zum Beispiel: »Wie fühlt sich das an? Was ist aus der Gefühlsperspektive noch zu sagen? Was braucht diese Rolle? Was ist deren Sehnsucht? Was wünscht sie sich am meisten?« Die Erkenntnisse kann man dann auf die konkrete Problemsituation übertragen und entsprechende neue Lösungen finden. Die Technik des Embodiment ist auch anwendbar auf innere Prozesse einer Person. So kann man auch ein Embodiment von bestimmten Aspekten der eigenen Persönlichkeit machen, beispielsweise des »großzügigen« oder des »geizigen« Teils. Ein Embodiment der Teile hilft einem dabei, mehr über diese Anteile in der eigenen Persönlichkeit zu erfahren und bislang nicht wahrgenommene Anteile des eigenen Persönlichkeitspuzzles stärker zu akzeptieren und zu integrieren.

Eine Figur kann aber auch eine äußere Person sein. Zum Beispiel ein schwieriger Boss, eine schwierige Kundin, ein Mitarbeiter, der nicht so will, wie man als Vorgesetzter möchte. In diesem Fall würde man die Rolle der anderen Person übernehmen in den verschiedenen Dimensionen, wie man diese wahrnimmt. Dieser Schritt beinhaltet dann neben einem Embodiment auch einen Perspektivenwechsel (siehe dazu auch Abschnitt 3.4). Personen aus dem Organisationsbereich, die typischerweise wenig Erfahrung haben im Ausdruck mit dem Körper, fällt ein Embodiment in der Regel nicht so leicht. Dabei geht es um zwei Aspekte: erstens darum, eine Rolle oder Tendenz wahrzunehmen, und zweitens diese Tendenz nicht nur sprachlich zu beschreiben, sondern in einen verkörperten Ausdruck zu bringen. Wenn überhaupt, dann sind wir vor allem Ersteres gewohnt, Letzteres benötigt eine spezielle vertrauensvolle Atmosphäre oder ein großes Lerninteresse und die Bereitschaft, die Komfort-Zone zu verlassen.

Eigene Erfahrung

In einem Leadership-Seminar zum Thema »Life Mission, Sinn und Ambition« gingen die Teilnehmenden der Frage nach, was man machen würde, wenn man Königin oder König dieser Welt wäre. Eine an sich einfache Frage, die aber sofort den Raum öffnet für noch nicht gelebte Wünsche und Ambitionen. Das eine ist nun, darüber zu sprechen, was man machen würde. Interessant ist aber auch, eine körperliche Erfahrung zu machen, wie es sich anfühlt, wenn man als König oder Königin zum Beispiel durch einen Raum geht oder spaziert. Und anderen Leuten begegnet: Wie verhält man sich, wie verändert sich das innere Gefühl, wie viel Abstand braucht man selbst, um die König-Erfahrung halten zu können? Diese Erfahrungen können dabei helfen zu sehen, wie weit man diese Haltung schon verinnerlicht hat und sie auch auf der körperlichen Ebene authentisch leben kann.

3.3 Amplifikation (Erweiterung)

Amplifikation bedeutet die Erweiterung einer Rolle, einer Tendenz oder einer Qualität. Wenn man zum Beispiel eine Tendenz wie »Zielorientiertheit« zum Ausdruck bringt, so kann man ein Embodiment machen, wie in Abschnitt 3.2 dargestellt. Man wird zu einer Figur, die vollkommene Zielorientiertheit zum Ausdruck bringt. Diese Figur kann man erweitern oder amplifizieren, indem man einzelne Aspekte zusätzlich verstärkt. Zum Beispiel größer, kraftvoller, schneller, höher, zackiger macht. Oder auch das Gegenteil: kleiner, sanfter, sorgfältiger. Man kann dies variieren, bis man einen Aspekt gefunden hat, der eine innere Resonanz auslöst. Amplifikationen sind wichtig, um den Kern eines Aspekts oder einer Tendenz herauszukristallisieren. Typischerweise beginnt man mit einem Embodiment einer Figur, aber es ist noch nicht klar, um was es eigentlich geht, was die größte Resonanz auslöst oder was die meiste Energie trägt. Mit einer Amplifikation erhält man einen Fokus, worauf man die Wahrnehmung konzentrieren soll. Ein Beispiel: Wenn man eine Qualität wie Macht oder eine »Königskraft« zum Ausdruck bringt, so sind die meisten Personen etwas scheu, diese in den Ausdruck zu bringen. Es hilft, wenn man sie motiviert, die Figur oder die Kraft größer, weiter oder tiefer darzustellen, richtig zu übertreiben. Sie nutzen die eigene Vorstellungskraft, wie das geschehen könnte. Einige beginnen dann zu lachen oder unterbrechen die Verkörperung, weil es ihnen zu viel wird. Sie sind an einer persönlichen Grenze (siehe Abschnitt 2.3) angelangt — ein unbewusster Widerstandsprozess setzt ein und lässt den Erfahrungsstrom abbrechen.

3.4 Perspektivenwechsel

Eine wesentliche Technik bei Deep Democracy ist das Einnehmen von verschiedenen Perspektiven zu einem Thema oder einer Fragestellung. In Organisationen ist das durchaus unüblich, meistens argumentieren die Beteiligten aus ihren individuellen Positionen, Rollen und Interessen heraus. Wir finden das normal — weil wir gar nichts anderes gewohnt sind. Man zieht andere Positionen deshalb nicht in Betracht, weil man mit diesen emotional nicht so verbunden ist. Oder — um mit dem Feldansatz (siehe Abschnitt 2.1) zu sprechen — man ist besetzt von einer Tendenz und kann die Gegenposition nicht als normale und notwendige Polarität zur eigenen Position sehen. Wenn man einen Perspektivenwechsel vornimmt, so setzt man sich buchstäblich in die Position des anderen. Man sieht die Welt aus dessen Augen, man stellt sich vor

»in dessen Schuhen zu stehen«. Ein Perspektivenwechsel liegt zum Beispiel vor, wenn ein Chef neben der eigenen Führungskraft-Perspektive ebenso eine Mitarbeiter-Perspektive zu einer Fragestellung einbringt. Ein Perspektivenwechsel wird umso schwieriger, je mehr man überzeugt ist, dass die eigene Position, die »richtige« oder die »wahre« ist. Ein Perspektivenwechsel kann viele Formen annehmen: Man kann sich in eine andere Person hineinversetzen, aber man kann sich grundsätzlich auch ganz andere Perspektiven vorstellen: einen Berg, eine Blume, ein Tier, Gottheiten, Räume, Musik, unterschiedliche Alter, Geschlechter, ethnische Zughörigkeit, unterschiedliche Lebensalter und vieles mehr. Eine Perspektive, die oft hilfreich ist, ist die Beobachter-Perspektive. Das ist eine Perspektive, die nicht eingreift, nicht beurteilt, keinen Standpunkt einnimmt, sondern Beobachtungen für die Gruppe urteilslos beschreibt. Eine Beobachter-Perspektive könnte im Fall eines Konfliktes folgendermaßen zum Ausdruck gebracht werden: »Ich sehe zwei Personen, die miteinander sprechen, beide emotional hoch engagiert. Sie sprechen über ihre Schwierigkeiten in der Zusammenarbeit mit der anderen Person. Beide finden den anderen schwierig. Manchmal unterbrechen sie sich — die Stimmung zwischen den beiden ist angespannt.«

Ein Perspektivenwechsel ist insbesondere dann eine sehr wirksame Technik, wenn verschiedene Parteien sich in einem argumentativen Teufelskreis befinden, der keine neuen Aspekte mehr hervorbringt, man findet keine gemeinsame befriedigende Lösung und die Beteiligten beginnen, weniger Kontakt miteinander zu haben. Genau das passiert in Konfliktsituationen, die nicht aktiv angegangen werden. Ein Perspektivenwechsel bedingt als ersten Schritt die Erkennung und Benennung von verschiedenen Perspektiven, Positionen oder Tendenzen in einem Feld. In einem zweiten Schritt können die im Feld vorhandenen Perspektiven eingenommen werden. Dies macht in Organisationen vor allem dann Sinn, wenn sich verschiedene Parteien oder Bereiche gegenüberstehen und die Zusammenarbeit an der Schnittstelle unbefriedigend oder blockiert ist. Eine Intervention für eine Verflüssigung besteht darin, dass beide Tendenzen von verschiedenen Personen besetzt werden können. In Abschnitt 5.3 ist diese Vorgehensweise an einem Beispiel beschrieben. Einen Perspektivenwechsel kann man aber auch in Bezug auf innere Figuren oder Teilpersönlichkeiten machen. Das Konzept des »Inneren Teams« von Schulz von Thun (1998) basiert auf dieser Idee von verschiedenen inneren Figuren oder Subpersönlichkeiten. Jede dieser inneren Figuren kann als eigene Perspektive betrachtet werden, aus deren Sicht eine Situation im Außen beurteilt werden kann. Leitungspersonen sind zum Beispiel oft polarisiert in der Tendenz, »schnell Resultate zu bringen«. Wenn sie selbst nicht mit einer inneren Gegenfigur oder -qualität verbunden sind, zum Beispiel mit »Zeit geben, damit etwas organisch wachsen kann«, dann kann es sein, dass sie mit Personen, die mehr diese achtsame Qualität vertreten, immer wieder in Konflikt geraten.

Praxiserfahrung
An einer Großgruppen-Veranstaltung habe ich den Deep-Democracy-Ansatz der Belegschaft einer größeren Sozialinstitution vorgestellt. Die theoretischen, konzeptionellen Darlegungen waren kurz, weil diese Aspekte die meisten Personen schnell langweilen. Eine der erfahrungsbasierten Übungen, die wir deshalb gemacht haben, beinhaltete einen Perspektivenwechsel, und zwar zu einer Person, die man selbst als »schwierig« wahrnahm. Damit sich alle eine Vorstellung machen konnten, habe ich die Reflexion mit einem Freiwilligen vorgezeigt. Nun, die Person, mit der ich die Übung vorführte, war sehr ausdruckstark und es war schnell klar — auch wenn der Name nicht erwähnt wurde — wen er sich als »schwierige Person« ausgesucht hatte. Das führte zu einigen Lachern während der Übung, aber auch zu einem Einwand von Anwesenden, die es nicht in Ordnung fanden, eine andere Person nachzumachen. Sie argumentierten, dass man damit eine Person ungebührlich ins Lächerliche ziehen würde. Das ist ein wichtiger Aspekt, den es zu beachten gilt. Natürlich geht es nicht darum, eine andere Person zu imitieren, um sie allgemeinem Spott auszusetzen. Vielmehr geht es darum, sich selbst genau zu erforschen, welches Element oder welche Energie einen am Gegenüber oder einer Situation über das Maß hinaus emotionalisiert. Genau betrachtet, macht man nicht primär die andere Person nach, sondern man nimmt die eigene Wahrnehmung über den anderen unter die Lupe und legt die eigenen Schwierigkeiten bei der Zusammenarbeit dar. In der Übung geht es deshalb nicht um den anderen, sondern nur um sich selbst und wie man mit dem für einen selbst schwierigen Aspekt der anderen Person umgehen kann.

KURZGESCHICHTE

Perspektivenwechsel mit Wirkung
Neulich führte ich ein Gespräch mit einem überaus erfahrenen Ingenieur aus der Halbleiterindustrie. Man munkelte, dass er höchstpersönlich für mehrere technische Durchbrüche in der Vergangenheit verantwortlich war. Die damit verbundenen Patente bescheren dem Unternehmen bis heute satte Margen. Angenehm im persönlichen Kontakt, verfügt er offensichtlich über ein gerüttelt Maß an technischem Know-how und logischem

Denkvermögen. Und Überzeugungskraft — auch wenn formal nicht in leitender Position.
Sein einziges Problem: seine Chefin, die ein deutlich anderes Zusammenarbeitsverhalten mit anderen Abteilungen einfordert.
»Die soll sich nicht so aufplustern«, meinte er vertraulich im Pausengespräch eines Arbeitstreffens. »Weshalb sollten wir Prozesse plötzlich ändern, die über Jahre so gewachsen sind. Wir wären ja blöd, unsere erfolgreiche Arbeitsweise für ihre halbgaren Ideen aufzugeben. Sie nennt es »cross-functional collaboration«.
Sein Widerstand war mit Händen zu greifen. Glücklich sah er nicht aus. Weshalb ich ihn fragte: »Wollen Sie ein kurzes Experiment wagen und sich die Situation von der anderen Seite ansehen?«
Fragender Blick. Pause. »Weshalb nicht — muss einfach spannender sein als das bisherige Meeting.«
Ich nahm das als Einverständnis. »Stellen Sie sich diese Interaktion mit Ihrer Chefin vor. Was Sie so typischerweise sagen. Wie sie dann typischerweise antwortet. Und so weiter.«
Gesagt, getan. Die Aktion verlief fast archetypisch.
»Jetzt stellen Sie sich für einen Moment vor, dass Sie diese Ihre Chefin sind. Sprechen Sie so wie sie. Bewegen Sie sich so wie sie. Vielleicht übertreiben Sie das auch ein wenig.«
Er meinte, er könne nicht gut schauspielern. Es dauerte einen Augenblick, bis es ihm sichtlich Spaß machte.
»Super, hervorragend. Nun bleiben Sie für einen Augenblick in dieser Chefin-Figur«, meinte ich zu ihm, »und stellen Sie sich vor, Sie säßen an der Bar mit einer Kollegin. Ich bin für einen Moment diese Kollegin. Und wir sprechen zusammen über diesen erfahrenen Ingenieur aus der Abteilung.«
So eröffnete ich als Kollegin das Gespräch: »Du, wie geht es eigentlich mit deinem Problemfall in der Firma?«
Er, leicht zögerlich: »Puhhh, mühsame Sache. Er ist und bleibt ein schwieriger Fall.«
»Was ist denn eigentlich so mühsam?«
»Er hört nicht zu, ist oft arrogant und abweisend. Ruht sich auf seinen Lorbeeren aus. Manchmal lässt er mich auch einfach auflaufen. Widersetzt sich meinen Anordnungen. Ist einfach ein Blocker. Bringt zu viel Negativität in die ganze Abteilung.«
»Und ... was hält er von dir als Chefin?«
»Mmmh, weiß gar nicht. Manchmal macht er einen Frauenspruch. Ich glaube, er hat auch gehörigen Respekt, weil er auch sieht, was ich alle so anreiße und auch umsetze.«

»Was hältst du von ihm? Oder anders gefragt: Wie lange willst du dir sein Verhalten noch bieten lassen?«
»Eigentlich möchte ich ihn unbedingt behalten. Der hat es technisch total drauf. Aber wenn er so weitermacht, dann wird das schwierig. Das gibt bald einen Knall.«
Es war verblüffend, wie schnell und präzis der Ingenieur die Rolle seiner Chefin übernehmen konnte.
»Was meinst du. Was müsste geschehen, dass er dir die Hand bieten würde für eine bessere Zusammenarbeit mit dir?«
Wieder leichtes Zögern. »Es muss einfach mal gesagt werden, wie wichtig er ist für die ganze Abteilung. Von einem technischen Standpunkt. Und er muss einmal einen Dank ausgesprochen erhalten für all die Leistungen auch in der Vergangenheit ... und zwar direkt von der Chefin.«
Und an dieser Stelle kam das Rollenspiel ins Stocken. Kurze Pause. Leicht berührt wechselte der Ingenieur unbewusst zurück in seine angestammte Rolle als Mitarbeiter und meinte halb erschrocken und sehr spontan: »Ich verhalte mich ja ab und zu wie ein Berserker hier. Die muss mich ja hassen. Aber sie soll mir endlich den Respekt entgegenbringen, den ich verdiene.«

Der Wechsel der Perspektive ist ein mächtiges Werkzeug. Sich nicht nur in die Schuhe, sondern in die Haut des anderen zu versetzen, grenzt manchmal an eine Zumutung ans Selbst.

Friedrich Nietzsche schreibt dazu im Buch »Menschliches, Allzumenschliches. Ein Buch für freie Geister« (1999; Neuausgabe):

»Wer sich selber sehen will,
so wie er ist, muss es verstehen,
sich selber zu ü b e r r a s c h e n,
mit der Fackel in der Hand.«

REFLEXION 9

Perspektivenwechsel (an der Bar mit einem Freund)
Diese Reflexion benötigt zwei Personen, die sich durch die Übung führen. Einer führt durch die Übung (Person A), die andere (Person B) bringt eine Situation aus ihrem beruflichen Leben vor, die von einer weiteren Person C handelt. Person A übernimmt im Laufe der Reflexion für kurze Zeit die Rolle einer weiteren Person D.

1. A fordert Person B auf: Denken Sie an eine spezifische Situation mit einem Mitarbeiter, Vorgesetzten oder Kunden, der Ihnen immer wieder Schwierigkeiten macht (eine abwesende Person C, am besten eine Person die niemand sonst kennt). Beschreiben Sie diese Person C, was sie macht, wie sie ist und was Ihnen falsch und schwierig erscheint in der spezifischen Zusammenarbeitssituation. B beschreibt Person C mit möglichst vielen Details.
2. Wenn das geschehen ist, sagt A zu B: Nun versuchen Sie einmal, einen Perspektivenwechsel (Rollenwechsel) zu machen und zu dieser Person C zu werden, die sie eben beschrieben haben. Vielleicht bewegen Sie sich so, reden so und verhalten sich so wie die schwierige Person. Was immer Sie machen, spüren Sie tiefer in diese Person und deren Motive und Kraft hinein.
3. A sagt weiter zu B: Nun bleiben Sie in dieser Figur der Person C und stellen sich vor, Sie sind an einer Theke in einer Bar oder in einem Café mit einem guten Freund der Person C. Stellen Sie sich des Weiteren vor, ich bin nun temporär dieser Freund (Person D).
4. Person A schlüpft nun in die Rolle des Freundes (Person D). Die beiden führen eine informelle Diskussion im Café über die Person B. Das könnte zum Beispiel folgende Fragen beinhalten (alle Fragen beziehen sich auf Person B):
   a) Wie läuft das eigentlich mit diesem komischen Mitarbeiter, Kunde etc., von dem du mir kürzlich erzählt hast?
   b) Was stört dich eigentlich so stark an dieser Person?
   c) Was würdest du wünschen, wie sich diese Person dir gegenüber verhält?
   d) Weshalb verhält die sich eigentlich so komisch dir gegenüber?
   e) Wieso brichst du eigentlich den Kontakt nicht ab?
   f) Was hindert dich eigentlich daran, diesem Typen mal reinen Wein einzuschenken?
   g) Wie willst du weiter vorgehen mit dieser Person?
   h) etc.
5. Versuchen Sie beide, die Rollen durchzuhalten. Es ist nicht so einfach. Man darf natürlich auch herzlich lachen (oder weinen). Bleiben Sie mindestens 5 Minuten in diesen Rollen und lästern und tratschen über Person B.
6. Anschließend: Nun verlassen Sie beide (Person A und B) diese simulierte Diskussion. A übernimmt wieder die Coach-Rolle und fragt B: Welche Erkenntnisse haben Sie aus dieser Übung gewonnen? Wie setzen Sie diese Erkenntnisse im beruflichen Kontext um? Welche konkreten Schritte sehen Sie für die Umsetzung? Zeithorizont?

3.5 Essenzen und Qualitäten entdecken

Als Essenzen werden tiefere Aspekte hinter Rollen und Tendenzen bezeichnet (nicht zu verwechseln mit dem Begriff der Essenz-Ebene aus dem Wahrnehmungsmodell, beschrieben in Abschnitt 2.11). Manchmal verwendet man auch den Begriff »Qualität«. Was ist damit gemeint? Nehmen wir zur Illustration ein Beispiel: Man geht in der Stadt an einer Person vorbei, die einen um Geld bittet. Es folgt ein kurzer, aber intensiver innerer Dialog mit zwei Stimmen »Geld geben« und »kein Geld geben«. Das Interessante an dieser Konstellation ist, dass alleine die Figur der um Geld bittenden Person diesen inneren Dialog auslöst. Ohne zu wissen, wer die konkrete Person ist, was sie macht oder wo sie wohnt, ruft eine bettelnde Person typischerweise das Bild eines Obdachlosen wach, einer verwahrlosten Person, die nicht in die Strukturen unserer Gesellschaft eingebettet ist. Vielleicht ist es pures Mitgefühl, das einen die bettelnde Person betrachten und den inneren Dialog starten lässt. Es kann aber auch sein, dass man sich zwar vom Bettler abgestoßen fühlt (eine innere Stimme sagt: »So möchte ich nie enden«), aber gleichzeitig gibt es eine Art »flackerndes Signal«, das einen anzieht und in Beziehung treten lässt — vielleicht auch nur kurz als Geldgeber. Wie auch immer, in der Figur des Bettlers, des Obdachlosen gibt es einen Aspekt, den viele Menschen, die sich täglich in normalen Arbeitsprozessen bewegen, für sich selber wünschen: Es ist die Qualität der völligen Unabhängigkeit, der völligen Freiheit, sich nur von den eigenen Impulsen steuern zu lassen und nicht von gesellschaftlich vorgegebenen Vorstellungen. Das könnte als eine mögliche Essenz oder Qualität der Bettler-Rolle bezeichnet werden. Um Missverständnisse zu vermeiden, ist anzufügen: Die Essenz ist eine Qualität, die ein spezifischer Betrachter hinter einer Rolle oder Tendenz sieht. Das muss in keiner Art und Weise mit dem tatsächlichen Lebensgefühl einer bestimmten Person übereinstimmen. Das Beispiel soll erstens aufzeigen, dass hinter allen Tendenzen oder Rollen grundsätzliche Qualitäten oder eben »Essenzen« stecken. Zweitens ist wichtig zu sehen, dass die Definition einer Essenz etwas Subjektives ist. Man kann hinter einer »Bettler-Figur« auch ganz andere Qualitäten sehen als die oben beschriebene. Drittens fühlt man sich von Figuren angezogen (oder gestört), deren Essenzen man mehr in das eigene Leben integrieren sollte. Im Organisationskontext geht es um etwas Ähnliches: Hinter den offensichtlichen, vordergründigen Interaktionsdynamiken zwischen zwei oder verschiedenen Personen oder Subgruppen stehen Tendenzen, die wiederum für verschiedene Essenzen oder grundsätzliche Qualitäten stehen. Wenn man diese »Tiefenstruktur« sichtbar machen kann, entsteht hinter jeder Rolle eine positive Qualität. Wenn man diese genügend klar herausarbeitet, können sich Spannungsfelder automatisch lösen und Lösungen werden möglich, die vorher undenkbar waren.

Eigene Erfahrung
Im Rahmen eines Leadership-Seminars für erfahrene Führungskräfte hat eine Projektleiterin ihre Arbeitsbeziehung zu einem wichtigen Stakeholder unter die Lupe genommen. Sein Verhalten fand sie wiederholt destruktiv: Er pochte auf eine Speziallösung für seinen Bereich, obwohl sie den Auftrag hatte, eine Lösung für das ganze Unternehmen zu finden. Hierarchisch war der Stakeholder hoch angesiedelt, was er alle Beteiligten auch immer wieder spüren ließ — so auch die Projektleiterin.
Die Projektleiterin nahm einen Perspektivenwechsel vor und schlüpfte in die »Schuhe des Stakeholders«. Die entstehende Figur war sehr machtbewusst, sie schritt mit Bestimmtheit durch den Raum und ließ sich von Personen, die hierarchisch nicht dieselbe Stufe aufwiesen, nichts sagen. Auffallend war, dass es der Projektleiterin zu Beginn schwerfiel, in den Perspektivenwechsel einzusteigen. Der eigene Widerstand gegenüber der Persönlichkeit des Stakeholders war zu groß, die Abneigung gegenüber dem »Machtmenschen« mit Händen zu greifen. Erst nach einiger Zeit gelang der Perspektivenwechsel. Sie entdeckte die Qualität »Ruhe — sich von Nichts auf dem eigenen Weg beirren lassen« und konnte auch ein Embodiment in der Form eines Berges machen und so die Erfahrung verankern. Um Missverständnisse zu vermeiden: Bei dieser Reflexion geht es nicht um die andere Person. Die ganze Kraft der Veränderung der Situation liegt bei einem selbst. Typischerweise findet man mithilfe dieser anderen Person eine Qualität für den eigenen Entwicklungsweg, der im Moment vordringlich ist. Ein interessanter Nebeneffekt dieser Übung ist, dass man sich anschließend weniger emotional fühlt gegenüber der spezifischen Person, die das »Ausgangsmaterial« für den Perspektivenwechsel und das Embodiment liefert. Und: Wenn man diese Übung mehrfach vornimmt, kann es sein, dass man sich gar nicht mehr ärgert über diese Art von Personen.

REFLEXION 10

Essenzen oder Qualitäten von Führungsfiguren
Nehmen Sie sich ein halbe Stunde Zeit, setzen Sie sich an einen bequemen Ort und gehen Sie folgende Fragen durch:

1. Erinnern Sie sich an eine Führungskraft, die eine starke Wirkung auf Sie gehabt hat und Sie in gewissen Punkten beeindruckt hat.
2. Was genau hat Sie beeindruckt? Und weshalb? Was ist die Essenz oder Grundqualität, die da zum Ausdruck gekommen ist?
3. Beschreiben Sie nun diese Qualität. Und während Sie dies tun, versuchen Sie einmal, zu dieser Qualität zu werden (sich so zu bewegen, so zu sitzen, so zu sprechen etc.).
4. Wie könnten Sie diese Qualität in Ihrem Führungsalltag noch vermehrt zum Ausdruck bringen? Wann gibt es dazu eine nächste Gelegenheit?

3.6 Konfliktbearbeitungszyklus

»Ja, wir haben starke unterschiedliche Meinungen hier, aber nein, ich würde das nicht als Konflikt bezeichnen«, meinte kürzlich ein Manager, mit dem ich im Gespräch über die Situation in seinem Bereich geführt habe. »Aber wir müssen jetzt endlich die Vergangenheit Vergangenheit sein lassen und in die Zukunft schauen. Doch wie sollen wir das machen, wenn die Mitarbeitenden zum Teil nicht mehr miteinander reden und sich bewusst meiden?«

Unterschiedliche Meinungen, Auseinandersetzungen und Konflikte sind Teil der Alltagsrealität von Teams und Arbeitsgruppen. Spannungsfelder im Sinne von unterschiedlichen Meinungen zu einem Thema oder einer Vorgehensweise sind normal. Klassischer Fall in vielen Organisationen sind Interessenkonflikte zwischen Abteilungen wie Marketing und Produktion. Diese Konflikte ergeben sich aus der arbeitsteiligen Arbeitsweise und können nicht vermieden werden. Die Frage ist vielmehr: Wie einschränkend ist das Spannungsfeld für die Arbeitsfähigkeit der beteiligten Parteien. Dysfunktional wird es, wenn ein Thema mit einer hohen emotionalen Ladung diskutiert und die inhaltliche Auseinandersetzung auf die persönliche Ebene verlagert wird. Und daraus ein persönlicher Konflikt verschiedener Personen oder Subgruppen wird, der vor sich hin schwelt und die effiziente Zusammenarbeit verunmöglicht. Aus Deep-Democracy-Sicht sind Konflikte ein Spezialfall der normalen Spannungsfelder in Organisationen, in denen zusätzlich die Arbeitsfähigkeit der Gruppe eingeschränkt ist. Man könnte mit der Feld-Perspektive sagen: Das intentionale Feld schickt ein starkes Signal. Die interessante Frage ist deshalb: Wie effektiv nutzt eine Gruppe einen Konflikt, um sich einen Schritt weiterzuentwickeln? Diese radikal ressourcenorientierte Betrachtung ist den wenigste Beteiligten im Moment, in dem sich ein Konflikt zeigt, zugänglich. Konflikte werden mit Vorliebe vermieden: Sie sind unangenehm, sie beanspruchen Zeit, welche für inhaltliche Fragestellungen verloren geht, sie lenken von den eigentlichen Organisationszielen ab. Das Wort »Konflikt« hat einen so schlechten Beigeschmack, dass auch hoch dysfunktionale Situationen nicht als Konflikt bezeichnet werden. »Hurra, wir haben einen Konflikt — eine prima Gelegenheit, im Team wieder einen Schritt weiterkommen«, wäre eine alternative Betrachtung. Das tönt irritierend für die meisten Mitarbeiter und Führungskräfte in Organisationen. Das zeugt von einem impliziten und mehrheitlich unbewussten Bias, der verhindert, dass wir in Organisationen effizientere Wege finden, um mit diesen Situationen umzugehen. Weshalb dieser Bias gegen die Bearbeitung, gegen die bewusste Nutzung von Konflikten? Jede Organisation besitzt eine gewisse Kultur im Umgang mit Konflikten. Je nach Kultur ist es einfacher oder schwieriger für eine Einzelperson, einen Konflikt anzusprechen. Zweitens: Jede einzelne Person hat einen eigenen Konfliktstil, einen typischen Umgang mit einem Konflikt, der definiert, wie schnell, wie direkt, wie stark und wie nett man sich in einem Konflikt verhält. Typischerweise hat sich dieser Stil in der Vergangenheit über die Zeit geformt, ohne dass man sich dessen bewusst wäre. Er ergibt sich »automatisch«, sagen die meisten Leute auf die Frage nach ihrem Konfliktstil. Folgende Gründe führen zu einer Vorsicht im Umgang von Konflikten:

Angst vor Eskalation

Man verspürt die Angst, dass die Situation noch unangenehmer wird. Man hat Angst vor Gegenattacken. Man hat Angst, dass die Beziehungen dann noch schlimmer sind. Man hat Angst vor emotionalen Ausbrüchen von Beteiligten, Tränen, Zusammenbrüchen. Man hat allenfalls sogar Angst vor physischer Gewalt. Angst vor einem Prozess, den niemand mehr im Griff hat. Angst, dass die Situation nicht mehr kontrollierbar ist — eine Vorstellung, die für formell verantwortliche Leitungspersonen schlecht vorstellbar ist, weil man sich in dieser Rolle für das, was geschieht, verantwortlich fühlt (und von den Beteiligten auch verantwortlich gemacht wird).

Angst vor »veränderten Bewusstseinszuständen«

Manchmal versetzt einen schon der Gedanke an eine Konfliktbearbeitung einen gehörigen Schrecken: Man denkt sich endlose Dialoge aus, übt innerlich verschiedene Reaktionsweisen ein und spürt die eigene Nervosität in so packender Weise, dass man nachts nicht schlafen kann.

Im Rahmen von konkreten Konfliktsituationen erleben die meisten Menschen eine Art Trance oder veränderte Bewusstseinszustände. Man ist in das Geschehen so verwickelt, dass man manchmal den Überblick verliert. Man fühlt sich »fuzzy« und unklar in Bezug auf das, was man sagen möchte. Manchmal erstarrt man auch, fühlt sich total blockiert und kann am Prozess und der Diskussion nicht mehr teilnehmen. Manchmal möchte man am liebsten den Raum verlassen.

Die meisten Ängste haben ihre Ursache in der Erwartung dessen, was in Zukunft geschehen wird. Und diese Erwartung basiert auf Erfahrungen, welche in der Vergangenheit mit Konfliktsituationen gemacht wurden. Diese Erfahrungen sind voll von Erlebnissen, welche schlecht geendet haben: Mit persönlichen Verletzungen, mit dem Abbruch von wertvollen Beziehungen oder mit dem Resultat, dass die eigenen tiefsten Werte übergangen wurden.

Wer hat den Konflikt?

Ein Konflikt kann mit dem »Feldansatz« wie in Abschnitt 2.1 dargelegt, beschrieben werden als dysfunktional im Kontakt stehende Tendenzen in einem Feld. Tendenzen, die im Moment noch stärker zum Ausdruck kommen wollen und die mehr Beziehung benötigen, damit sich die Organisation weiterentwickeln kann. Aus dieser Perspektive betrachtet, kann man nicht abschließend sagen, wer oder was den Konflikt »verursacht«. Man kann zwar feststellen, wer in der Gruppe für welche Meinung oder Position eintritt, aber das ganze Feld — bestehend aus allen Mitarbeiter eines betroffenen Organisationsbereiches — ist betroffen. Und in einer gewissen Weise auch mitbeteiligt an der Aufrechterhaltung des Status quo. Insbesondere wenn ein Konflikt über längere Zeit vor sich hin schwelt. Auch eine vermeintlich direkt »unbeteiligte« Person ist direkt betroffen, wenn sich zwei in einem Team nicht mehr beachten oder vorsätzlich ausgrenzen. Ein Beispiel aus einer Unternehmung: In einer Abteilung mit 12 Mitarbeitenden eines Maschinenbauers ist seit längerer Zeit (mehr als 5 Jahren) ein Konflikt zwischen verschiedenen Subgruppen im Gange, sodass einzelne Personen nicht mehr miteinander sprechen und schon gar nicht im selben Raum sitzen wollen. Dies wurde jahrelang von der Führung toleriert und das gesamte Team hat sich mit dieser Situation arrangiert. Das heißt, man hat den Entscheid dieser beiden Personen akzeptiert und Strukturen darum herum aufgebaut. So hat man die beiden Personen immer separat informiert. Das heißt konkret: In dem Maße wie das Umfeld einen solchen Konflikt und die entsprechenden Dysfunktionalitäten toleriert, unterstützt es den Status quo — alle Mitarbeiter werden sozusagen zu implizit Beteiligten. Auch wenn dies vom Umfeld, das sich nicht als direkt betroffen betrachtet, eben nicht so gesehen wird.

Wer kann den Konflikt angehen?

Grundsätzlich können alle Beteiligten eine dysfunktionale Situation ansprechen. Sei dies der Chef, ein direkt Betroffener oder jemand aus dem Umfeld. Typischerweise wird eine unbefriedigende Situation in einer Gruppe oft informell besprochen, dann wird der Chef informiert, der dann entscheidet, wie es weitergehen soll. Oft bringt die Person die Sache ins Rollen, welche den größten Handlungsbedarf oder Leidensdruck hat. Oft ist das die Leitungsperson, welche für die Arbeitsfähigkeit der Gruppe zuständig ist. Die konkrete Bearbeitung einer Konfliktsituation ist erstens stark abhängig von der Toleranz der Gruppe für offene Diskussion bei stark unterschiedlichen Meinungen und zweitens von der Haltung der Leitungsperson gegenüber Konflikten. Oder genauer: von den individuellen Grenzen der Beteiligten und den kollektiven Grenzen der Organisation (siehe dazu auch Abschnitt 2.3). Wenn sich eine Führungskraft nicht wohl fühlt mit Konflikten und transparent werdenden Emotionen, dann lässt sie vielleicht die Sache versanden und sitzt sie aus. Oder sie sagt: »Das ist nicht so wichtig — wir müssen dem nicht so viel Bedeutung zumessen.« Das kann durchaus funktionieren. Vielleicht versucht sie auch, in bilateralen Einzelgesprächen die Sache zu bereinigen. Gelingt die Bereinigung nicht genügend im Sinne der Wiederherstellung der Arbeitsfähigkeit, ist eine Bearbeitung des Konfliktes im Team hilfreich.

Deep-Democracy-Konfliktbearbeitungszyklus

Deep Democracy stellt für die Verbesserung von Beziehungsqualitäten die »Konflikt-Blume« zur Verfügung. Das ist ein 10-Schritte-Konfliktbearbeitungszyklus wie in Abbildung 3.1 illustriert (dieser Ablauf basiert auf einem Seminar-Hand-out von Max Schupbach). Der Ablauf wird von beiden Konfliktparteien durchlaufen. Als Leitungsperson und Facilitator hat man die Aufgabe, die beiden Konfliktparteien durch die Schritte zu führen. Voraussetzung ist, dass beide einverstanden sind. Deshalb besteht ein erster wichtiger Schritt für eine Bearbeitung darin, das Einverständnis der Beteiligten für eine gemeinsame Bearbeitung des Konfliktes einzuholen. Während des ganzen Prozesses ist wichtig, dass die Beteiligten wählen können, welchen Beitrag sie leisten möchten. Für eine Bearbeitung unter Zwang eignet sich das Vorgehen nicht, weil Zwang die »Ampel« auf Rot stellt (siehe Abschnitt 2.5). Wenn eine Person partout nicht teilnehmen will, weil das zu belastend für sie wäre, so muss das akzeptiert werden. Insbesondere auch, wenn man glaubt, dass gerade diese Person das größte Problem ist. Der Zyklus besteht aus folgenden zehn Schritten:

1. Konflikt selbst wahrnehmen und für sich formulieren
2. Konflikt ansprechen
3. Gemeinsames Einverständnis bilden (Konsens) für die Konfliktbearbeitung
4. Eigenen Standpunkt und Meinung vertreten und benennen
5. Tendenz des eigenen Standpunktes wahrnehmen, verstärken und übertreiben
6. Perspektivenwechsel: fremden Standpunkt bzw. fremde Meinung vertreten und benennen
7. Tendenz des fremden Standpunktes wahrnehmen, verstärken und übertreiben
8. Temporäre Lösungen wahrnehmen (Coolspot: Wo gleichen sich die beiden Standpunkte? Wo gibt es eine gefühlsmäßige Gleichheit der beiden Standpunkte?)
9. Gemeinsame Lösung und Vorgehensweise finden für den Konflikt
10. Sich gegenseitig und gefundene Lösung wertschätzen

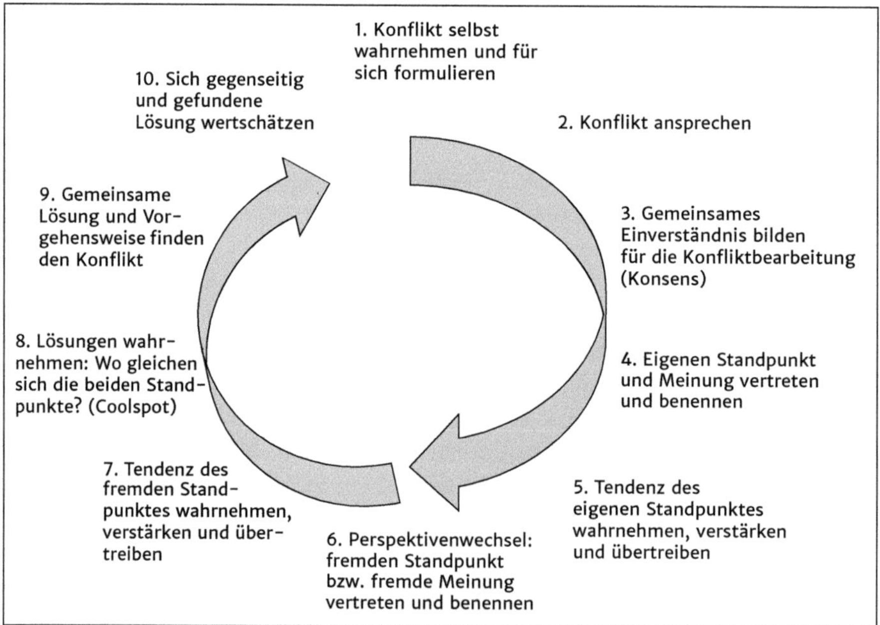

Abb. 3.1: 10-Schritte-Deep-Democracy-Konfliktbearbeitungszyklus (»Konflikt-Blume«)

Diese zehn Schritte stellen schematisch dar, welche Schritte bei einer Konfliktbearbeitung zu durchlaufen sind. Wenn beide Parteien anwesend sind, durchlaufen beide Parteien die Schritte 1 bis 8. Anschließend verständigen sie sich auf eine konkrete weitere Aktion mit Schritt 9 und 10. Interessant an diesem Vorgehen ist auch, dass es auch ohne die physische Anwesenheit der Gegenpartei anwendbar und von Nutzen ist. In diesem Fall durchläuft einfach die anwesende Person den Zyklus. Dieses Vorgehen macht auch klar, dass die Lösung nicht vom Verhalten der anderen Person abhängt, sondern eine Lösung primär und vor allem im Verändern der eigenen, inneren Dialoge liegt.

Fraktaler Aufbau von Konflikten und Polaritäten

Aus Deep-Democracy-Perspektive haben Konflikte fraktalen Charakter. Das heißt, wenn sich ein Konflikt in einem Bereich einer Organisation manifestiert, so ist die Wahrscheinlichkeit vorhanden, dass sich ein ähnliches Spannungsfeld auch in anderen Bereichen oder auf anderen Stufen zeigt. So können Dysfunktionalitäten in einem Team auch Teil sein einer umfassenderen Schwierigkeit in der Organisation. Dies gilt natürlich auch umgekehrt: Wenn gewisse Themen und Aspekte auf einer oberen Organisationsebene schwierig sind — zum Beispiel das Ansprechen von Konflikten —, dann wird dieses Thema auch auf den darunter liegenden Ebenen ein schwieriges sein. Deep Democracy geht davon aus, dass sich die verschiedenen Ebenen in beide Richtungen gegenseitig beeinflussen. Daraus folgt, dass die Lösung von Konflikten auf einer Ebene auch dabei hilft, diesen Konflikt auf anderen Ebenen zu lösen.

Was kann man als Führungskraft machen, um die Konfliktfähigkeit der Organisation zu erhöhen? Zum einen kann man den eigenen Konfliktstil besser kennen lernen. In welchen Konflikten hat man sich typischerweise in der Vergangenheit verstrickt? Was ist das zugrunde liegende Muster? Wo reagiert man selbst genervt? Wie geht man selbst mit Konflikten um? Was ist der Default-Mechanismus, wenn man direkt betroffen ist? Wie hängt der Konfliktstil mit der eigenen Biografie zusammen? Wo hat man diesen Stil gelernt?

Kleinere Auseinandersetzungen können unter Facilitation einer Leitungsperson dazu genutzt werden, die Vorgehensweise für Konflikte zu trainieren und einzuüben. Dies bildet ein Fundament für den Umgang mit Konflikten im Allgemeinen. Als Führungskraft kann man Team-Klausuren dazu benutzen, eine Eigeneinschätzung der Konfliktfähigkeit vorzunehmen und den diesbezüglichen Handlungsbedarf inklusive Aktionsschritten zu bestimmen.

Zum Schluss: Bedeutet die positive Betrachtung von Konflikten, dass man Konflikte vielleicht sogar suchen soll? Und unbedingt alles unerbittlich ansprechen und auf den Tisch bringen, was ein wenig nach potenzieller Auseinandersetzung riecht? Aus Deep-Democracy-Sicht ist vor allem auf diejenigen Punkte zu fokussieren, die einen selbst oder die Gruppe real behindern in der optimalen Zusammenarbeit, bei fehlender Innovation oder ähnlichen Problematiken. Alles andere kann man getrost belassen, wie es ist. Auch wenn es manchmal etwas rumpelt.

LERNPUNKTE

- Konflikte sind Spezialfälle normaler Spannungsfelder in Organisationen, bei denen die Arbeitsfähigkeit der beteiligten Personen nicht mehr gegeben ist.
- In Organisationen existiert ein Bias gegen »Konflikte«, man hat Konflikte »nicht gerne«. Konflikt beschreibt einen Zustand, den wir als Einzelpersonen und auch als Gruppe gerne vermeiden.
- Aus Deep-Democracy-Sicht sind Konflikte Aufforderungen, mehr Bewusstheit über die verschiedenen Positionen, Meinungen, Emotionen zu entwickeln, also mehr Wissen über deren Inhalt und deren Relevanz für die Entwicklung des Gesamtsystems zu generieren.
- Die Fähigkeit zur konstruktiven Bearbeitung von Konflikten ist systematisch trainierbar. Die Konflikt-Blume mit dem 10-Schritte-Deep-Democracy-Konfliktbearbeitungszyklus ist eine Möglichkeit dazu.
- Der Deep-Democracy-Konfliktbearbeitungszyklus kann auch angewendet werden, wenn die Gegenpartei physisch nicht anwesend ist.

Weiterführende Literatur:

Joe Goodbread: *Befriending conflict: How to make conflict safer, more productive, and more fun*, 2010

Myrna Lewis: *Inside the no — Five steps to decisions that last*, 2008

Caspar Fröhlich: *Deep Democracy »Vektor-Gehen«*, 2012

3.7 Innere Arbeit

Deep Democracy basiert auf der Idee, dass alle auftauchenden Signale, Meinungen, Positionen und Standpunkte in einer Organisation wichtig sind für deren Weiterentwicklung. Als Leitungsperson ist man Teil des Feldes und den entsprechenden Feldkräften ausgesetzt und manchmal verbindet man sich mit einzelnen Tendenzen in besonderer Art, weil sie einem emotional näherstehen. Als Leitungsperson ist man dann nicht mehr gleich wirksam, weil man einen

Teil der Meinungen im Feld emotional nicht unterstützen kann. Das kann soweit führen, dass man sich als Leitungsperson in eine bilaterale Auseinandersetzung mit einem Teilnehmer der Gruppe begibt. Das heißt, man hat eine Störung und diese kann als Ausgangsmaterial für den eigenen Entwicklungsprozess genutzt werden. Arnold Mindell, der Begründer von Deep Democracy, nennt diesen Prozess »Holz verbrennen«. Er bringt dadurch metaphorisch zum Ausdruck, dass Personen zuerst durch einen persönlichen Entwicklungs- und Reifungsprozess gehen müssen, damit sie alle Rollen, Seiten und Tendenzen genügend unterstützen können. Deshalb legen Deep-Democracy-Anwender großen Wert auf die Erkundung der eigenen inneren Welten und das Zusammenspiel der inneren Tendenzen, die sich in den Alltagserfahrungen ergeben. Eine praktische Art der Erkundung ist das Nachforschen von Auswirkungen, die äußere Anlässe auf das innere Feld einer Person haben. Die Erkundung dieses inneren Feldes nennt sich »Innere Arbeit« — eine wichtige Aufgabe für Leitungspersonen, die typischerweise immer wieder im Kreuzfeuer stehen und manchmal auch emotional reagieren. Ein konkretes Beispiel, wie Innere Arbeit dazu genutzt werden kann, sich persönlich zu entwickeln, ist in Abschnitt 5.7 dargelegt.

3.8 Framing

Framing ist eine Aktivität bei einer Interaktion, bei der eine Person einem Sachverhalt eine Bedeutung zuweist oder den Sachverhalt speziell betont und damit »rahmt«. Dies trägt typischerweise zu einer Klärung oder weiteren Verflüssigung der Situation bei. Ein Beispiel: Wenn man sich in einer Auseinandersetzung befindet mit einer anderen Person, könnte man folgende Aussage machen (das wäre dann ein Framing): »Mir scheint, alle Argumente liegen nun auf dem Tisch — unsere unterschiedlichen Meinungen bleiben bestehen. Wie wollen wir mit dieser Situation weiter vorgehen?« Oder im Beispiel einer Sitzung, wenn es nicht vorwärtsgeht: »Ich weiß nicht, wie ihr das seht, wir haben die verschiedenen Argumente auf dem Tisch und ich bin bereit, einen Schritt weiterzugehen. Gibt es etwas, was wir noch brauchen, damit wir hier eine Entscheidung fällen können?« Wie diese Beispiele zeigen, bestehen Framings aus Beschreibungen der Situation, wie sie sich im Moment zeigt. Das Framing stellt eine zusätzliche Information für alle Anwesenden bereit und erhöht damit die Bewusstheit der anwesenden Personen. Im Folgenden sind zwei weitere Beispiele von Framings aufgeführt, wie man als Mitarbeiter mit spezifischen Problemsituationen mit dem Chef umgehen könnte. Dabei ist zu beachten, dass ein Framing immer aus der Perspektive einer spezifischen Person formuliert wird und diese Perspektive ist naturgemäß immer verschieden von der Perspektive anderer Personen. Deshalb können keine allgemeingültigen Aussagen zu den inhaltlichen Dimensionen eines Framings gemacht werden. Wichtig ist vor allem, dass die aufgeführten Punkte authentisch sind, ansonsten haben diese Framings keine bis wenig Wirkung.

Beispiel 1

Ausgangslage: In einer Sitzung macht der Chef einen Vorschlag. Die Mitarbeiter sind aufgefordert, Stellung zu nehmen. Die Stimmung fühlt sich angespannt an.

Mögliche Reaktion eines Mitarbeiters unter Nutzung der Framing-Technik: »Es liegt nun ein Vorschlag von dir im Raum und die Idee ist, dass wir Mitarbeiter Stellung nehmen. Gleichzeitig merke ich, dass die Situation nicht so locker ist wie sonst und das lässt mich etwas zögern. Zögern lässt mich auch, dass es klar ist, wer schlussendlich entscheidet: nämlich der Chef und das bist du. Und so wie du den Vorschlag präsentiert hast, habe ich den Eindruck, der Entscheid ist gefallen — oder täusche ich mich da?«

Beispiel 2

Ausgangslage: Ein Mitarbeiter fühlt sich gestört durch eine Verhaltensweise des Chefs und denkt darüber nach, dem Chef Feedback zu geben.

Mögliche Gesprächsaufnahme des Mitarbeiters unter Nutzung der Framing-Technik: »Gerne würde ich etwas besprechen mit dir, aber ich scheue mich ein wenig, weil du der Chef bist und es möglicherweise als Kritik auffasst. Damit würde ich unsere Beziehung belasten, und das möchte ich auf keinen Fall — ja was meinst du, wärst du einmal bereit, mir zuzuhören?«

3.9 Multiple Rollen in Beziehungen

Vielleicht sind Sie schon einmal vom Mitarbeiter zum Vorgesetzten eines Teams ernannt worden. Dann kennen Sie den Effekt, den die Bekanntgabe einer Rollenänderung auf den Umgang haben kann: Er verändert sich schlagartig. Man ist nun nicht mehr Kollege, sondern angehender Chef und damit schon ein bisschen in der Chef-Rolle. Selbst fühlt man sich aber noch nicht als Chef. Manchmal auch noch nicht ganz, wenn man schon formal in der Rolle ist.

Man muss sich in die neue Rolle und die entsprechenden Verhaltensweisen einleben und das kann einen Moment dauern. In dieser Zeit übernimmt man als Person zwei Rollen: manchmal die Chef-Rolle und manchmal die Kollegen-Rolle — zwei Rollen also, die zu inneren Spannungen führen können, wenn man sich seiner verschiedenen Rollenverhaltensweisen nicht bewusst ist. Personen, die in einer Organisation verschiedene Rollen einnehmen, kennen die Bedeutung von Rollen und die Notwendigkeit, diese Rollen auch mit kongruenten Verhaltensweisen zu unterlegen. Wenn man zum Beispiel Linienmanager ist in einer klassischen Linienorganisation und gleichzeitig als Projektleiter ein Projekt führt, dann ist es wichtig, diese beiden Rollen nicht zu vermischen, ansonsten kann es zu Missverständnissen führen. Nicht vermischen heißt, dass sowohl für einen selbst als auch für die Ansprechpartner klar ist, aus welcher Rolle man einzelne Aussagen macht oder Meinungen vertritt. Ein weiteres Beispiel könnte so aussehen: Der Landeschef einer Organisation ist zugleich Chief Operating Officer für die weltweiten Aktivitäten. Die Person in der Doppelrolle hat selbst oft keine Schwierigkeiten mit der Doppelrolle, das Umfeld, das nicht gut einordnen kann, aus welcher Rolle eine Aussage gemacht wird, dagegen schon. Oft beruhen diese Schwierigkeiten darauf, dass Personen in Organisationen nicht genügend mit der Tatsache vertraut sind, dass eine Person mehrere Rollen haben kann. Sie erwarten ein bestimmtes Verhalten, das an eine bestimmte Rolle gekoppelt ist, und sind irritiert, wenn die Verhaltensweisen der anderen Rollen auftauchen.

Aus Deep-Democracy-Perspektive nehmen Personen in Interaktionen nicht nur eine Rolle respektive Tendenzen ein, sondern viele Rollen parallel. Welche Rollen damit gemeint sind und wie dies konkret aussieht, wird in einem schematischen Beispiel mit zwei Personen im Folgenden ausgeführt.

In einer Chef-Mitarbeiter-Interaktion gibt es bekanntlich die Chef-Rolle und eine Mitarbeiter-Rolle. In einer simplifizierten Betrachtung könnte man sagen: Es gibt einen Chef, der entscheidet und einen Mitarbeiter, der ausführt. (Das ist vermeintlich klar, aber auch diese beiden Rollen unterliegen der jeweiligen Interpretation der beiden Seiten, was sie genau beinhalten). Die Situation: Zwei Personen treffen sich und verhalten sich gemäß den ihnen zugewiesenen Rollen. Die Interaktion der beiden Rollen lässt sich wie folgt darstellen:

- Chef — Mitarbeiter

Nun ist die Situation aber oft komplizierter: Viele Vorgesetzte möchten aus verschiedenen Gründen nicht mehr als Diktatoren wahrgenommen werden und pflegen einen partizipativen Führungsstil. Sie möchten auch auf kollegialer Ebene mit den Mitarbeitern im Kontakt sein. Das Interaktionsfeld sieht dann so aus, dass parallel zwei Rollenpaare miteinander interagieren, ein

Chef-Mitarbeiter-Verhältnis und ein Kollege-Kollege-Verhältnis. Somit erweitert sich das Interaktionsfeld folgendermaßen:

- Chef — Mitarbeiter
- Kollege — Kollege

Das kann gut gehen, führt aber manchmal auch zu Störungen, vor allem dann, wenn der Chef in einem gewissen Moment in der Chef-Rolle auftritt, während der Mitarbeiter ihn in der Kollegen-Rolle erwartet. Oder der Mitarbeiter geht auf kollegiale Weise auf den Chef zu (fühlt sich in der Kollegen-Rolle) und der Chef erwartet, dass er ihm in formeller Art in seiner Chef-Rolle begegnet. Das Grundproblem ist, dass beide Personen je nach Situation und persönlicher Disposition schnell zwischen den Rollen und ihren Erwartungen an die Gegenseite wechseln und dass sie sich oft selbst nicht bewusst sind, welches Rollenpaar jetzt adäquat ist, sowohl für sie selbst als auch für die andere Seite. Verkomplizierend kommen weitere Rollen hinzu, zum Beispiel Rollen, die man aufgrund der eigenen Nationalität hat. Wenn sich zum Beispiel ein Deutscher und ein Schweizer treffen, treffen auch Vertreter dieser beiden Länder bzw. Kulturen aufeinander — der eine vom wirtschaftlich mächtigsten Land Europas, der andere von einem Kleinstaat. Dann kann der Effekt auftreten, dass die Person aus dem Kleinstaat ein ganz leichtes Gefühl der Inferiorität hat, verbunden mit einer leichten Abwehrhaltung und Distanzhaltung zum anderen. Es kann sein, dass dies nicht für alle Personen zutrifft, relevant oder spürbar ist, aber es kann relevant sein für Einzelne. In diesem Fall erweitert sich das Interaktionsfeld um die Rollen und entsprechenden Verhaltensweisen, die sich um die Nationalität konstellieren. Das Interaktionsfeld beinhaltet dann drei Rollenaspekte, die parallel wirksam sind:

- Chef — Mitarbeiter
- Kollege — Kollege
- Deutscher — Schweizer

Noch eine weitere »Rolle«, die in das Interaktionsfeld hineinspielen kann, ist die des Geschlechts. Es macht typischerweise einen Unterschied, ob sich ein Mann und ein Mann treffen oder ein Mann und eine Frau oder zwei Frauen. Wie im Beispiel mit der deutschen und der schweizerischen Person muss es nicht in jedem Fall einen Unterschied machen, aber manchmal ist es eben doch der Fall. In Organisationen fokussiert man typischerweise auf die Unterschiede der formellen Hierarchie und versucht die anderen Aspekte nicht zu beachten. »Es macht keinen Unterschied hier, ob man eine Frau oder ein Mann ist, die Leistung zählt«, ist eine oft gehörte Aussage. Fotos von Leitungsgremien die gendermäßig disproportional zusammengesetzt sind, zeugen vom

Gegenteil. Irgendwie spielt es doch eine Rolle. Wenn man zum Beispiel Führungskräfte befragt, ob es einen Unterschied macht, ob sie mit einer Frau oder einem Mann ein Mitarbeitergespräch führen, ist für die meisten sofort klar, dass es einen klaren Unterschied macht und zwar unabhängig davon, ob die Führungskraft ein Mann oder eine Frau ist. Das Beispiel ist kein Beweis, aber doch ein Hinweis, dass die Gender-Rolle für die Interaktion eine wesentliche Bedeutung hat.

Weitere Rollen und entsprechende Verhaltensweisen leiten sich ab von (Aus-)Bildungsstand (zum Beispiel eine Person mit akademischem Hintergrund trifft auf eine Person ohne akademischen Hintergrund), Vermögensverhältnissen, Hautfarbe (eine Person mit schwarzer Hautfarbe trifft auf eine Person mit weißer Hautfarbe), sexueller Identität und weiteren Aspekten, die im Abschnitt 2.7 »Rang und Privilegien in Beziehungen« als Quellen von Rang aufgeführt sind.

Mögliche Spannungsfelder bezüglich Ausbildung tauchen zum Beispiel auf, wenn ein Akademiker auf einen Nicht-Akademiker stößt. Der Akademiker argumentiert sehr theoretisch, was beim Nicht-Akademiker ein leichtes Minderwertigkeitsgefühl auslösen kann, weil er keine universitäre Ausbildung absolviert hat und vielleicht nicht alles versteht, gleichzeitig aber an sich selbst den Anspruch hat, alles zu verstehen. Das weiter ausdifferenzierte Interaktionsfeld zwischen zwei Personen könnte also folgendermaßen aussehen:

- Chef — Mitarbeiter
- Kollege — Kollege
- Deutsch — Schweizer
- Mann — Mann
- Akademiker — Nicht-Akademiker
- Reich — Arm
- Schwarz — Weiß
- Homosexuell — Heterosexuell

Wenn man die im Feldansatz in Abschnitt 2.1 beschriebenen Tendenzen auch als »Rollen« interpretiert, wird das Interaktionsfeld noch vielschichtiger. Es begegnen sich zusätzlich eine »Macher-Rolle« und eine »Sorgfältigkeitsverfechter-Rolle«. Je nach spezifischer Kultur der Gruppe hat wieder eine der Tendenzen ein Privileg, sie ist »erwünschter«. Das Modell der multiplen Rollen in Interaktionsfeldern ist auf diese Art beliebig erweiterbar um alle Tendenzen und Polaritäten, die für eine spezifisches Beziehungsgeschehen relevant sind:

- Chef — Mitarbeiter
- Kollege — Kollege

- Deutsch — Schweizer
- Mann — Mann
- Akademiker — Nicht-Akademiker
- Reich — Arm
- Schwarz — Weiß
- Homosexuell — Heterosexuell
- Macher — Sorgfältigkeitsverfechter
- Tendenz 1 — Tendenz 2
- Tendenz 3 — Tendenz 4

In der Realität kann die Interaktion zwischen zwei Personen oder »Rollen-Paketen«, wie sie in den Bildern dargestellt ist, wunderbar funktionieren. Die Rangunterschiede der Tendenzen müssen nicht notwendigerweise eine Schwierigkeit darstellen. Deep Democracy lädt jedoch ein, die Rangunterschiede der Rollen und Tendenzen zu betrachten, wenn Störungen oder Schwierigkeiten vorhanden sind, die man mit den üblichen Strategien nicht beheben kann. Wichtig ist bei der Betrachtung der multiplen Rollen, dass bei einzelnen Rollen-Paaren einer der Pole aus Sicht der gesellschaftlichen Normen einen Vorteil oder ein Privileg hat, er ist »erwünschter« als der andere. Oder umgekehrt gesehen: Wenn Leute bestimmen könnten, welchen Pol sie wählen (wenn sie denn eine freie Wahl hätten), dann würde einer der Pole typischerweise favorisiert. Ein Beispiel: Müsste man wählen zwischen »mehr Vermögen haben« versus »weniger Vermögen haben« — im obigen Beispiel plakativ als »reich« versus »arm« bezeichnet —, dann würden die meisten »reich« wählen. Dasselbe gilt in ähnlicher Weise für alle betrachteten Rollenpaare. Es gibt typischerweise einen von der Gesellschaft favorisierten Aspekt innerhalb der Polarität. Dieser Aspekt wird im Deep-Democracy-Ansatz auch als »Mainstream-Rolle« bezeichnet und steht einer »Minderheiten-Rolle« gegenüber. Wichtig ist dabei zu beachten, dass die Unterschiede nicht in jeder Interaktion eine Rolle spielen. Aber wenn Schwierigkeiten auftauchen, ist die Wahrscheinlich hoch, dass es mit Rangunterschieden der eingenommenen Rollen zu tun hat.

Was heißt das für Leitungspersonen?

Eine Leitungsperson agiert immer und parallel aus verschiedenen Rollenverständnissen heraus. Dies gilt prinzipiell für alle Akteure oder Personen in einer Gruppe oder Organisation. Als Chef ist man selbst ein »Rollen-Paket«, das auf einen Mitarbeiter in Form eines zweiten »Rollen-Pakets« trifft. (In einer Gruppe wird es schnell komplex und unübersichtlich: Da treffen viele »Rollen-

Pakete« aufeinander). Dazwischen können sich Spannungsfelder entwickeln, die nichts mit den Personen zu tun haben, sondern mit den gesellschaftlichen Erwartungen und Normen, welche sich um diese Rollen konstellieren. Eine Beziehung zwischen einem Chef und einem Mitarbeiter kann zum Beispiel deshalb schwierig sein, weil der Mitarbeiter im Chef vor allem eine Autoritätsperson sieht. Dies aktiviert die Bilder von Autoritätspersonen des Mitarbeiters, die manchmal negativ besetzt sind. Wenn das der Fall ist, rebelliert der Mitarbeiter gegen den Chef und der Chef versteht gar nicht, weshalb der Widerstand so ausgeprägt ist.

Was kann man als Leitungsperson nun machen, wenn man merkt, dass man aus unterschiedlichen Rollen agiert? Eine mächtige und hilfreiche Verhaltensweise ist, die Situation zu rahmen und die Rollen zu benennen, aus denen man agiert. Zum Beispiel: »Ich stehe dir jetzt in zwei Rollen gegenüber: einmal als Kollege und einmal als Chef. Wenn ich als Kollege argumentiere, dann sage ich, dass ich es zwar nicht so prickelnd finde, wenn du immer wieder zu spät kommst, passiert mir aber auch ab und zu. Wenn ich aus der Chef-Rolle agiere, sage ich dir, dass ich für das funktionierende Zusammenspiel aller Mitarbeiter hier verantwortlich bin. Und dass die Tatsache, dass du oft zu spät kommst, dieses gute Zusammenspiel stark beeinträchtigt. Deshalb möchte ich dir sagen, dass dein Zuspätkommen aufhören muss und du dein Verhalten schnell und klar anpassen musst. Wie siehst du das?«. Zu beachten ist auch, dass die Rollendefinitionen und entsprechenden Erwartungen an die Verhaltensweisen einem Gestaltungs- und Entwicklungsprozess unterliegen. Das heißt, sie werden immer wieder neu zwischen den Gruppenmitgliedern ausgehandelt und die Ergebnisse dieser Aushandlungen verändern sich laufend. Zum Beispiel erwarten jüngere Mitarbeiter andere Verhaltensweisen von Vorgesetzten als ältere Mitarbeiter.

3.10 Facilitation

Allgemein formuliert ist Facilitation der Begriff für die Begleitung und Unterstützung von Einzelpersonen und Gruppen, Teams und Organisationen mit den Deep-Democracy-Instrumenten. Eine Person, die facilitiert, bezeichnet man als Facilitator. Ein Facilitator verfügt über Know-how im Erkennen und Bewusstmachen der Dynamik und Tiefenstruktur in einer Gruppe. Die notwendigen Voraussetzungen und Fähigkeiten sind in Abschnitt 4.1 beschrieben. Was macht ein Facilitator nun konkret? Die Aktivität beinhaltet unter anderem:

- dem Fluss der Diskussion einer Gruppe folgen
- besondere Momente in Interaktionen framen
- Rollen, Tendenzen und Qualitäten benennen
- aufmerksam machen auf energiereiche Momente in der Diskussion (Hotspot, Coolspot)
- die Gruppe fragen, wie sie weitergehen möchte
- gegebenenfalls weitere Schritte vorschlagen
- die Gruppe darin unterstützen, stärker und tiefer in die Auseinandersetzung zu gehen
- temporäre Lösungen framen
- auf Momente des Konsenses hinweisen

Ein Teil dieser Aktivitäten ist vergleichbar mit klassischen Moderatoren-Aktivitäten. Ein Unterschied besteht vor allem in der Zulassung von schwierigen, turbulenten, mitunter chaotischen Situationen: Ein Facilitator sieht darin Kräfte, die sich klarer zeigen müssen, damit die Gruppe sich weiterentwickeln kann und unterstützt und erleichtert deren Erscheinen, während ein Moderator eher versucht, die Emotionen in Schach zu halten, zu mäßigen und zu sehen, dass es nicht zu hitzig wird.

Was bedeutet Facilitation für Leitungspersonen und Führungskräfte? Erstens: Wie alle Tendenzen, die in einem Feld auftauchen, kann auch Facilitation selbst als Tendenz und Rolle in einem Feld betrachtet werden. Das bedeutet, dass Facilitation eine Qualität ist, die prinzipiell alle Beteiligten übernehmen können. Je verteilter diese Rolle übernommen wird, desto stabiler ist eine Gruppe. Zweitens: Aus Deep-Democracy-Sicht beinhaltet die Führungskraft-Rolle zwei wichtige Unterrollen: einerseits die Entscheider-Rolle und andererseits die Facilitatoren-Rolle. Die Entscheider-Rolle ist diejenige Rolle, die aufgrund der positionalen Macht die Möglichkeit hat, eine Entscheidung zu fällen, die die anderen zu akzeptieren haben. Zentral und für eine Gruppe hilfreich ist, wenn der Chef in einer Sitzung oder in einem Workshop schnell klarmacht, ob er sich in dem jeweiligen Moment in der Entscheider-Rolle sieht. In diesem Fall braucht es keine Diskussion. Oder ob er sich mehr in der Faciliatoren-Rolle sieht. In diesem Fall begleitet und moderiert er den Interaktionsprozess, alle Meinungen sind gefragt, gemeinsam wird entschieden, wie es weitergeht mit dem Thema. Je klarer eine Führungskraft mit den unterschiedlichen Rollen, aus denen heraus sie handelt, vertraut ist, desto kräftiger, störungsresistenter ist die Interaktion mit dem Umfeld und desto stärker wird sie als Führungsperson wahrgenommen.

4 Deep Democracy aus der Anwender-Perspektive

Kapitel 4 beleuchtet Aspekte rund um die Anwender von Deep Democracy. Einerseits werden notwendige Voraussetzungen und Fähigkeiten dargelegt, die eine Person mitbringen sollte, wenn sie in Organisationen mit dem Deep-Democracy-Paradigma arbeiten möchte. Zudem werden die typischen Fallstricke bei der Facilitation benannt. In einem zweiten Teil gibt es Antworten auf die typischen und häufigsten Fragen, die im Rahmen von Deep-Democracy-Trainings gestellt werden. Und in einem dritten Teil geben zehn Organisationsberater im Rahmen eines Interviews Auskunft darüber, wie sie Deep Democracy sehen und einsetzen.

4.1 Notwendige Fähigkeiten für Deep-Democracy-Facilitatoren

Der Deep-Democracy-Ansatz geht davon aus, dass Gruppen und Organisationen durch ein Selbstorganisationsprinzip gesteuert werden. Kernaufgabe einer Leitungsperson, die eine Sitzung mit Deep-Democracy-Prinzipien leiten möchte (Facilitator genannt), ist dabei weniger die Steuerung des Gruppengeschehens im klassischen Moderatoren- oder Führungsmodus als vielmehr die Schaffung eines atmosphärischen Feldes, das den Anwesenden erlaubt, alle Meinungen und Positionen zum Ausdruck zu bringen. Und zwar auch Positionen, die politisch nicht korrekt sind, darunter vielleicht auch Themen, die aus Sicht des Gruppen-Mainstreams Tabu-Themen sind. Diese Offenheit für alle wie auch immer gearteten Meinungen und Positionen kann in Sitzungen oder Workshops zu konfliktartigen Situationen mit Turbulenzen führen. Zu den Kernaufgaben des Facilitators gehört auch, eine geäußerte Position zu verstärken, zu verdichten und auf den essenziellen Punkt zu bringen. Und es geht darum, die verschiedenen Positionen, die typischerweise als Polaritäten in Erscheinung treten, mehr in Beziehung zueinander zu bringen. Um diese Aufgaben erfüllen zu können, benötigt man ein bestimmtes Fähigkeiten-Profil, das die klassischen Moderatoren-Fähigkeiten beinhaltet, sowie darüber hinaus spezifische Deep-Democracy-Fähigkeiten. Diese umfassen folgende Punkte:

1. Analytische Kompetenzen, um die Tiefenstruktur und Polaritäten der eingebrachten Diskussionsbeiträge zu erkennen.
2. Die Fähigkeit, diese Positionen sinnvoll zugunsten eines Erkenntnisgewinns für die Teilnehmer zu verdeutlichen, zu verdichten und in einen größeren Kontext zu stellen — auch wenn eine spezifische Position möglicherweise konträr zur eigenen persönlichen Meinung steht.
3. Damit dies möglich wird, braucht man die persönliche Fähigkeit, allen vertretenen Positionen allparteilich und mit Empathie zuhören zu können.
4. Die Fähigkeit, atmosphärische Aspekte der Tiefenstruktur zu spüren und hilfreich in den Prozess einzubringen.
5. Die Fähigkeit, hoch emotionale, chaotisch scheinende, konfliktartige Situationen auszuhalten und alle Meinungen zu unterstützen, wenn die Gruppe beschließt, in eine turbulente Interaktion einzusteigen.
6. Frustrationstoleranz und Klarheit über die Punkte, die einen als Individuum polarisieren und wo man die Fähigkeit verliert, alle Positionen und Tendenzen voll zu unterstützen. Denn es kommt manchmal vor, dass man als Facilitator starker Kritik und Missbilligung ausgesetzt ist.
7. Persönliche Offenheit gegenüber dem Verlauf und den Resultaten eines Interaktionsablaufes (als Gruppenprozess bezeichnet). Hat ein Facilitator feste Glaubenssysteme, implizite Meinungen, Vorurteile oder Annahmen über den richtigen Verlauf einer Sitzung oder eines Workshops, so besteht die Möglichkeit, dass er in einen direkten Konflikt mit der Gruppe oder mit einem Teilnehmer gerät.
8. Begeisterungsfähigkeit und die Möglichkeit, sich zu freuen und diese Emotion sozial adäquat zum Ausdruck bringen zu können.
9. Einen Prozess im Kreis vieler Menschen zu eröffnen und zu Ende zu bringen, sodass es sich rund und abgeschlossen anfühlt.
10. Und: Momente der Stille und Berührtheit aushalten können auch in großen Gruppen.

Was sind typische Fallstricke bei der Anwendung?

Fallstrick 1
Ein Workshop oder eine Arbeitssitzung im Organisationskontext hat meistens einen vordefinierten Zweck und ein Ziel, das von den Verantwortlichen definiert wird. Dies führt dazu, dass die Verantwortlichen typischerweise im Vorfeld möglichst eine klare Struktur, zum Beispiel eine Agenda, aufsetzen. Diese soll regeln, wer wann was sagen kann und welche Regeln für die Kommunikation gelten sollen. Zum Beispiel, welche Themen man aus Sicht der Führung besprechen will und welche nicht. Wenn man nun als Facilitator diesen Auflagen nachkommt, engt dies den Spielraum für mögliche Stellungnahmen und Entwicklungsmöglichkeiten der Gruppe ein. Aus Deep-Democracy-Perspektive befindet man sich bereits während der Vorabklärungen in dem Feld, das sich bei der eigentlichen Durchführung eines Anlasses einstellt. Wenn man sich durch die Regeln einengen lässt, können sich wichtige Polaritäten gegebenenfalls nicht zeigen. Sie bleiben als »Geistrollen« im System. Es gehört zu den Aufgaben eines Facilitators, die Verantwortlichen auf die möglichen Effekte von Strukturierungen und Vorformatierungen aufmerksam zu machen. Wenn man sich dafür entscheidet, ausgrenzende Rahmenbedingungen zu setzen, dann empfiehlt es sich, diese kurz zu benennen, die Hintergründe aufzuzeigen und sie auf diese Weise in den Prozess miteinzubeziehen.

Fallstrick 2
Die Facilitatoren identifizieren sich möglicherweise stark mit traditionellen Moderationsansätzen, die darauf abzielen, die Situation »jederzeit im Griff« zu haben.

Man möchte dann unter allen Umständen verhindern, dass die Situation außer Kontrolle gerät. Insbesondere in Momenten, in denen alles offen scheint, in denen kein Resultat in Sicht ist und in denen das, was im Moment passiert, als wenig zielführend erfahren wird, verfällt man als Facilitator leicht in den Modus einer starken Steuerung und Lenkung. Dies ist ein Fallstrick, der gerade erfahrenen Moderatoren widerfährt, wenn sie beginnen, die Prinzipien von Deep Democracy anzuwenden. Typischerweise haben die meisten Personen, die eine Sitzung moderieren, eine implizite Vorstellung davon, wie gute im Gegensatz zu schlechter Moderation aussieht. Die meisten haben auch implizite Vorstellungen, was als Endresultat wünschenswert ist. Das ist normal. Schwierig wird es mit diesem Verständnis dann, wenn sich eine Gruppe in eine Richtung bewegt, die man als Facilitator als nicht wünschenswert erachtet, und dann mit zunehmender Vehemenz versucht, das wünschenswerte Resultat hinzubiegen.

Fallstrick 3

Da in Deep-Democracy-Prozessen die emotionale Dynamik einer Gruppe einen relativ großen Stellenwert hat, unterliegen Facilitatoren der Gefahr, in diese Dynamik unbewusst hineingezogen zu werden. Zum Beispiel, indem sie sich innerlich inhaltlich mit einzelnen Positionen solidarisieren, ohne sich dessen bewusst zu sein. Sobald dies eintritt, ist die emotionale Allparteilichkeit nicht mehr gewährleistet. Ein Teil der Anwesenden fühlt sich nicht mehr unterstützt. Dies kann dazu führen, dass die Facilitatoren von den Personen, die vom Facilitator innerlich nicht unterstützt werden, infrage gestellt werden. Ähnlich wirken alle wertenden Reaktionen der Facilitatoren auf eingebrachte Positionen. Die Gewährleistung der Allparteilichkeit — oder der Transparenz, wenn Allparteilichkeit nicht gewährleistet werden kann — erfordert eine ausgeprägte Bewusstheit über eigene Vorurteile und innere Polarisierungen.

4.2 Interviews mit Anwendern zum Einsatz von Deep Democracy

Wie schon verschiedentlich beleuchtet wurde: Jede Beratungssituation ist einzigartig und die prinzipielle Offenheit des Deep-Democracy-Paradigmas macht jede Anwendung auch einzigartig. Jeder Anwender hat eigene Methoden-Präferenzen und eine Know-how-Basis von Vorgehensweisen, mit denen er sich vertraut fühlt und einen entsprechenden Erfahrungsschatz mitbringt. Implizit wirkt immer auch eine individuelle Life Mission oder die Grundrichtung, mit der eine Person den Ansatz zur Anwendung bringt. Dieser Vielfalt soll im nächsten Abschnitt Rechnung getragen werden. Dazu habe ich zehn Interviews mit Kollegen geführt mit der Fragestellung, wie sie Deep Democracy in ihrem beruflichen Feld anwenden. Die meisten sind im Feld von Organisationsberatung, Leadership-Training und Coaching tätig und verfügen über Deep-Democracy-Erfahrung. Eine Person bekleidet eine klassische Führungsfunktion. Die Interviews führte ich entlang der folgenden fünf Leitfragen:

1. Bei welchen Fragestellungen und Kundensituationen finden Sie Deep-Democracy-Ansätze besonders inspirierend und hilfreich?
2. Welche Deep-Democracy-Elemente finden Sie hilfreich für Ihre Arbeit als Organisationsberater, Business-Coach oder Leadership-Trainer?
3. Was finden Sie einzigartig, was ist das Besondere an Deep Democracy auch im Vergleich mit anderen Ansätzen?

4. Was hat Ihr Interesse geweckt, sich vertieft mit Deep Democracy zu befassen? Was lag am Ursprung Ihrer persönlichen Deep-Democracy-Geschichte?
5. Was empfehlen Sie interessierten Personen, wie man sich Deep-Democracy-Know-how am besten aneignet?

Interview 1: Lukas Hohler

Lukas Hohler: M. A., Dipl. POP. Coach, Berater und Trainer. Gründer von »Grundkraft«, Zürich.

CF: Bei welchen Fragestellungen und Kundensituationen findest du den Deep-Democracy-Ansatz besonders inspirierend und hilfreich?

Lukas Hohler: Was mich persönlich am meisten begeistert, sind Situationen, wo ich mit Organisationen zu tun habe, die ein explizites Spannungsfeld haben. Kunden, die sich in einem Konflikt befinden und gleichzeitig ein Bewusstsein darüber haben, dass sie sich in einem Konflikt befinden und weiterkommen möchten. Das sind tolle Voraussetzungen, um mit diesem Ansatz zu arbeiten. Da funktioniert er auch sehr gut. Ebenfalls eignet sich der Ansatz für Organisationen mit einem hohen Anspruch an Selbstorganisation. Und wo das Führungsverständnis des Managements auf möglichst viel Selbstverantwortung der Mitarbeitenden ausgerichtet ist. Interessant sind auch Umgebungen mit ausgesprochen flachen Hierarchien. Wichtig ist aber auch der gesamte Change-Kontext: wenn es um einen tiefgreifenden Wandel der Unternehmenskultur geht, bei der eine neue Konflikt- und Kommunikationskultur etabliert werden soll. Wenn das Teil der Vision der Führung ist, dann ist Deep Democracy ein mächtiger Ansatz, um ein Unternehmen bei der Gestaltung des Wandels zu unterstützen. Deine Frage inspiriert mich jetzt gerade, auch über die umgekehrte Frage nachzudenken: Bei welchen Fragestellungen ist der Ansatz nicht hilfreich? Wobei ich zugeben muss: Ich bin nicht ganz neutral in dieser Sache, weil mich der Ansatz grundsätzlich begeistert.

CF: Gerne nehme ich deine Frage auf. Gibt es Fragestellungen und Kundensituationen, wo du den Ansatz *nicht* hilfreich findest?

Lukas Hohler: Der typische Fall, wo sich meiner Meinung nach Deep Democracy nicht eignet, ist, wenn ein Unternehmen — respektive deren Führungsleute, die auch immer die Auftraggeber sind — sich erhoffen, dass sich »etwas« bei den Mitarbeitenden verändert, ohne die eigene Bereitschaft mitzubringen, sich selbst als Teil des Veränderungsprozesses zu sehen. Diese Ausgangslage macht es schwierig, weil der Ansatz an der Gesamtheit des Feldes interessiert ist und Deep Democracy darauf ausgerichtet ist, die Erfahrung aller sich im Feld bewegenden Menschen stärker in Beziehung zueinander zu bringen. Wenn das ausdrücklich nicht gewünscht ist oder als Zeitverschwendung betrachtet wird, bin ich sehr vorsichtig in der Anwendung des Ansatzes.

CF: Welche Elemente des Deep-Democracy-Methodenspektrums findest du hilfreich für deine Arbeit als Organisationsberater oder in der Führungskräfteentwicklung?

Lukas Hohler: Es gibt verschiedene Elemente. Zum einen finde ich die Feld-Perspektive toll. Die Betrachtung aller Kräfte, die ein Spannungsfeld ausmachen, und die Frage danach, wie diese Kräfte miteinander in Beziehung stehen und wo diese Kräfte hinwollen. Dieser Frage liegt das Konzept eines intentionalen Feldes, einer »Feldintelligenz« zugrunde. Daraus ergibt sich eine völlig neue Sicht auf die Erfahrung der Menschen und die zwischenmenschlichen Spannungen zwischen denen, die sich im Feld oder einer Organisation bewegen. Entscheidend ist dabei die Unterscheidung zwischen Rolle und Person oder zwischen den mehr persönlichen und den mehr kontextuellen Anteilen unserer Erfahrung. Als jemand, der mit dem Deep-Democracy-Ansatz arbeitet, gehe ich also prinzipiell davon aus, dass ein Feld eine eigene Intelligenz, eine Tendenz zur Selbstorganisation hat. Das führt dazu, dass die traditionelle Sicht auf Konflikte und Spannungen in vielerlei Hinsicht umgedreht wird. Plötzlich wird der Konflikt zum Ausgangspunkt einer Entwicklung, die geschehen möchte, und nicht zum Endpunkt einer Fehlschaltung. Hilfreich ist dabei auch das Instrument des Gruppenprozesses, indem die verschiedenen Rollen oder Pole der energiereichsten Polaritäten im Raum aufgestellt werden und die Trennung zwischen Person und Rolle bildlich und körperlich erfahren werden kann. Damit wird der Konflikt sicht- und erfahrbar und damit zu einer großen Ressource, zu einer Kraft, die die Organisation vorwärtsbringen kann.

Einen weiteren Bereich des Methodenspektrums, den ich sehr hilfreich finde, ist die Arbeit mit Rang und Privilegien. Hier setzen wir den Fokus auf die Unterschiede in der Erfahrung und Wahrnehmung zwischen den Personen und Rollen, die miteinander leben und arbeiten. Dieser Aspekt stößt im Moment gerade in der Führungskräfteentwicklung auf großes Interesse. Das Konzept hilft, besser zu verstehen, was in schwierigen Interaktionen geschieht. Es ist ein generalisierbares Konzept, um überhaupt den Mechanismus zu verstehen, wie Rangunterschiede dazu führen, dass Kommunikationsblockaden auftreten und dass Konflikte eskalieren.

Wichtig ist dabei, ein Bewusstsein darüber zu entwickeln, dass wir alle viel stärker sind, als wir denken. Und dass wir alle über viele und große Ressourcen verfügen, mit denen wir keinen bewussten Umgang pflegen. Den meisten von uns fällt es leichter, uns ohnmächtig und machtlos zu fühlen. Dieses Inferioritätsgefühl ist einfach schneller aktiviert als das Gegenteil. Es ist wichtig, dass wir lernen, mit unseren Stärken und Ressourcen in Kontakt zu bleiben, speziell wenn wir in herausfordernde Situation kommen.

Im Weiteren begeistert es mich, mit Widerstand und den Störungen zu arbeiten, die im Feld sind. Im Prozess des Widerstands sind wichtige Informationen für die Weiterentwicklung des Feldes versteckt. Daraus folgt, dass alle davon profitieren, wenn man in diese Widerstände eintaucht und sie nutzbar macht.

Als letzten Punkt möchte ich erwähnen, dass wir mit dem Deep-Democracy-Ansatz die Menschen generell dazu einladen, sich mit der persönlichen — oder inneren — Erfahrung und Wahrnehmung von äußeren Situationen und Störungen zu beschäftigen. Auf diese »innere Arbeit« aller Beteiligten legen wir großen Wert, eine Ebene, die oft marginalisiert wird.

CF: Du gehörst zu den langjährigen und erfahrenen Anwendern von Deep Democracy. Gibt es etwas, was du daran einzigartig findest? Nicht im Sinne der Instrumente, die du eben genannt hast, sondern Aspekte, die etwas Besonderes sind?

Lukas Hohler: Für mich hat die Einzigartigkeit viel mit der Grundhaltung zu tun. Dass man in einen Organisationskontext — oder in ein Feld — eintaucht, mit einer Situation arbeitet und davon ausgeht, dass alles, was geschieht und passiert, wichtig und sinnhaft ist, dass nichts fehlt und schon alles Notwendige vorhanden ist zur Weiterentwicklung. Alle Informationen sind vorhanden, nun müssen Bedingungen geschaffen werden, die dazu führen, dass sich die Menschen mehr zeigen und öffnen. Dadurch erhält ihre persönliche Erfahrung eine Bedeutung und ihre innere Erfahrung ist plötzlich wichtig. Das finde ich einzigartig. Wenn ich mir ansehe, wie Organisationsberatung üblicherweise geschieht, bleiben viele Methoden oft auf einer Ebene, wo die beteiligten Personen nur in partiellen Aspekten und Funktionen gefragt sind und weniger in der Ganzheit ihrer Erfahrungen. Den Einbezug der gesamten Diversität von Personen finde ich das Einzigartige an Deep Democracy — und gleichzeitig auch die größte Herausforderung.

CF: Was stand am Ursprung deiner persönlichen Deep-Democracy-Geschichte oder was hat das Interesse geweckt, dich vertieft mit Deep Democracy zu befassen?

Lukas Hohler: Für mich war das eine individuelle Erfahrung. Ich bin durch die Teilnahme an einem großen internationalen Workshop mit Deep Democracy in Kontakt gekommen, wo auch der Begründer dieses Ansatzes, Arnold Mindell mit seinem Staff anwesend war. Mich hat die Intensität der gezeigten Arbeit total gepackt und insbesondere die Art, wie mit Spannungsfeldern gearbeitet wurde: das direkte Hineinsteuern in die Hitze des Konflikts. Und *nicht* den Versuch zu machen, diese Sache möglichst schnell irgendwie so zu rahmen oder in einen Bereich zu moderieren, wo viele Teile oder Erfahrungen der Menschen, die beteiligt sind, nicht mehr willkommen sind oder ausgegrenzt werden. Das kann zum Beispiel durch Regeln gemacht werden, wie Kommunikation abzulaufen hat. Deep Democracy eröffnete an dieser Konferenz dagegen einen Raum, in dem die Menschen in ihrer Gesamtheit und in der ganzen Intensität ihrer Gefühle wirklich in diese Konflikte eingetaucht sind. Das hat mich unglaublich begeistert. Da fühlte ich auf eine Art Lebendigkeit, wie ich sie vorher noch nicht kannte. Und ich fühlte mich plötzlich auch verbundener mit den involvierten Menschen. Da wurde viel menschliche oder seelische Lebendigkeit wach in mir — ist ja klar, dass mich das sehr begeisterte! Dieses Erlebnis stand am Anfang meiner Geschichte. Und ich bin tiefer eingestiegen mit dem Wunsch, dass ich das wirklich besser kennenlernen und mehr verstehen will, was die da machen und wie das funktioniert.

CF: Was empfiehlst du interessierten Personen, wie man sich Deep-Democracy-Know-how aneignen kann? Was empfiehlst du konkret?

Lukas Hohler: Eine zentrale Voraussetzung ist, dass man sich überhaupt für das gesamte Spektrum des Menschseins interessiert. Dieses Interesse muss auch das eigene Selbst umfassen. Man muss sich für die eigene, persönliche Erfahrung interessieren und für das, was einem alles so durch den Kopf, den Bauch, den Körper und durch die Träume geht. Also für alles, was einem widerfährt als Mensch. Zusätzlich zum Interesse an diesen Phänomenen muss natürlich ein Interesse am Verstehen dieser Prozesse vorhanden sein. Und der persönliche Anspruch, die Haltungen von Deep Democracy im eigenen Leben, privat wie beruflich, zu integrieren. Dann muss man sich für das Interaktionsgeschehen und Beziehungen interessieren und eine Begeisterung und Neugierde für andere Menschen mitbringen. Zum Beispiel für die Frage, was geschieht, wenn ich in Beziehung trete. Und was da auftaucht an Erfahrungen und wo es besonders gut fließt und wo die Schwierigkeiten entstehen und wie man mit denen umgeht. Man muss die Neugier aufbringen oder eine Bereitschaft haben, in diese Schwierigkeiten einzusteigen und zu lernen, wie Beziehung besser funktionieren kann. Das erfordert viel Selbstreflexion und Forschergeist. Das liegt für mich an der Wurzel des Deep-Democracy-Ansatzes. Wir möchten die Beziehungsqualität der Menschen erhöhen, ob sie jetzt in einem beruflichen, einem privaten oder in einem Gemeinschaftskontext miteinander zu tun haben, und diese Arbeit beginnt bei uns selbst.

CF: Und wenn ich jetzt diese Voraussetzungen mitbringe, was würdest du mir raten, wie kann ich mir Deep-Democracy-Know-how aneignen, ganz konkret? Welche Möglichkeiten gibt es aus deiner Sicht?

Lukas Hohler: Ich würde mich kundig machen, wer mit Deep Democracy arbeitet und wo sich die nächsten Ausbildungsinstitutionen befinden. Diese sind verteilt über die ganze Welt, manchmal nicht unter dem Stichwort Deep Democracy, sondern unter Worldwork, Prozessarbeit oder Prozessorientierte Psychologie. Alle diese Institute bieten verschiedene Möglichkeiten an, sich Deep-Democracy-Instrumente anzueignen. Das sind zum Teil längere Ausbildungslehrgänge mit Diplomabschluss, aber es werden auch Einsteigerkurse und einzelne themenbasierte Seminare angeboten. Eine Alternative sind Leute, die da am freien Markt diese Instrumente im Rahmen von öffentlichen Seminaren anbieten. Wichtig finde ich aber vor allem, dass man in Kontakt kommt mit den Leuten, welche den Ansatz in der täglichen Arbeit anwenden. Die Ausbildung ist das eine. Das andere ist: Wer arbeitet daran, die Instrumente tatsächlich in seinen professionellen Kontexten anzuwenden. Da, wo vielleicht auch die Menschen noch nicht so gewohnt sind, in dieser Richtung zu arbeiten. Das finde ich persönlich auch immer sehr lehrreich und interessant.

Interview 2: Franz Fendel

Franz Fendel: Organisationsberater und Inhaber und Gründer der Unternehmensberatung Fendel & Partner, Darmstadt.

CF: Bei welchen Kundensituationen findest du den Deep-Democracy-Ansatz besonders hilfreich?

Franz Fendel: Ich nenne Deep Democracy im Alltag meist Prozessarbeit oder Prozessansatz. Den Ansatz verwende ich in allen Situationen, in denen ich mit Menschen zusammenkomme und wir anfangen, miteinander zu sprechen und zu agieren. Das Besondere daran ist, dass ich immer versuche zu spüren, welche Stimme da eigentlich gerade spricht und was ich höre. Daraus ergibt sich meistens auch schon eine Stimme, die sich jetzt gerade nicht meldet, die aber trotzdem da und wirksam ist. Gerade in Erstgesprächen mit Firmen ist es eigentlich immer ein großes Vergnügen, mit diesen Stimmen zu arbeiten.

CF: Jetzt sprichst du aus der Perspektive eines Organisationsberaters, der selbst ein Beratungsunternehmen führt und wiederum Unternehmen berät. Was sind das denn für Beratungssituationen, die ihr mit euren Kunden bearbeitet?

Franz Fendel: Wir arbeiten mit Führungskräften in Unternehmen zusammen. Da geht es letztlich immer darum, Geld zu verdienen oder manchmal auch Geld zu sparen. Und wir arbeiten immer so, dass wir zunächst über das Geschäft selbst sprechen: In welchem Feld sind wir eigentlich? Was läuft da ab? Mich interessiert auch immer, wie die Produkte sind oder wie produziert wird, sodass ich auch ein Gefühl dafür bekomme, in welcher Welt meine Gesprächspartner sind. Und dann geht es darum, in welcher Welt deren Kunden sind. Wir versuchen immer, das, was vor Ort ist, mit dem, was beim Kunden unseres Kunden ist, zusammenzubringen. Daraus ergeben sich oft Themen, die Spannungen und Konflikte enthalten und wo es dann heißt, dass »es« nicht geht. Wenn dann als Ziel gesetzt wird, dass es doch gehen soll, dann kann man wunderbar mit den Deep-Democracy-Methoden arbeiten. Das heißt, wir sprechen über Stimmen und Positionen im Feld. Und daraus ergeben sich dann sehr spontan ganz neue Sichtweisen.

CF: Sind das eher Strategieprojekte, Change-Management-Projekte oder Konfliktlösungen, oder wie würdest du die thematische Ausrichtung der Beratungssituationen benennen?

Franz Fendel: Das kann eine Strategie sein, eine Strategieumsetzung, eine große Veränderung oder ein Kommunikationsprojekt, weil man die Mitarbeiter oder Kunden im Moment nicht genügend erreicht. Es ist alles möglich. Es können auch kontinuierliche Begleitungen sein, wenn ein Kunde jedes Viertel- oder halbe Jahr mit uns daran arbeiten möchte, besser zu führen oder das Zusammenarbeiten wieder geschmeidiger zu machen. Es gibt verschiedene Möglichkeiten und Themen. Aber im Kern geht es immer darum, die Potenziale, die da sind, zu erkennen und zu entwickeln.

CF: Du hast zu Beginn unseres Gespräches die Arbeit mit den verschiedenen Stimmen erwähnt. Welche weiteren Elemente aus dem Deep-Democracy-Methodenspektrum findest du hilfreich oder inspirierend für deine Arbeit als Organisationsberater?

Franz Fendel: Für uns ist es immer sehr wichtig, dahin zu kommen, dass unser Gesprächspartner seine Position einnimmt. An der Stelle ist es oft so, dass er, ohne sich dessen bewusst zu sein, gleichzeitig noch andere Positionen einnimmt. Oft nimmt er sogar mehr als zwei Positionen ein, sodass man gar nicht weiß, aus welcher Position er gerade spricht. Das kann ziemlich verwirrend sein, und es ist für die Beteiligten nicht immer leicht, das bewusst wahrzunehmen. Das Einnehmen einer Position, also bewusst an einem Ort zu stehen und zu sagen, dass von diesem Ort aus betrachtet die Welt so und so aussieht, das ist für uns sehr wichtig.

Zum Zweiten ist für uns wichtig, im Verlauf des Geschehens zu spüren, wenn etwas »spricht«, ohne wirklich zu sprechen, weil es sich nicht melden kann oder darf. Das sind die Gespensterpositionen, die uns zeigen, was im Feld auch wirksam ist, sich aber unter Umständen nicht zu Wort meldet.

Ein drittes Element ist der Coolspot, der bei uns eine große Bedeutung hat, weil wir davon ausgehen, dass der Prozess, das Geschehen oder das, was passiert, eigentlich dorthin will: zu einem Coolspot. Den zu ermöglichen — herbeiführen kann man ihn nicht —, sehen wir als eine unserer wichtigsten Aufgaben. Ihn wahrzunehmen, wenn er da ist, und ihn zu rahmen, erlaubt es den Beteiligten, Entscheidungen zu treffen, die aus Kohäsion entstehen. Meist sind das Entscheidungen darüber, welche nächsten Schritte man gemeinsam machen will. Dieser Coolspot ist etwas, das wir immer im Hinterkopf haben. Wir wollen ihn erwischen, wenn er da ist, um den Prozess zu verlangsamen und einen Moment der Stille eintreten zu lassen. Manchmal muss man an dieser Stelle auch schreien, um dem Coolspot Gehör zu verschaffen.

CF: Du erwähnst den Coolspot als Teil des Deep-Democracy-Methodenspektrums. Kannst du beschreiben, was du darunter verstehst oder wie sich der in der Praxis anfühlt?

Franz Fendel: Der Coolspot ist für uns ein Moment, in dem die Mitglieder einer Gruppe, eines Teams oder einer Organisation etwas Atmosphärisches spüren können, auch wenn sie sonst sagen, sie könnten nichts spüren. Der Coolspot gibt potenziell ein gutes Gefühl, das aber individuell ist. Mein gutes Gefühl ist ein anderes als das von jemand anderem. Alle haben einfach gleichzeitig ein gutes Gefühl und den Eindruck, dass sie trotz aller Differenzen zusammengehören, gemeinsam etwas bewegen können und jetzt auch eine Entscheidung treffen sollten. Es ist ein besonderer Moment, der in seiner Besonderheit sehr kontextabhängig ist; aber immer ist es ein Moment, in dem das Leben gut aussieht und man sagen kann, dieses Leben wäre eigentlich zu empfehlen.

CF: Gibt es noch weitere Elemente aus dem Methodenspektrum von Deep Democracy, die ihr anwendet?

Franz Fendel: Wenn wir den Coolspot haben, haben wir natürlich auch den Hotspot, wo es knallt und brennt. Diese Punkte lieben wir besonders. Wenn gerade keiner da ist, aber einer gebraucht wird, laden wir den auch ein, sich zu melden. Und wir sind der Meinung, dass es auch einen Blindspot gibt. Und dieser Blindspot, den man nicht wahrnehmen kann, sondern an dieser Stelle sagt, es existiere gar kein Problem, der ist eigentlich immer gut vermittelbar. Den Blindspot oder blinden Fleck oder Nebel verstehen die meisten Menschen, die in Organisationen arbeiten, sehr gut. Sie haben fast sofort eine Vorstellung von dem, was gemeint ist. Viele müssen dann lachen: ein Coolspot. Im Blindspot »wohnt« bereits die Sehnsucht nach dem Coolspot. Deshalb arbeiten wir mit diesen drei Elementen sehr gern, und die Kunden nehmen sie vor allem auch leicht in ihr eigenes Vokabular auf.

CF: Du kannst auf einen langen Erfahrungshintergrund als Organisationsberater zurückblicken. Was findest du einzigartig oder das Besondere, wenn du auf Deep Democracy oder Prozessarbeit schaust? Gibt es etwas, was für dich besonders heraussticht oder das Besonders ist im Vergleich zu anderen Ansätzen?

Franz Fendel: Das Besondere ist, dass es nie langweilig ist und immer lustig werden kann. So ein Beratungsmandat ist wie ein spannender Film voller Überraschungen. Besonders schön finde ich es, wenn ich sehe, wie lebendig die Gesprächspartner werden, wenn man in den Deep-Democracy-Modus kommt. Menschen sind dann nicht mehr nur Stimmen und Positionen, sondern immer wieder auch Menschen mit all ihren Facetten. Das ist etwas Wunderbares und Besonderes. Das kann man an den Augen sehen und erkennen: Hey, jetzt ist es passiert! Daher bekomme ich auch meine Erfolgsgefühle. Das ist einfach toll, es funktioniert nie nach Schema F, aber irgendwie kommt es immer wieder zustande.

CF: Da spürt man den Funken, wenn du das erzählst. Wo hat für dich der Deep-Democracy-Funke zum ersten Mal gezündet? Wie bist du zu Deep Democracy gekommen?

Franz Fendel: Ich bin dazu gekommen, weil irgendjemand mir sagte, ich solle ein Buch von Arny Mindell lesen. Es war in den frühen 2000er Jahren, als ich das Buch in die Hand nahm. Ich weiß nicht, ob ich sehr viel verstanden habe, aber irgendwie kam mir alles sehr bekannt vor. In seiner Verrücktheit hat es mich sehr angesprochen — dabei bin ich Betriebswirtschaftler und kein Psychologe oder Therapeut. Ich habe inzwischen alle Bücher von Arny gelesen, alles studiert, und es fasziniert mich bis heute. Persönlich hat mich vor allem auch Max Schupbach als Lehrer und Meister sehr fasziniert.

CF: Wenn man Interesse spürt an Deep Democracy, was empfiehlst du, wie man sich vertieft Know-how aneignen kann? Wie soll man vorgehen?

Franz Fendel: Das ist eine Frage, auf die ich keine gute Antwort weiß, weil ich den Eindruck habe, dass der Einstieg in dieses Feld gar nicht so einfach ist, wenn man sich von dem Thema nicht so angezogen fühlt wie ich durch die Bücher. Wenn mich jemand fragt, dann sehe ich mir die Person an, mit der ich spreche und gebe einen ganz individuellen Hinweis. Ich treffe vor allem Führungskräfte oder Leute aus der Wirtschaft, die keine Therapeuten oder Psychologen sind. Da ist es schwer zu sagen: »Mach doch das und das und fang einfach mal an.« Da muss meistens ein persönliches Moment darin sein. Wenn ich jemanden nur als Führungsperson anspreche, ist es fast unmöglich, außer ich gehe auf die Leistungen ein, die wir in unserer Firma anbieten (lacht). Max Schupbachs Arbeit habe ich lange Zeit empfohlen, heute weiß ich nicht mehr, wie weit er noch auf Klienten aus der alltäglichen Unternehmenswelt eingehen möchte. Für Menschen, die auch so etwas wie den Social Activist in sich spüren, ist er eine Topadresse. Die Menschen, die am Institut für Prozessarbeit in Zürich tätig sind, schätze ich sehr. Sie helfen dann weiter, wenn eher therapeutische Fragestellungen im Raum sind. Kurzum: Der Weg zu Deep Democracy ist heute noch ein sehr persönlicher und individueller, auf dem es darauf ankommt, die richtigen Menschen zu treffen. Ich sehe heute noch keinen standardisierten Zugang.

CF: Ist jetzt noch etwas offen geblieben, etwas, das vergessen wurde?

Franz Fendel: Der letzte Punkt bringt mich auf ein Herzensanliegen, das ich habe. Ich wünsche mir eine lebendige Deep-Democracy-Community als Forum oder Plattform für Austausch. Für Therapeuten, Organisationsberater, Führungskräfte, Wissenschaftler, Praktiker und alle, die sich dafür interessieren. Und mit einer Sprache, die für ganz normale Menschen und solche, die in der Wirtschaft Verantwortung tragen, verständlich ist.

Interview 3: Elke Schlehuber

Elke Schlehuber: Organisationsberaterin, dipl. POP, Lehrperson am Institut für Prozessarbeit, Basel.

CF: Bei welchen Fragestellungen und Kundensituationen findest du Deep-Democracy-Ansätze besonders inspirierend und hilfreich?

Elke Schlehuber: Deep-Democracy-Ansätze sind erstens bei Konfliktsituationen hilfreich, weil es in Konfliktsituationen darum geht, im Hier und Jetzt und mit den Beziehungen zu arbeiten. Mit Deep Democracy kann man Konflikte facilitieren, erfahrbar machen, verschiedene Seiten zeigen, Verständnis für die jeweils andere Seite schaffen. Auch mehr Wahrnehmung über eigene Grenzen zu kriegen und was das Konfliktgeschehen mit einem selbst zu tun hat. In diesem Zusammenhang sind die Konzepte über Rollen und Rang sehr hilfreich. Zweitens sind Situationen in Teams geeignet, wenn es darum geht, die Gruppen- oder Teamkultur weiterzuentwickeln. Drittens denke ich an Situationen, wenn es darum geht, dass man Ziele oder Themen definiert hat und es dann um die Frage geht, wie man die gemeinsam umsetzt. Das ist ein bisschen mehr auf der Sachebene. Die größten Probleme liegen meines Erachtens in den Umsetzungsprozessen, weil es unterschiedliche Verständnisse gibt. Hier sind Deep-Democracy-Methoden hilfreich, weil man in Kontakt kommt, was in der Umsetzung im Hier und Jetzt geschieht, wo die Störungen sind.

CF: Gibt es Kundensituationen, wo du Deep-Democracy-Ansätze weniger empfehlen würdest?

Elke Schlehuber: Eine wesentliche Voraussetzung für die Anwendung ist, dass diejenigen der Gruppe mit dem höchsten Rang bereit sind, sich auf das einzulassen, was sich dann im Prozess im Hier und Jetzt zeigt. Wenn ein Vorgesetzter kontroll- oder zielgetrieben ist und panisch reagiert, wenn Schwierigkeiten auftauchen und selbst kein Potenzial und Interesse mitbringt, sich auch dem zu stellen, was an Schwierigem auftaucht, dann rate ich von Deep Democracy ab.

CF: Du hast bereits einige Punkte erwähnt, doch mir scheint das ein wichtiger Punkt: Welche Deep-Democracy-Elemente im Sinne von Techniken oder Interventionsformen findest du für deine Arbeit als Organisationsberaterin hilfreich?

Elke Schlehuber: Zum einen das Rang-Konzept. Was geht mit der ganzen Rang-Dynamik einher? Wie erkenne ich Rang? Wie wirkt Rang? Wie gehe ich mit Rang-Signalen um? Wie kann ich über eine höhere Wahrnehmung von Rang auch Beziehungen anders gestalten?

Zum Zweiten die Unterscheidung zwischen Rolle und Person und wie die beiden auf der Beziehungsebene interagieren. Zum Dritten die Feld-Perspektive, also eine Gruppe als Feld zu sehen und die Atmosphäre im Hier und Jetzt zu nutzen, um klarer zu werden, welche Kräfte wirken. Die Feld-Perspektive erlaubt verschiedene Pole, Informationsgruppen oder Tendenzen zu identifizieren, die miteinander in Beziehung stehen und auf alle Beteiligten Einfluss haben.

Zum Vierten finde ich das Konzept von Hotspots und Grenzen hilfreich, um im Hier und Jetzt konkret arbeiten zu können. Diese Elemente sind auch für Führungskräfte mit hoher Sensibilität hilfreich, sie stellen Ansätze zur Verfügung, die ihnen helfen, ihrer eigenen Wahrnehmung besser zu vertrauen und diese in einen konzeptionellen Rahmen einordnen zu können.

CF: Du benutzt oft die Wendung »im Hier und Jetzt«. Kannst du sagen, was genau du damit meinst?

Elke Schlehuber: Der Kern der Arbeit mit Deep-Democracy-Ansätzen ist für mich, dass ich im Hier und Jetzt arbeite. Das heißt, dass ich nicht so sehr von Absichten, Inhalten und Zielen gesteuert bin, sondern dass diese Elemente eher eine Art Kontext darstellen und ich den Raum schaffe, um das aufzugreifen, was im Hier und Jetzt passiert. Das ist in Organisationen natürlich meistens eine wackelige Angelegenheit, denn da könnten Dinge passieren, die man als Führungskraft nicht will. Es herrscht die Angst, die Sache könnten aus dem Ruder laufen, ich könnte als Führungskraft die Kontrolle verlieren. In dem Zusammenhang ist es hilfreich, den Leuten über Konzepte ähnlich einer Landkarte eine Sicherheit zu geben, wie man sich in diesem Hier und Jetzt bewegen kann.

CF: Vielen Dank für die Präzisierung, die uns vielleicht auch gerade den Weg zur nächsten Frage ebnet: Was findest du einzigartig oder das Besondere am Deep-Democracy-Ansatz, vielleicht auch im Vergleich zu anderen Dingen, die du kennst aufgrund deines breiten Erfahrungshintergrunds im Change Management.

Elke Schlehuber: Neben dem »Hier und Jetzt«-Aspekt empfinde ich die Arbeit mit Gruppenprozessen als Besonderheit, in denen Gruppen- und Identitätsgrenzen sichtbar werden und man gemeinsam die Möglichkeit hat, über das Facilitieren von Rollen die gemeinschaftliche Identität weiterzuentwickeln. Das ist ja auch ein wesentlicher Faktor für die Umsetzung von Strategien und Zielen. Einzigartig finde ich an Deep Democracy auch den Aspekt, dass man das, was auf der äußeren Ebene in Form von Rollen, Polarisierungen, Spannungsfeldern und dergleichen passiert, in Verbindung bringt mit dem, was auf der inneren Ebene, also den inneren Rollen und Spannungsfeldern einer Person abläuft. Das ist nicht immer so explizit anwendbar, kann aber vor allem für Führungskräfte ein hilfreiches Konzept sein.

CF: Wenn du an den Ursprung deiner persönlichen Deep-Democracy-Geschichte zurückdenkst: Was hat dein Interesse geweckt, dich vertieft mit diesem Ansatz zu befassen?

Elke Schlehuber: Das eine, was am Ursprung lag und für mich auch ein großer Motivationsfaktor war, in Richtung Organisationsberatung und -entwicklung zu gehen, war der Wunsch zu verstehen, wie die Welt funktioniert. Und da die Welt als Welt relativ groß ist, brauchte ich kleine Welten, anhand derer ich das studieren konnte. Der Ansatz von Deep Democracy hat geholfen, diese Fragen besser zu verstehen: Warum geschehen Dinge, die geschehen? Was ist das Muster oder die Logik im Hintergrund und warum gibt es auch so viel Elend, Leid, Missbrauch, Trauma und diese furchtbaren Sachen auf der Welt? Das habe ich erforscht und auch mit meiner eigenen Geschichte in Verbindung gesetzt. Meine persönliche Entwicklung hat sehr stark im Wechselspiel zwischen Erlebnissen aus meiner Rolle im beruflichen Feld und dem, was mir da passiert ist, sowie der Verarbeitung dieser Erlebnisse auf der innerseelischen Ebene stattgefunden. Und diese Wechselwirkung zwischen den beiden Feldern war auch ein großer Teil meines eigenen Heilungsprozesses mit Missbrauchserfahrungen. Deep Democracy stellt aber auch Instrumente und Techniken zur Verfügung, die darauf abzielen, immer wieder in Kontakt mit dem Selbst zu kommen und dabei zu präzisieren, was einen bewegt, antreibt und welchen Beitrag man an die Welt leisten möchte. Das finde ich ungemein inspirierend.

CF: Vielen Dank für deine persönlichen Worte. Wenn man Deep Democracy so inspirierend findet wie du, was empfiehlst du, wie man sich mehr Know-how auf diesem Gebiet aneignen kann?

Elke Schlehuber: Ich denke, es geht nur über den Weg der Erfahrung. Damit meine ich, selbst Erfahrungen zu machen, in denen man selbst in einem Gruppenprozess Rollen einnimmt und schaut, was da mit einem passiert. Wie sich das außen und innen spiegelt, was ich in mir selbst zur Seite dränge, wie es von außen wieder auf mich zukommt und stört und mich herausfordert. Ein Kernkonzept in dem Zusammenhang, zuerst als Basis und dann als kontinuierlicher, eigener spiritueller Entwicklungsweg ist es, Ältestenschaft zu entwickeln: Man zeigt die Bereitschaft, sich zu entwickeln und sich nicht einfach nur polarisieren zu lassen, sondern das Ganze auch zu halten, die verschiedenen Teile zu erforschen und in sich selbst zu finden, damit ich die im Außen eben auch unterstützen kann. Und ich glaube, man kann diese Arbeit gar nicht machen, wenn man da nicht irgendwo auch eine spirituelle Motivation hat.

CF: Hast du noch konkrete Ideen, wohin ich mich wenden kann, wenn ich diesen von dir geschilderten Selbsterfahrungsweg gehen will?

Elke Schlehuber: Ich denke, man kann überall anfangen. Überall dort, wo es Deep-Democracy-Seminare, -Vorträge und -Workshops gibt. Oder ganze Ausbildungen. Man braucht ja erst einmal erste Erfahrungen und Basiskonzepte, um damit selbst auch forschend weitergehen zu können. Diese Basiskonzepte kann man sich zum Beispiel am Institut für Prozessarbeit in Zürich aneignen. Aber es gibt weltweit Institutionen, an denen Deep Democracy gelehrt wird.

Interview 4: Peter Schmid

Peter Schmid: Organisationsberater, Inhaber und Geschäftsführer der Unternehmensberatung schmidpm, Bern

CF: Bei welchen Fragestellungen und Kundensituationen findest du die Deep-Democracy-Ansätze besonders inspirierend und hilfreich?

Peter Schmid: Für mich gibt es einen ganzen Strauß von Möglichkeiten, wo ich Deep Democracy einbringe. Das heißt, es handelt sich nicht um etwas Theoretisches, sondern das lebe ich in meiner Organisationsberater-Praxis tagtäglich. Das fängt bei der Unterscheidung zwischen Rollen und Personen an. Das ist eine der besten Worldwork-Hilfestellungen überhaupt. Interessanterweise haben die meisten Menschen eine Ahnung davon, aber als Konzept ist es selten bekannt. Doch wenn man das erklärt, wird es in kurzer Zeit klar, dass Rollen, Funktionen und Personen differenziert werden müssen. Gerne gebe ich ein einleuchtendes Beispiel: Ein CEO (Chief Executive Officer) einer Versicherung hat in seinem beruflichen Bereich eine bestimmte Rolle und entsprechende Möglichkeiten. Dieselbe Person hat in einem anderen Bereich, zum Beispiel, wenn er als Vater zu einem Elternabend in der Schule geht, nicht dieselben Möglichkeiten.

CF: Bevor wir tiefer in die Anwendungstechniken gehen, interessieren zu Beginn die Kundensituationen: Gibt es Situationen, die sich besonders eignen für Deep Democracy?

Peter Schmid: Ich wende Deep Democracy in jeder Interaktion mit Kunden an. Alle Themen haben immer verschiedene Seiten. Dies kann man im Raum demonstrieren. Es gibt kaum ein Kundengespräch, in dem ich nicht aufstehe und entsprechende Positionen auch im Raum darstelle. Natürlich frage ich kurz, ob es o.k. ist, wenn ich das mache; die meisten sind etwas verwundert, aber grundsätzlich positiv. Dann stehe ich auf, nehme eine Position ein und anschließend die Gegenposition auf der anderen Seite. Damit sind diese bildhaft im Raum. Dadurch unterscheide ich mich von anderen Organisationsberatern, die zuvor an diesem Tisch gesessen haben. Die Positionen nehme ich aus dem laufenden Gespräch heraus. Damit wirke ich auf eine Art irritierend, inspirierend, schräg, anders als die anderen — was für den Prozess des Gesprächs förderlich, ja interessant ist.

CF: Kannst du noch andere typische Anlässe oder Kundensituationen beschreiben?

Peter Schmid: Beispielsweise sitze ich bei einem CEO und wir schauen uns an, was er im letzten Quartal erreichen wollte und was er erreicht hat. Dann gehe ich wie eben beschrieben vor. Ich habe eher selten mit Team- oder Gruppenleitern, sondern meistens mit Menschen aus der Geschäftsleitung zu tun. Das ist natürlich interessant auch für die weitere Verbreitung von Deep Democracy: Wenn der CEO begeistert ist, kann er seine ganze Umgebung für Deep-Democracy-Vorgehensweisen begeistern.

CF: Als Organisationsberater bist du auch in anderen Kundensituationen tätig, zum Beispiel in Change Management, bei gröberen Konflikten und bei komplexen Kooperation, die in der Umsetzungsphase blockiert sind. Arbeitest du auch in diesen Fällen mit Deep Democracy?

Peter Schmid: Natürlich — vor allem da haben sich Deep-Democracy-Vorgehensweisen als sehr hilfreich erwiesen. Es kann auch um einen Team-Entwicklungsprozess gehen, der in Gang gesetzt werden soll, oder die Begleitung eines Unternehmensentwicklungsprozesses.

CF: Du hast vorhin bereits einige Deep-Democracy-Elemente genannt: Positionen im Raum sichtbar machen und darüber implizit den Feldansatz. Gibt es weitere Elemente, die für deine Arbeit als Organisationsberater hilfreich sind?

Peter Schmid: In der Konfliktbearbeitung ist das beispielsweise die Haltung, Konflikte als Chance zur Verbesserung zu betrachten oder als kreatives Moment, in dem Neues beginnt sich auszubreiten. Die meisten Personen in Organisationen sind von dieser Perspektive überrascht, sie halten Konflikte für etwas Schlechtes, das im Keim erstickt werden muss. Die Methode eines Gruppenprozesses ist ein weiteres Element, das sehr nützlich ist. Außerdem ist es großartig, Menschen zu ermöglichen, ihre eigene Grundrichtung, ihren eigenen Lebensmythos (wieder) zu entdecken.

CF: Kannst du etwas über die Anwendungen von Deep Democracy im Bereich der Führungskräfteentwicklung berichten? Du hast entsprechende Erfahrungen bereits gemacht.

Peter Schmid: Ich verwende ein Vorgehen, das sich Prozess »Starke Führungskräfte« nennt. Das Handbuch dazu ist von Lukas Hohler, einem versierten, diplomierten Deep-Democracy-Facilitator entwickelt worden. Der Prozess umfasst fünf Workshops während eines halben Jahres, die durch einen Deep-Democracy-Facilitator begleitet sind, dann ein weiteres halbes Jahr ohne externe Begleitung und ein abschließendes Meeting zur Reflexion der Praxisphase. Mit diesem Prozess arbeite ich momentan in verschiedenen Organisationen. Die Erfahrungen, die die Kunden und ich bisher gemacht haben, sind schlicht überwältigend.

CF: Inwiefern?

Peter Schmid: Ein konkretes Beispiel: Ein Jahr nach der Durchführung des Prozesses habe ich mit einem Kunden, einem Regionaldirektor einer Versicherung gefrühstückt. Bei dieser Gelegenheit habe ich ihn gefragt, was ein Jahr danach bei seiner Führungscrew noch an Wissen und Können geblieben sei. Er nannte die Akzeptanz von Rollen, das Unterscheiden zwischen Rolle(n) und Person(en), außerdem die Bereitschaft, bei Konflikten tatsächlich in Konfrontation zu gehen und Konflikte auch mit erhöhter Intensität selber anzugehen. Sie hätten nun grundsätzlich weniger Konfrontationen, und zu einer Eskalation auf seiner Stufe komme es viel, viel seltener, wenn überhaupt. Außerdem berichtete er, dass das Team, also seine Führungscrew, durch diesen Prozess viel näher zusammengerückt sei. Es ist außerdem größeres Vertrauen zueinander gewachsen. Er nannte das Stichwort Verbindlichkeit: Man könne sich darauf verlassen, dass ein Ja gelte, sodass es viel seltener vorkommt, dass jemand etwas zusagt und anschließend nichts mache. Einen bestimmten Humor, den sie schon in sich getragen hatten und der sich im Prozess verstärkt hat, sei immer noch vorhanden, ja sie würden ihn gar sehr genießen. Wenn ich das höre: Das ist erste Sahne!

CF: Ja, da scheint sich was bewegt zu haben — Gratulation! Was findest du denn einzigartig am Deep-Democracy-Ansatz — möglicherweise auch im Vergleich mit anderen Ansätzen?

Peter Schmid: Unabhängig von den einzelnen Anwendungen, ich finde es großartig zu sehen, welche Wirkungen sich in kurzer Zeit damit entfalten lassen. Das betrifft sowohl einzelne Personen, Teams, als auch gesamte Organisationen. Was mich daran begeistert, ist die Möglichkeit, mit diesem Wissen und diesem Können flüssiger durch die Welt gehen zu können. Außerdem fasziniert es mich, Menschen dabei zu unterstützen, die eigene Grundrichtung, den eigenen Lebensmythos zu entdecken. Das ist nahezu phänomenal! Letzten Donnerstag saß ich beispielsweise im Meeting der Geschäftsleitung eines Kunden. Die Finanzchefin habe ich vor einem Jahr ein halbes Jahr lang gecoacht. Mit ihr habe ich den Prozess »Starke Führungskräfte« auch im Coaching gemacht. Die Rolle, die sie für sich in der Geschäftsleitung gefunden hat, ist schlicht großartig. Sie war vorher ein »stilles Wasser« und heute ist sie für den CEO die wesentliche Ansprechpartnerin in der Geschäftsleitung. Diese Position haben Finanzchefs ja häufig inne, aber sie hatte sie zuvor nicht — ein deutlicher Unterschied. Unterdessen führt sie implizit auch ihre Kollegen in der Geschäftsleitung, was sie vorher gar nicht machte. Da wurde ein wunderbarer Schatz ausgegraben.

CF: Jetzt möchte ich noch einige Fragen persönlicher Art stellen: Was hat dein Interesse geweckt, dich mit Deep Democracy zu befassen? Was lag am Ursprung deiner persönlichen Deep-Democracy-Geschichte?

Peter Schmid: Am Ursprung steht ein Erlebnis am alljährlichen Lernforum von Großgruppenspezialisten im deutschsprachigen Raum in Oberursel bei Frankfurt im Jahr 2008. Der Titel dieser Veranstaltung lautete »Konfliktarbeit mit großen Gruppen«. Referent war Max Schupbach. Ich hatte zuvor noch nie etwas von Deep Democracy gehört und auch nicht von Max Schupbach. Er hat mit 150 Beraterinnen und Beratern einen Konflikt angezettelt, und diesen anschließend mit uns bearbeitet. Er stellte sich zu diesem Zweck so dar, als sei er unvorbereitet, sodass schließlich jemandem der Kragen platzte und er sich heftig beschwerte, er habe mehr erwartet. Weitere Teilnehmer haben eingestimmt und so entstand ein echter Konflikt, den er anschließend innerhalb von zwei Stunden mit uns bearbeitete. Das hat mich absolut begeistert, sodass ich danach unbedingt mehr über Deep Democracy und Worldwork kennenlernen wollte. Seither habe ich zu diesen Themen und zur Prozessarbeit verschiedene Ausbildungen und Seminare besucht, unter anderem auch bei Max Schupbach, Arnold Mindell und Julie Diamond.

CF: Elegant kommen wir damit auch zur nächsten Frage: Was empfiehlst du interessierten Personen, um sich Deep-Democracy-Know-how anzueignen? Wenn jemand anderes davon begeistert wäre und mehr dazu wissen wollte — welches Vorgehen würdest du empfehlen?

Peter Schmid: Da muss ich schmunzeln. Ich würde sagen: sich jemanden anschnallen, der mit der Materie vertraut ist, also beispielsweise dich oder mich. Einem Manager würde ich empfehlen, einen Prozess für Führungskräfte einzuleiten, entweder im Team der Führungscrew, der Geschäftsleitung oder in Einzelelementen. Oder einen Coachingprozess mit dem Handbuch »Starke Führungskräfte« durchzuführen. Das sollte später auch mit deinem Buch, in dem dieses Interview erscheint, möglich sein. Literaturstudium, Videoclips auf youtube und in Facebook sind weitere Ansätze zum kennenzulernen. Aber es ist keineswegs ausreichend, nur zu lesen oder zu visionieren. Es gilt diese Prozessarbeit gemeinsam mit KollegInnen in die Praxis zu bringen und vor allem auch die entsprechenden Übungen zu machen. Embodiment ist dabei ein wichtiges Thema.

CF: Wieso ist das Studium der Deep-Democracy-Literatur nicht ausreichend?

Peter Schmid: Erstens sind nicht alle Menschen Kopf-Typen. Zweitens ist das Erleben der Wirkung dieser Prozessarbeit wichtig. Man muss aufstehen, sich in die entsprechenden Rollen und Positionen begeben und das Feld echt erkunden bzw. auf sich wirken lassen. Das gelingt durch Bewegungen jeglicher Art und auch durch ein Hineinspüren in sich selbst. Deshalb reicht alleiniges Lesen nicht aus.

CF: Gibt es Institutionen oder Seminare in diesem Bereich, die du empfiehlst?

Peter Schmid: Ich kann alles empfehlen, was Max Schupbach zu diesem Thema, insbesondere mit dem Fokus der Organisationsentwicklung, anbietet.

Außerdem die Prozesse »Starke Führungskräfte«, »Starke Lehrkräfte« oder auch »Stark in der Arbeit mit Kindern und Jugendlichen«. Dort gibt es auch die Möglichkeit, sich zum Facilitator auszubilden. Außerdem empfehle ich in diesem Zusammenhang immer ein Buch mit dem Fokus »Zusammenarbeit« von drei lieben Berater-Kollegen. Das ist das Buch der Fendels: »Die Kunst des Zusammenarbeitens«.

CF: Ist noch was offengeblieben?

Peter Schmid: Ein großes Dankeschön für deine Initiative, zum Thema Deep Democracy etwas weiteres Schriftliches in die Welt zu setzen. Ich wünsche mir, dass es noch mehr Fans von Deep Democracy in dieser Welt gibt, wie wir beide es sind.

Interview 5: Merle Runge

Merle Runge: Organisationsberaterin, Inhaberin und Gründerin der Unternehmensberatung »Merle Runge facilitating cooperation«, Hamburg

CF: Bei welchen Fragestellungen und Kundensituationen findest du die Deep-Democracy-Ansätze besonders inspirierend und hilfreich?

Merle Runge: Da habe ich eine ganze Bandbreite von Fragestellungen. Die eine ist, wenn ich einen Überblick über ein komplexes Thema haben möchte. Neulich habe ich zum Beispiel eine Situation gehabt, wo der Chef eines Bereiches ganz frustriert war, weil er nicht verstanden hat, warum die Mitarbeiter schlechte Bewertungen in der Mitarbeiterumfrage gegeben haben. Er wollte das in der ganzen Tiefe verstehen. Wir haben diese Situation mit der Max-Schupbach-Methode (Anm. d. Verf.: Max-Schupbach-Methode meint die Methode »Gruppenprozess« wie in Abschnitt 2.6 beschrieben) sozusagen räumlich aufgestellt unter Einbezug aller 75 Personen, die in diesem Bereich arbeiten. Dadurch wurden alle Meinungen und Positionen, die recht vielschichtig, vielfältig und komplex waren, sichtbar. Einen Überblick zu erhalten bei komplexen Situationen, ist für mich ein Anwendungsfall. Und gerade das Thema Komplexität nimmt im Moment immer mehr Raum ein. Bei den meisten meiner Kunden ist ein großes Thema, wie man mit der zunehmenden Komplexität umgehen soll. Ein zweiter Fall sind Situationen, die hochemotional sind und in denen es sehr divergierende Meinungen gibt, die sich gegenseitig dermaßen blockieren, dass an arbeiten nicht mehr zu denken ist. Da sind Deep-Democracy-Ansätze hilfreich, weil man durch die räumlichen

Aufstellungen die Situation für alle gut sichtbar machen kann. Die Personen werden entlastet, weil man bei Deep Democracy einen Unterschied macht zwischen der Position, der Rolle oder Tendenz und der Person. Ein dritter Fall ist, wenn ich einen 100-Prozent-Überblick über ein Thema bekommen möchte, nicht nur die 70, 80 Prozent, die typischerweise sofort artikuliert werden. Also wenn ich wirklich alles bekommen und hören will. Oder erfahren will, was wirklich das Thema hinter den artikulierten Schwierigkeiten ist, was das eigentliche Thema ist. Dass ich nicht nur an der Oberfläche kratze, sondern dass ich wirklich in die *Tiefe* gehen kann mit der Methode. Ein vierter Fall ist natürlich die Anwendung mit großen Gruppen. Also es gibt kaum eine Methode, die für bestimmte Situationen in großen Gruppen besser geeignet ist. Gerne erwähnte ich fünftens auch die Führungskräfteentwicklung. Ich finde es großartig, dass ich so in die *Tiefe* gehen kann mit Deep Democracy. Die Teilnehmer lernen nicht einfach ein bisschen Handwerkszeug, sondern in diesem Programm findet ganz viel innere Klärung statt, die etwas anderes möglich macht, als die normalen Führungskräfte-Entwicklungsmethoden.

CF: Welche Deep-Democracy-Elemente findest du dann besonders hilfreich für deine Arbeit als Organisationsberaterin oder Trainerin?

Merle Runge: Das eine, was ich besonders finde, ist diese Diskussionsart mit dem Räumlich-Aufstellen, das finde ich absolut hilfreich. Dann die tiefe Wertschätzung für alle Positionen in einem Feld, das ist auch so ein Element, das ganz wichtig ist. Und das Konzept der Geistrolle für die tabuisierten Positionen. Was ich für die Führungskräfteentwicklung großartig finde, sind diese unterschiedlichen Wahrnehmungskanäle. Die Leute in Organisationen sind trainiert, Lösungen zu finden, indem sie über irgendetwas nachdenken, vielleicht auch über irgendetwas sprechen. Das heißt, sie nutzen permanent den auditiven Kanal. Aber dass sie auch den Körper nutzen können oder Bilder und dadurch auf völlig neue Lösungen kommen, ist noch nicht bekannt.

CF: Was findest du einzigartig oder das Besondere an diesem Ansatz, vielleicht auch im Vergleich mit anderen Ansätzen. Du hast ja auch einen breiten Erfahrungshintergrund. Irgendetwas, was dich ganz besonders anspricht.

Merle Runge: Eins, was ich sehr besonders finde, ist diese *echte* Wertschätzung für alle Positionen. Ich kenne es ähnlich aus anderen Methoden, zum Beispiel aus dem systemischen Ansatz. Aber ich erlebe diese Wertschätzung nicht als wirklich *tief*. Sondern da bemühen sich die Leute immer um die Wertschätzung. Aber bei Deep Democracy erlebe ich das, dass es wirklich ganz tief ist und dass diese Überzeugung da ist, dass es wichtig ist, eine Position zu benennen, um in einem Konfliktfall oder bei einer Themenbearbeitung weiterzukommen, sich weiterzuentwickeln. Und diese tiefe Überzeugung, wenn irgendetwas unterdrückt wird, dass das den Prozess behindert. Da finde ich faszinierend, dass auch solche Positionen, die destruktiv oder tabuisiert sind oder ähnlich, dass diese auch ihren Platz haben. Was ich auch besonders finde, sind diese unterschiedlichen Realitätsebenen. Wir sind ja seit ein paar Jahrzehnten gewohnt, immer nur auf der Konsensus-Realitätsebene zu sprechen. Wenn z. B. jemand erzählt, der und der ist mir nicht wohl gesonnen oder so ähnlich, dann ist eine typische Frage: »Woran erkennst du das denn?«. Und wenn er keine Zeichen auf der Konsensus-Realitätsebene benennen kann, dann wird es in anderen Methoden halt nicht zur Kenntnis genommen. (lacht) Und dass es eben noch eine andere Realität gibt als nur die Konsensus-Realität. Das finde ich auch hilfreich, weil es viele Sachen mehr möglich macht. Und diese Möglichkeit, Konflikte auch in sehr großen Gruppen zu bearbeiten. Also emotional geladene Konflikte, nicht nur irgendwie strittige Themen, wo man unterschiedliche Meinungen hat (dafür gibt es ja mehrere Großgruppenverfahren), sondern wo richtig Zunder drin ist. Und das in sehr großen Gruppen zu bearbeiten, da finde ich, ist die Deep Democracy einfach einzigartig.

CF: Du hast gesagt, du kennst das auch aus dem Systemischen, diese verschiedenen Positionen wertzuschätzen, und hast angeführt, dass man sich da mehr bemüht, als dass es wirklich in der Tiefe auch wahrzunehmen ist. Kannst du dazu noch etwas sagen?

Merle Runge: Was ich so aus dem Systemischen in Erinnerung habe — meine Ausbildung ist schon lange her —, ist, dass man sich zum Beispiel auch bemüht um eine *Trennung* von Person und *Inhalt*. Also wenn irgendjemand für etwas ist, dann gibt es eben auch diesen Teil, der dagegen ist. Und dass Leute in diese Rollen auch reingezogen werden, das ist ähnlich im Systemischen. Aber was *anders* ist bei Deep Democracy, ist, dass diese, ich sag mal tabuisierten oder destruktiven Positionen und so weiter, dass die auch benannt werden *müssen*, um weiterzukommen. Also das heißt, das ist nicht nur so eine logische Herleitung wie: »Ja, das macht irgendwie schon Sinn und das ist irgendwie systemisch erklärbar, warum jetzt diese Position auftaucht«. Sondern, das ist eher ein bewusstes *Ausbuddeln* der Positionen, was ich als Moderator oder als Facilitator im Deep Democracy mache. Wenn ich z. B. eine Geistrolle identifiziere, bedeutet das, dass ich sie *bewusst* reinhole. Und das erlebe ich bei den Systemikern nicht. Also bei den Systemikern erlebe ich eher so, sie nehmen das, was dann kommt, haben aber nicht die tiefe Überzeugung, das *muss* jetzt rauskommen, sonst kommen wir hier nicht weiter.

CF: Vielen Dank für diese Präzisierung. Jetzt eine persönlichere Frage: Was hat bei dir das Interesse geweckt, dich vertieft mit Deep Democracy zu befassen? Was lag am Ursprung deiner persönlichen Deep-Democracy-Geschichte?

Merle Runge: Der Anfang lag bei einer Veranstaltung für Großgruppenmoderatoren mit 130 Personen. Bei dieser ist Max Schupbach aufgetaucht und hat einen Gruppenprozess moderiert. Und am Anfang war das irgendwie alles ganz nett und das hat mich noch nicht so gepackt. Und dann ist einer von den Teilnehmern richtig destruktiv *geplatzt*. Also der war wirklich wütend und richtig destruktiv. Und was ich kenne, ist, dass der Facilitator dann versucht, irgendwie zu mäßigen und zu beruhigen und so weiter. Und Max hat mit der größten Wertschätzung gesagt: »*Super, komm rein, großartig*, das ist genau das, was wir jetzt brauchen.« Und ich habe gemerkt, dass er das ganz ehrlich meint. Und das hat derjenige natürlich auch gemerkt. Das hat mich einfach fasziniert. Ich habe dagesessen und gedacht: »Boah, das ist ja irre. Hier darf man sagen, was man will und es ist willkommen.« Das fand ich *völlig* faszinierend. Und zu sehen, wie das geht, ein Thema mit 130 Leuten zu bearbeiten, obwohl eine hohe Emotionalität spürbar war. Also ich war völlig hin und weg. Und hab direkt nachher irgendwie versucht herauszukriegen, wie kann ich mich da weiterentwickeln?

CF: Wunderbar, denn darauf zielt auch die nächste Frage: Was würdest du Leuten, die an Deep Democracy interessiert sind, empfehlen, wie man sich Know-how aneignen kann? Welche Wege gibt es da aus deiner Sicht?

Merle Runge: Es gibt ganz ganz ganz viele. Die meisten kenne ich noch gar nicht. Ich war zum Beispiel noch nie am Institut für Prozessarbeit in Zürich. Aber was ich sehr schön fand, waren die Seminare bei Max Schupbach. Bei Max kann man sehr gut über das Erleben lernen, das ist lernen fürs Rückenmark. Das ist eher so eine unbewusste, wenig kognitive Ebene, im Verhältnis zu den strukturierten Seminaren, die ich sonst so kenne. Da kann ich mir ganz viel abgucken. Und für das verstandesmäßige Begreifen fand ich bisher Lukas Hohler und Alexandra Vassiliou am besten. Die beiden haben ja hier in Hamburg ein Curriculum gestartet, da habe ich am ersten Modul teilgenommen. Ich beschäftige mich jetzt mit Deep Democracy, glaube ich, seit acht Jahren. Und im Seminar bei den beiden sind mir gewissermaßen Kronleuchter aufgegangen. Weil ich da so viel kognitiv verstanden habe von dem, was ich vorher bei Max gespürt habe, was ich bei ihm aber nicht in Worte fassen konnte, weil ich es verstandesmäßig nicht begreifen konnte. Bei Max findet das Verstehen eher auf einer anderen Ebene statt, aber das hat es mir nicht möglich gemacht hat, die Inhalte leicht zu übertragen.

CF: Gibt es noch etwas zu sagen, um das Interview rund zu machen?

Merle Runge: Die Deep-Democracy-Herangehensweise ist an einigen Stellen ganz anders, als man aus dem Unternehmenskontext gewohnt ist. Wenn ich zum Beispiel in der Führungskräfteentwicklung mit dem Körper arbeite, ist das erst einmal eine Riesenhürde für die Teilnehmer. Wenn ich die Teilnehmer in Sitzungen, die ich moderiere, bitte, sie sollen sich aufstellen für ihre Positionen, ist das auch eine größere Hürde, als auf ihrem Stuhl sitzen zu bleiben. Viele Kollegen zögern deswegen, diese Methoden anzuwenden. Ich habe damit großartige Erfahrungen gemacht. Und alle Leute, die sich überlegen, diese Ansätze anzuwenden, möchte ich *ermutigen*, diese Hürden zu überspringen.

Interview 6: Pao Siermann

Pao Siermann: Organisationsberater, Gründer und Inhaber der WU DE Akademie, Berlin.

CF: Bei welchen Fragestellungen oder Kundensituationen findest du Deep-Democracy-Ansätze besonders hilfreich?

Pao Siermann: Ein Beispiel: Ein Change-Prozess steht an, die verantwortliche Führungskraft nimmt aber wahr, dass noch nicht alle Beteiligten im Boot sind und von daher auch nicht alle mitmachen wollen. Nun kann sie bei einem konventionellen Vorgehen leicht in Versuchung geraten, die angestrebte Veränderung direktiv von oben anzuordnen und noch mehr Unzufriedenheit zu erzeugen. Hier hilft Deep Democracy, den Prozess mit allen Beteiligten so zu moderieren, dass sie zu Wort kommen und ihre Erfahrungen beisteuern können. Für die Führungskraft bringt das erst einmal eine relativ ungewisse Situation mit sich. Diese Ungewissheit erfordert eine gewisse Offenheit seitens der Führung, bietet aber eine große Chance, dass sich die Betroffenen sehr konstruktiv einbringen und zu der Überzeugung gelangen, an etwas Sinnvollem mitzuwirken. Der Prozess entwickelt sich damit oft anders, aber im Grunde besser, als von der Führungskraft erwartet. So ist die Chance groß, dass die Offenheit und das Einlassen auf die Ungewissheit belohnt wird und der Veränderungsprozess nicht nur gelingt, sondern auch neue Kräfte im Team oder dem Organisationsteil freisetzt.

CF: Du sprichst von Change-Prozessen, bei denen Deep Democracy hilfreich ist. Gibt es noch weitere Kundensituationen?

Pao Siermann: Ein weiteres großes Thema sind Konflikte. Zum Beispiel gibt es häufig Projektsituationen, die sehr verfahren sind, auch in politischer Hinsicht, weil es verschiedene Stakeholder gibt, die über viel Macht im Hinblick auf das Projekt verfügen und offensichtlich an unterschiedlichen Strängen ziehen. In solchen Situationen ist es manchmal nicht möglich, alle Stakeholder überhaupt an einen Tisch zu bringen. Es sind ja bei großen Projekten manchmal sehr mächtige Institutionen, auch im Hintergrund, beteiligt, mit denen man sich auseinandersetzen muss. Hier bietet die Deep-Democracy-Methodik die Möglichkeit, den Prozess für alle Beteiligten einen Schritt weiterzubringen, nicht zuletzt indem man auch die Rollen der Abwesenden repräsentiert. Das läuft ein wenig anders als in der systemischen Aufstellungsarbeit. Es kann ganz formlos jemand in die Rolle hineingehen und ausdrücken, was diese mutmaßlich sagen würde. So kann man auch mit Personen oder Institutionen, die nur virtuell im Raum sind, in eine Auseinandersetzung einsteigen. Über die Arbeit mit den Rollen erfahren wir sehr viel darüber, welche Standpunkte und Beweggründe im Feld sind und womit wir uns im Kern auseinandersetzen müssen. Damit wird man sich auch leichter tun, selbst eine Erfolg versprechende Stoßrichtung zu entwickeln, die auch die unterschiedlichen Strömungen integriert. Das funktioniert aus meiner Erfahrung sehr gut.

CF: Welche Elemente aus dem Methodenspektrum von Deep Democracy findest du besonders hilfreich in deiner Arbeit als Organisationsberater?

Pao Siermann: Den Ablauf des Gruppenprozesses zum Beispiel: Rollen im Raum interagieren zu lassen und damit zu forschen, was alles im Feld ist und wohin die gemeinsame Reise geht. Das ist ein erstes Element. Was ich zweitens sehr oft mache, ist ein Gruppenprozess im Vorfeld eines Auftrages als Trockenübung für mich — oder wenn wir mehrere sind, die in einem Auftrag tätig sind, gemeinsam im Facilitatorenteam —, um zu schauen, was in dieser Organisation los ist, und um herauszufinden, welche Stakeholder uns dort erwarten, was sie für Themen und Anliegen haben und was in dieser Organisation passiert, noch ehe wir beim Kunden vor Ort in den Prozess gehen. Wenn man mit dieser Methodik in das Organisationsfeld hineinspürt, ist es erstaunlich gut möglich, viele Aspekte, Spannungsfelder und Konfliktlinien im Vorfeld zu erkennen. Die Identifikation der Polaritäten ist das eine, das andere aber herauszufinden, wie ich als Externer mit den verschiedenen Strömungen im Feld agieren kann. Diese Art von Vorbereitung mache ich auch als inneren Gruppenprozess, nicht zuletzt um zu wissen, wo ich selbst mit meiner Meinung festgefahren bin und vielleicht unbewusst versuche, einen wichtigen Aspekt gar nicht hochkommen zu lassen. Wenn ich das vorher weiß, dann kann ich mich an dieser Stelle entspannen und auch für die unterschiedlichen Beteiligten offen sein.

CF: Neben dem innereren und äußereren Gruppenprozess: Gibt es noch weitere Elemente, die du aus dem Methodenspektrum hilfreich findest?

Pao Siermann: Ja, zusätzlich arbeite ich viel mit Vektor-, mit Shapeshift- und mit Quantenflirt-Übungen, um zunächst drei Techniken oder Methoden zu nennen. Dies sowohl in der Einzelarbeit als auch in der Führungskräfteentwicklung und in Beratungssituationen beim Kunden mit einem Team. Zum Beispiel indem ich als Debriefing-Übung am Ende eines Gruppenprozesses oder auch an anderer Stelle eine kleine Shapeshift-Übung anleite, in der die Leute zusätzlich zur gemeinsamen auch noch eine persönliche, ressourcenstärkende Erfahrung machen, die sie nicht zuletzt besser erkennen lässt, durch welche ihrer Qualitäten sie im Team besonders wertvoll sein können. Im Grunde ist meine gesamte berufliche Tätigkeit, auch soweit sie nicht direkt Deep Democracy oder Prozessarbeit ist, von Deep-Democracy-Ansätzen durchdrungen. Auch meine spezifische Art, mit den chinesischen Fünf Elementen zu arbeiten, ein zentraler Bestandteil der Wu-De-Methodik, hat sehr stark die Deep-Democracy-Haltung im Hintergrund.

CF: Was bedeutet »Deep-Democracy-Haltung im Hintergrund haben« bei dir?

Pao Siermann: Das ist insbesondere eine Offenheit für alles, was sich zeigt, und eine ständige Bewusstheit für die eigene Haltung im Prozess. Auf der anderen Seite ist es auch ein analytischer Ansatz, der immer auf Rollen schaut, wie sie miteinander interagieren, und der verschiedene Prozessebenen gleichzeitig und parallel in der Wahrnehmung hat.

CF: Was findest du einzigartig oder das Besondere am Deep-Democracy-Ansatz? Gibt es etwas, was für dich heraussticht?

Pao Siermann: Was heraussticht, ist die sehr weitgehende Allparteilichkeit. Damit meine ich die methodisch fundierte Möglichkeit, sehr schnell und wechselnd auch sehr gegensätzliche Standpunkte zu vertreten und zu unterstützen — und damit auch allen Beteiligten in einem Organisationsfeld zu zeigen, wie viel Unterschiedliches nebeneinander und gleichzeitig möglich ist und wie das alles zu einem größeren Ganzen beitragen kann. Gleichzeitig resultiert daraus aber keine Beliebigkeit, sondern es besteht für einzelne Beteiligte auch jederzeit die Möglichkeit, sich wirklich sehr stark für einen Standpunkt, eine Sichtweise und eine Tendenz einzusetzen und damit im Feld etwas in Bewegung zu bringen. Allparteilichkeit in diesem Sinn ist für mich damit auch etwas anderes als das, was oft in der klassischen Moderation gesagt wird, dass man neutral sein soll. Als Facilitator kann ich mehr machen. Zum Beispiel engagiert mit unterstützen, was bisher noch keine Stimme hatte und was jetzt eine Stimme bekommt in einem bestimmten Moment. Das heißt, sich anbahnende Tendenzen im Feld wahrzunehmen und zu unterstützen, und dabei auch schwache und subtile Signale einzubeziehen, wahrzunehmen und ihnen zu folgen, das ist etwas sehr Starkes. Die Erfahrung ist ja immer wieder, wenn man diese schwachen Signale frühzeitig bewusst wahrnimmt, dass man sich dann über spätere, sehr starke Spannungsfelder oder Konflikte weniger wundert. Und das heißt, dass man immer auch ein Stück weit für die Zukunft gewappnet ist, wenn man Deep Democracy anwendet.

CF: Deep Democracy als Präventionsmaßnahme — interessant ausgedrückt. Wie bist du denn zu Deep Democracy gekommen?

Pao Siermann: Vor über 20 Jahren, 1992, habe ich eine Heilpraktiker-Ausbildung in chinesischer Medizin absolviert. In der Ausbildungsklasse kursierte ein Buch von Arnold Mindell, »Die Schatten der Stadt«. Dieses Buch hat mich sehr begeistert. Es legt dar, wie die Arbeit der Einzelnen und das, was sich bei den Einzelnen zeigt, gleichzeitig als Tendenzen in einem Größeren zu sehen ist. Man steht als Berater, Facilitator oder auch als Heilpraktiker nicht nur auf der Seite des Einzelnen, sondern hat gleichzeitig das größere soziale Zusammenleben im Blick zu halten und mit zu facilitieren. In der damaligen Ausbildung habe ich erlebt, dass wir einen schweren Konflikt mit einem Dozenten hatten, es war eine sehr verfahrene Situation. Und bei der Gelegenheit habe ich kennengelernt, wie man die Deep-Democracy-Gruppenprozess-Methodik einsetzen kann, um in eine Rollenauseinandersetzung hineinzugehen. Auch wenn es die Situation damals nicht aufgelöst hat, hat es doch bei mir viel bewegt und angestoßen, mich damit zu beschäftigen, welche Interventionsmethoden existieren. Das war im Grunde der Anfang meiner Deep-Democracy-Geschichte. Gut gefallen hat mir schon immer sehr gut, dass es die normalen Grenzen der Disziplinen überschreitet und im besten Sinn interdisziplinär ist.

Es gibt eben nicht nur den Sozialarbeiter und den Heilpraktiker und den Psychologen und den Gruppenmoderator, sondern das verbindet sich viel stärker.

CF: Wenn man sich ebenso wie du interessiert für alle diese Aspekte von Deep Democracy, was empfiehlst du interessierten Personen, wie man sich das Know-how am besten aneignet?

Pao Siermann: Zum einen ist natürlich Literatur ein Zugang: Die Bücher von Arnold und Amy Mindell, insbesondere würde ich »Mitten im Feuer« und »Der Weg durch den Sturm« erwähnen, die sich mit Gruppenprozessen beschäftigen, allerdings nicht so stark auf den Business-Kontext eingehen. Ein sehr wichtiges Grundlagenbuch zum Thema ist »Die Heiligen Kühe und die Wölfe des Wandels« von Elke Schlehuber und Rainer Molzahn. Dann gibt es einzelne Artikel von Max Schupbach, die hilfreich sind. Und dann hört es mit Literatur auch schon fast auf. Nun freue ich mich, dass dieses Buch von dir dazukommt, das jetzt am Entstehen ist, das sich sehr konkret auf den Aspekt von Organisationen bezieht. Wichtig ist aus meiner Sicht aber vor allem, praktische Erfahrungen zu machen. Man kann Deep Democracy nicht nur aus der Theorie lernen. Wo kann man praktische Erfahrungen machen? Da gibt es zum einen die Worldwork-Treffen und natürlich Veranstaltungen und Ausbildungskontexte auf der ganzen Welt. Ich selber biete in der Wu-De-Akademie auch eine Ausbildung an, die stark von Deep Democracy durchdrungen ist und darüber hinaus vor allem auf klassisch-chinesische Prozess-Ansätze zurückgeht, nämlich die Fünf-Elemente-Lehre und den Daoismus, der zugleich auch eine der Wurzeln der Prozessarbeit und damit der Deep Democracy ist. Mir liegt die Verbindung der klassisch-chinesischen Ansätze und der Deep Democracy schon lange sehr am Herzen, und ich bin immer wieder verblüfft, wie gut beides zusammenpasst. Ganz entscheidend finde ich — und integriere es daher natürlich auch in meine Ausbildung —, sich mit den eigenen inneren Prozessen zu beschäftigen und zu schauen, wie es mit den inneren Rollen aussieht. Dafür braucht es dann möglicherweise auch Einzelarbeit, Kleingruppen und viel Übung, um zu spüren, wie ich mit meinen eigenen inneren Rollen gut umgehen kann. Ich glaube, es ist eine Arbeit, die viel Selbststudium erfordert.

Interview 7: Karin Winnefeld

Karin Winnefeld: Organisationsberaterin bei Trainingspartner.net, Hamburg.

CF: Bei welchen Fragestellungen und Kundensituationen findest du Deep-Democracy-Ansätze besonders inspirierend und hilfreich?

Karin Winnefeld: Es gibt zwei grundsätzliche Momente, bei denen mir der Deep-Democracy-Ansatz hilft: Mit Kunden sind es Teamentwicklungssituationen, Konfliktmoderationen, Auftragsklärung — meistens Gruppensituationen —, aber natürlich auch im Coaching. Der zweite grundsätzliche Moment ist der Umgang mit mir selbst. Zum Beispiel, wenn in einem Workshop Chaos herrscht oder ich Stillstand wahrnehme. Oder wenn ich selbst eine innere Unruhe habe — dann wende ich Deep Democracy für mich selbst an und nutze die Störgefühle, um zu sehen, was sich daraus als Ressource ergibt für die weitere Entwicklung des Anlasses.

CF: Interessante Idee, die du aufbringst: Wenn du eine innere Unruhe wahrnimmst, dann hilft dir Deep-Democary. Was machst du in diesen Situationen konkret, wenn in einem Workshop Chaos herrscht? Welches Instrument aus dem Deep-Democracy-Werkzeugkoffer wendest du dann an?

Karin Winnefeld: Gerne gebe ich ein Beispiel. Neulich befand ich mich in einem von mir geleiteten Workshop in einer chaotischen Situation mit bedrohlichen Energien im Raum. Ich bin nicht zu Rande gekommen und habe zuerst gedacht: Was für ein Scheißladen, ich will mit diesen Leuten nie wieder arbeiten. Die wollen mich nicht, hörte ich eine innere Stimme sagen, die sind zu blöd und so weiter. In der Mittagspause habe ich mich zurückgezogen und habe überlegt, welche Energie sich in dieser Gruppe zeigt. Dazu habe ich eine Handbewegung gemacht, die diese Energie über eine Bewegung zum Ausdruck brachte. Dann habe ich gedacht: Was ist eigentlich meine Energie im Moment? Was will ich mit dieser Gruppe? Dazu habe ich auch eine Handbewegung gemacht. Und dann brachte ich die beiden Energien über die parallelen Handbewegungen miteinander in Fluss. Das ist ein Vorgehen, das ich in eigenen Ausbildungen schon x-mal gemacht hatte, nicht aber in einer Situation, in der ich sofort wieder handeln musste. Es war gigantisch hilfreich, denn ich habe mich so gefühlt, als ob ich mich erweitere und fünf Ringe um mich herum kriege und viel größer werde. Dieses innere Gefühl veränderte meine Ressourcenposition, was mir am Nachmittag erlaubt hat, die Gruppe in diese Ringe wieder reinzuholen. Es war geradezu etwas Mystisches, was da passierte und für andere Personen schlecht erklärbar — muss man einfach selbst erleben.

CF: Schön zu hören, dass Deep Democracy so mächtig wirken kann. Welche Elemente aus dem Deep-Democracy-Methodenspektrum findest du in deiner Arbeit als Organisationsberaterin, Coach oder als Leadership-Trainer sonst noch hilfreich? Du hast bereits das Element »Innere Arbeit« genannt [Anm. d. Verf.: Diese Methode ist in Abschnitt 3.7 dargestellt]. Gibt es noch weitere?

Karin Winnefeld: Ein wichtiges Element ist die Feld-Perspektive — an sich eine kognitive Sichtweise auf die Welt. Das ist eine Perspektive, die mich häufig selbst anders auf eine Gruppe oder die Sache gucken lässt, auch auf mich. Und ich nutze sie oft in Workshops, zum Beispiel als Mini-Input. Ich sage zum Beispiel: »Kleinen Moment mal, was ist hier eigentlich los?« Dann gehe ich ans Flipchart und male kurz ein Kraftfeld auf und sage was über Rollen und Energien und Richtungen und es entsteht einen Moment lang eine Art Erleichterung bei allen Anwesenden. Vor allem helfen mir Elemente — um in deiner Begrifflichkeit zu bleiben —, die ich über eine eigene, persönliche Erfahrung tief in mir verankert habe und die unterdessen mit meiner inneren Grundhaltung verwoben sind. Ich nenne sie Grundannahmen oder Axiome. Dazu gehört auch die Sicht, dass ein Konflikt etwas ist, das anzeigt, dass hier eine Entwicklung stattfindet und etwas passieren muss. Intellektuell versteht man das ja schnell, die Schwierigkeit liegt in der Umsetzung. Doch dadurch, dass dieses Gedankengut in mir angewachsen ist, kann ich das anders kommunizieren, sodass es eine Wirkung hat über die intellektuelle Wissenskomponente hinaus. Offenbar transportiere ich diese innere Haltung auch als Verhalten ins Außen und aus einem Wissens-Mini-Input entsteht ein Moment mit transformatorischer Wirkung. Ein weiteres wichtiges Element ist für mich das Konzept der Grenze. Also die Betrachtung, dass man als Person immer wieder an Grenzen stößt und es sich lohnt, diese Grenzen nicht nur als Blockade zu sehen, denn eine Grenze kannst du passieren, du kannst aber auch ein wenig verweilen, sozusagen dein Zelt aufschlagen und du lernst viel über dich und den Ort. Und dieses Konzept ist etwas, was inzwischen für mich selbst gilt und was ich den Leuten auch bewusst machen kann. Wichtig ist auch die Unterscheidung zwischen Person und Tendenzen oder Rollen in einem Feld und das Konzept der Meta-Skills, die einen erst in die Lage versetzen, den Deep-Democracy-Handwerkskoffer sinnvoll zu bedienen.

CF: Was findest du einzigartig oder das absolut Besondere an Deep Democracy, vielleicht auch im Vergleich zu anderen Ansätzen? Gibt es etwas, was aus deiner Sicht heraussticht oder besonders erwähnenswert ist?

Karin Winnefeld: Ich glaube, das Großartige dabei ist, dass es als Allererstes ein Konzept von Awareness ist. Ein Konzept also, das auf Bewusstheit basiert. Bewusstheit setzt wiederum eine große Fähigkeit zur Wahrnehmung voraus. Deep Democracy basiert auf der Leitdifferenz »Zentral versus Marginal«. Etwas steht im Vordergrund und etwas ist ausgegrenzt, leise, unsichtbar, aber gleichwohl wirkungsvoll. Deshalb ist die Kernkompetenz von Deep Democracy, eine Bewusstheit darüber auszubilden, wie diese Differenz oder Polarität in Interaktionen wirkt, und daraus abgeleitet, wie man diese zur Verbesserung der Interaktion entfalten könnte. Dieser Prozess zu erhöhter Bewusstheit ist zum einen ein persönlicher Entwicklungsprozess, in dem ich meine Weltanschauungen permanent überprüfe und erweitere. Zum anderen führt genau dieser Prozess auch in der Arbeit mit Gruppen diese in eine Öffnung. Dieser Aspekt unterscheidet Deep-Democracy-Ansätze oder Prozessarbeit, wie es ja auch genannt wird, stark von anderen Ansätzen. Ich habe natürlich nur eine begrenzte Sichtweise, kenne nicht alle Ansätze, die als Psychoausbildung angeboten werden, aber ich habe drei verschiedene gemacht und alle sind vorwiegend ein Methodenkanon gewesen. Bei Deep Democracy war das Besondere, dass ich keinen neuen Methodenkanon lernen musste oder nur wenig Neues, sondern dass für mich über das Konzept der Awareness ein Faden zwischen all den Ansätzen, die mir bekannt waren, gesponnen wird. Es ist wie ein Netz, was sich um mein Wissen, meine Entwicklung, meine Beziehung und mein Umgehen mit der Welt spinnt. Und alles hat mit allem zu tun und ist über diese Awareness beleuchtet.

CF: Gefällt mir gut, dieses Bild von Deep Democracy als Netz, das organisch miteinander verbindet, was dir schon bekannt ist.

Karin Winnefeld: Eine Sache möchte ich noch anfügen. Ich weiß nicht, ob ich das klar ausdrücke. Wenn ich vom Konzept der Awareness ausgehe, dann ist auch immer eine Schwelle damit verbunden. Awareness ist ja wunderbar, aber viele Aspekte will man oder kann man nicht wahrnehmen. Wenn ich nun meine Bewusstheit erhöhe oder die Schwelle zur Wahrnehmung senke — oder anderen Personen dabei helfe —, dann wird die Welt notwendigerweise diverser und komplexer. Dadurch entstehen die Fragen: Und was jetzt? Was mache ich jetzt mit den Informationen? Das ist meine Frage an mich im Leben und meine Frage in Workshops. Und die hat etwas Offenes, wenn ich alles sehen darf und kann. Und dass es um Beziehungen geht, finde ich auch wichtig. Die Dinge, die ich sehe, mögen ja alle da sein und mich in ihrer Vielfältigkeit fordern, ja manchmal überfordern, weil sie einzeln sind. Hier postuliert Deep Democracy, dass ich über eine innere Facilitation der einzelnen Perspektiven die Vielfältigkeit in eine Beziehung bringen kann zum großen Ganzen und dadurch Bewegung oder eine Entwicklung entsteht.

CF: Was hat eigentlich dein Interesse geweckt, dich mit Deep Democracy vertieft zu befassen? Oder was lag am Ursprung deiner persönlichen Deep-Democracy-Geschichte?

Karin Winnefeld: Das war ein persönliches Erlebnis und zwar der Worldwork-Anlass in London 2008. Diese Deep-Democracy-Kongresse finden alle drei Jahre statt und es nehmen rund 500 Leute aus der ganzen Welt teil. Das erste Mal in meinem Leben habe ich erlebt, dass Facilitatoren, Therapeuten und Moderatoren in für mich schier unbeherrschbaren und unglaublich komplexen und bedrohlichen Situationen ganz nah dran und gleichzeitig abgegrenzt waren und etwas geschafft haben, wo ich als Zuguckerin gesagt habe: »Oh Gott, was oder wer stört denn da wieder? Nein, jetzt nicht mehr drauf eingehen, irgendwie weitermachen!« Aber die haben es geschafft, sich dem zu öffnen und diese Störungen nutzbar zu machen. Sie holten die Störer und die Gestörten rein in den Prozess und schafften es, die beiden in Beziehung zueinander zu bringen. Dadurch hat eine Entwicklung stattgefunden, die alle im Raum Anwesenden berührt und auch ein wenig verändert hat. Und das hat mich glatt aus den Schuhen gehoben. Und ich bin nach einer dieser gigantischen Facilitationen zu einer Facilitatorin hingegangen und habe gesagt: »Wenn ich so wie du werden will, was muss ich dann machen?« Daraufhin bin ich zum Intensive für fünf Wochen nach Portland gefahren.

CF: Hab Dank für diese begeisternde Erzählung. Sie führt mich direkt zur letzten Frage. Was empfiehlst du interessierten Personen, wie man sich Deep-Democracy-Know-how am besten aneignet? Wenn man interessiert ist und so ein Erlebnis wie du gehabt hat, was kann man dann konkret machen?

Karin Winnefeld: Es gibt verschiedenen Institutionen, an denen man Ausbildungen machen kann. Für mich war der »Intensive« in Portland in Oregon das Gigantischste, was mir in meiner Entwicklung geholfen hat. Ich bin selbst eher in späteren Jahren auf Deep Democracy gestoßen, nachdem ich viel anderes gemacht hatte. In Zürich gibt es aber auch einen Intensive, den habe ich auch gemacht. Ich finde, das Format eines »Intensive« ist ein guter Einstieg, denn der berührt einen persönlich und macht am stärksten klar, dass Deep Democracy im Kern eine Haltung ist. Voraussetzung ist eine tiefe Sehnsucht nach dieser speziellen Art persönlicher Entwicklung. Ein saftiges Erlebnis ist natürlich sehr hilfreich. Eine weitere Art, sich Know-how anzueignen ist, sich professionelle Deep-Democracy-Facilitatoren zu suchen und deren Seminare und Supervisionen zu belegen. Es gibt eine Art Deep-Democracy-Community auch im deutschsprachigen Raum, da kann man einfach andocken und fragen: »Sage mir mal Bescheid, wenn ein gutes Wochenende läuft.« Man sollte sich ein Thema und gute Leute raussuchen sowie ein Wochenende, um zu üben. Das habe ich immer gemacht und das mache ich auch weiter. Und ich finde, mehr kann man gar nicht tun. Und klar, wenn man das richtig will, kann man natürlich eine Ausbildung machen. Ich finde, eine Ausbildung ist immer etwas richtig Gutes.

CF: Wo kann man Ausbildungen machen?

Karin Winnefeld: Ich kenne die Schweiz zu wenig, sodass ich bei Ausbildung immer an Portland, Oregon denke. Da gibt es einen Master in Conflict Resolution und Organizational Development, dann gibt es das Diplomprogramm, das länger dauert. Ich habe dieses große Ding, also das Diplom, nicht ganz zu Ende gemacht. Eine wichtige Institution ist auch das Deep Democracy Institute von Max Schupbach, wo man auch eine Ausbildung machen kann. Oder RSPOPUK in London.

CF: Okay, wunderbar. Da wären wir schon fast am Ende. Gibt es noch etwas Wichtiges aus deiner Sicht, das noch nicht gesagt wurde?

Karin Winnefeld: Ja und zwar beobachte ich, dass die Sachen, die dieses Leben in mir und in anderen hochspült, etwas Skurriles und Komisches haben. Die Komik auch in all den Dingen, die uns geschehen, zu erkennen, gerade auch, wenn sie geschehen und uns stören, dafür bedarf es einer großen Offenheit — das empfinde ich wie einen Meta-Skill.

Interview 8: Tanja Hetzer

Tanja Hetzer, Dr. phil., dipl. Prozessorientierte Psychologie (POP). Co-Gründerin und Co-Inhaberin von Hanuman Institut, Berlin.

CF: Bei welchen Fragestellungen findest du Deep-Democracy-Ansätze besonders inspirierend und hilfreich?

Tanja Hetzer: Da fällt mir zuerst unsere Arbeit mit NGOs (Non Governmental Organisation; gemeint sind in der Regel Non-Profit-Organisationen; Anm. d. Verf.) im politischen, sozialen oder therapeutischen Bereich ein. In diesen Organisationen ist oft die Parteilichkeit mit den Betroffenen die wichtigste Grundlage der Arbeit. Zum Beispiel, wenn es um therapeutische Projekte mit Gewaltopfern geht, eine Präventionsaufgabe wie im Bereich von Anti-Rassismus-Arbeit oder um Lobbyarbeit für Nachhaltigkeit im Umweltbereich. Diese Gruppen haben eine große Kompetenz und Fähigkeit, einseitig und parteilich zu sein. Im Gegenzug kommen die Teams bei ihrer schwierigen Arbeit nach innen aber oft in sehr belastende Spannungen und chronische

Konflikte, weil sie so sehr darin trainiert sind, nur die eine Seite der Münze gelten zu lassen und ihre eigenen individuellen Bedürfnisse angesichts der »großen Aufgabe« hintenanzustellen. Wenn wir in der Beratung auf eine solche Situation treffen, dann geht es zunächst darum, diesen Gruppen zu helfen, im Team den Blick nach innen auch differenziert perspektivisch wahrzunehmen. Konkret heißt das, dass sie lernen, mehrere Perspektiven und differenzierte Standpunkte zuzulassen und neugierig auf die Bewertung der Situation von der anderen Seite zu werden. Das entlastet die Teamsituation oft sehr! Der zweite Bereich ist die Anwendung im akademischen Bereich, wo das Hanuman Institut auf allen hierarchischen Ebenen der Universität arbeitet, also mit ProfessorInnen, Mittelbau und Studierenden. In diesem Umfeld haben wir mit einer Klientel zu tun, die in der Zusammenarbeit oft eine große Statusdifferenz überbrücken muss. Der hohe soziale Status der Professorenschaft bedingt eine ganz eigene Denk- und Erlebniswelt, der jene der Studierenden teilweise sehr fremd erscheint. Dadurch werden die gemeinsam erlebten Situationen oft extrem gegensätzlich bewertet. Und da ist es sehr hilfreich, diesen verschiedenen Akteuren im akademischen Milieu einen Zugang zur Welt der Gegenseite zu vermitteln. Der dritte Bereich, den ich hier erwähnen möchte, sind die vielen Gruppen in Seminaren und Beratungssituationen, mit denen wir im Hanuman Institut zu tun haben, die multinational und interkulturell sind. In solchen Gruppen ist der wichtigste Punkt, den unterschiedlichen Zugang zu Privilegien zu vermitteln und auch — was entscheidend ist — aus den jeweiligen Bewertungsmustern für die Bedeutung von Privilegien herauszutreten. Damit meine ich, dass also beispielsweise das Bankkonto oder der Funktionstitel je nach Kontext genau gleichwertig gesehen werden kann wie Beziehungskompetenz, Empathiefähigkeit und Lebenserfahrung.

CF: Kannst Du noch ein Beispiel geben, um das zu illustrieren?

Tanja Hetzer: Eine häufig wiederkehrende Situation haben wir, wenn wir universitäre Seminare mit 25 Leuten aus über zehn Nationen zum Thema Konfliktarbeit geben. Die stereotypen Ideen und gegenseitigen Bewertungen hängen dann fast greifbar in der Luft. Wenn sich die Gruppe im Seminar kennenlernen soll, dann ist eine kleine, aber wirkungsvolle Intervention aus dem Rangverständnis der Deep Democracy, dass wir sie nach den Sprachen, die sie beherrschen, fragen. Da sehen dann mal die meisten Mitteleuropäer ziemlich blass aus, während Menschen aus typischerweise diskriminierten Kulturen zu strahlen beginnen. Ich erinnere mich gut an einen vietnamesischen Studenten, der mit der Kenntnis von acht Sprachen an der Spitze stand und ganz überrascht war, welch großes Privileg er damit genoss und was alles noch daran hing. Bislang war er nur damit identifiziert, nicht so perfekt Deutsch zu sprechen. Rang und Privilegien sind eben kontextabhängig und je nach Situation höchst dynamisch.

CF: Wenn du schaust, welche Elemente oder Techniken aus dem Deep-Democracy-Werkzeugkasten besonders hilfreich für eure Arbeit sind, welche Elemente würdest du besonders erwähnen?

Tanja Hetzer: Das ist das Element des Formwechsels oder der Zugang zu der anderen Seite, eine unglaublich beeindruckende Technik. Für viele Menschen ist es eine ganz neue Erfahrung, die andere Seite nicht nur kognitiv zu scannen und zu erfassen, sondern sie wirklich zu erleben, von innen heraus unmittelbar wahrzunehmen. Am stärksten wirkt das, wenn zwei Kontrahenten nach längerem Wortgefecht und Konflikterleben direkt den physischen Platz tauschen und dort einfach in sich hineinspüren. Das nennen wir in der Prozessarbeit »Formwechsel« und es ist die Grundlage für einen fundamentalen Perspektivenwechsel. Um dieses methodische Element noch wirkungsvoller einsetzen zu können, arbeite ich bei konflikthafter Teamarbeit stets zu zweit mit meinem Partner Achim Goeres. Wir können dann polarisierte Rollen auf beiden Seiten gleichzeitig unterstützen. Ein zweites Element, welches wir insbesondere bei der Arbeit mit Gruppen und Gruppendynamik hilfreich finden, ist der Blick für die unbesetzten Rollen. Zum Beispiel sind Non-Profit-Teams oft stark idealistisch identifiziert. Manchmal ist das Engagement, der Idealismus und das Helfen so hoch angesetzt, dass sich die Teammitglieder selbst ausbeuten. Das geht bis zum Burnout. Dabei fehlt die Team- und Selbstfürsorge, diese Rolle ist einfach nicht besetzt. Dann können wir beispielsweise dem Team einen besonders fürsorglichen Rahmen bieten und auch kleine Bitten und Bedürfnisse gut hören und aufgreifen. Wir achten darauf, dass wir bei der Auftragsklärung für uns Sorge tragen und nicht in die Falle gehen, uns selbst vor lauter ideeller Begeisterung für das Projekt auszubeuten. Wir besetzen also die Rolle selbst und wirken im besten Fall als Rollenvorbild. Ein drittes wichtiges Element im Deep-Democracy-Ansatz ist für uns das Verständnis von Grenzen und Grenzwächtern. Das heißt, wenn Leute etwas nicht tun, obwohl es niemand sichtbar und ausdrücklich verbietet. Was steckt dann dahinter? Durch die Konzepte der Deep Democracy können wir verstehen, dass eine Grenze sowohl eine bewahrende und schützende Seite hat als auch eine, welche Veränderung um jeden Preis verhindern will. Also die Grenze ist sowohl Glück und Ärgernis. Wenn es uns gelingt, einem Team nicht nur die Grenzen aufzuzeigen, sondern auch diese beiden Seiten der Grenze erfahrbar zu machen und mit

Anerkennung zu begegnen, dann ist das der Schlüssel zu bewussterem Handeln und autonomen Entscheidungen.

CF: Du hast jetzt von Grenzen und Grenzwächtern gesprochen. Was ist das? Kannst du dazu noch etwas sagen?

Tanja Hetzer: Wenn wir von der Alltagserfahrung ausgehen, dann spüren wir Grenzen, wenn wir ein Ziel haben, aber nicht dahin kommen, oder wenn etwas in unsere Lebenswelt hineindrängt, was wir nicht wollen, und wir Mühe haben, diese Störung aus unserer gewohnten Welt herauszuhalten. Wenn wir einen solchen Vorgang genauer unter die Lupe nehmen, können wir erkennen, wie sich ein Aspekt, ein Teil unserer Persönlichkeit gegen das gewünschte oder störende Geschehen richtet und es abwehrt. Das kann eine Art innere Stimme sein, die auf uns einredet, oder ein Körpergefühl wie etwas, das sich zusammenzieht, oder auch ein inneres Bild. Wenn wir uns dieser Reaktion achtsam zuwenden, fühlt es sich an, als ob da eine innere Figur ist, die diese Rolle, die sich da zeigt, verkörpert. Diese Figur, die an der Grenze auftaucht, nennen wir deshalb gerne die Grenzfigur oder den Grenzwächter. Wie reale Grenzposten hat er eine schützende und bewahrende Seite, ist aber auch ein großes Hindernis, wenn wir uns verändern wollen.

CF: Was findest du einzigartig oder das absolut Besondere in der Deep Democracy, vielleicht auch im Vergleich mit anderen Ansätzen?

Tanja Hetzer: Da könnte ich viel erzählen! Ein zentraler Ansatz in der Deep Democracy ist der Blick auf das, was im Entstehen ist, also auf die Qualität der Emergenz. Da steckt Entwicklungsenergie drin. Und das impliziert, dass wir es noch nicht vollständig sehen und verstehen können — daher unser Ärger oder die magische Faszination. Und jetzt kommt die Facilitatorin ins Spiel. Wenn wir an dieser Stelle als Facilitatoren die alltagsüblichen Bewertungen für das Unfertige zulassen oder selbst bedienen, dann ersticken und verscheuchen wir in diesem Stadium den Prozess. Mit Deep Democracy treten wir aus diesen Bewertungen heraus und schaffen einen Raum, wo wir mit unseren KlientInnen zusammen staunend darauf schauen können, was da jetzt wohl zum Vorschein kommen will. Der zweite Aspekt, den ich hier gerne anführe, ist eine entscheidende Erweiterung und Gegenthese zu ziel- und lösungsorientierten Arbeitsweisen, indem wir im Deep Democracy darauf achten, dass jedes Ziel auch mit einer Grenze oder Marginalisierung des Nicht-Ziels verbunden ist. Sobald wir an ein Ziel denken, belasten wir alles, was *nicht* dieses Ziel ist, mit einer pauschalen Abwertung. Deshalb ist es wichtig zu begreifen, dass wir das Ziel oder die Bedeutung des Ziels eigentlich erst wirklich erfassen und beantworten können, wenn wir das, was dem Ziel im Weg steht und was es ausschließt, auch vollumfänglich verstanden haben. Hier unterscheidet sich die Deep-Democracy-Arbeit fundamental von einer rein ziel- und lösungsorientierten Arbeit. Den dritten Aspekt, den wir besonders finden, ist das Spiegelprinzip. Das ist das Vertrauen darin, dass diese Welt in einem tieferen Sinne eine Einheit darstellt, also alles, was mir begegnet, auch irgendwo ein Echo, eine Ähnlichkeit in mir selbst findet. Das heißt: Wenn wir uns ernsthaft bemühen, uns in eine fremde Position, über die wir uns ärgern, wirklich hineinzufühlen und unsere Fantasien darüber entfalten, dann werden wir nicht nur echte Informationen über die andere Perspektive finden, sondern auch Dinge, die uns in uns selbst vertraut sind und uns sagen, was wir mit diesem »äußeren Phänomen« zu tun haben. Obwohl wir vielleicht in getrennten Körpern stecken oder in ganz anderen Welten, sind wir nicht wirklich von der anderen Position getrennt, sodass das angeblich Fremde auch in uns ist. Das ist in der Deep-Democracy-Arbeit sehr radikal verstanden. Es geht nicht nur darum, dass unsere Klienten diesen Formwechsel machen, sondern dass wir auch als Facilitatoren verstehen, dass wir selbst schon ein Teil des Systems sind und sich die ganze Geschichte, mit der wir arbeiten, auch in unserem inneren Erleben widerspiegelt. Ich glaube, da unterscheiden wir uns sehr von vielen Ansätzen, die davon ausgehen, dass wir als Moderatoren von außen dazukommen und Distanz bewahren können.

CF: Was hat dein Interesse geweckt, dich vertieft mit Deep Democracy zu befassen? Was lag am Ursprung deiner Deep-Democracy-Geschichte?

Tanja Hetzer: Ich habe eine wissenschaftliche Karriere als Historikerin gemacht und mich dem größten Weltkonflikt des 20. Jahrhunderts gewidmet, nämlich dem Holocaust und dem Zweiten Weltkrieg. In diesem Arbeitsfeld war ich natürlich herausgefordert, die Dinge zwar differenziert, aber doch mit Parteilichkeit und Eindeutigkeit darzustellen und sehr klar zwischen Täter und Opfer zu unterscheiden. An irgendeinem Punkt habe ich gemerkt, dass es mich selbst sehr belastet und ich einen anderen Umgang mit mir selbst und den KollegInnen brauchte, um diesen Beruf weiter auszuüben. Hier begann die Suche nach einer Methode, die mich dabei unterstützt, und so bin ich zur Prozessarbeit gekommen. Aus der ursprünglichen Idee, wie ich als Historikerin mit der Belastung besser umgehen kann, entwickelte sich ein Berufswechsel zum Coach oder zur Moderatorin, die u. a. auch in solchen hochambivalenten Feldern gut facilitieren kann. So kommt man vom Weg ab und findet seine tatsächliche Berufung!

CF: Wunderbar, wenn man für solche fundamentalen Fragestellungen Deep Democracy nutzen kann. Wenn man sich einmal für das Paradigma zu interessieren beginnt, was würdest du empfehlen, wie man vorgehen soll, um sich entsprechendes Know-how anzueignen?

Tanja Hetzer: Ich glaube, dass kein Weg an der Selbsterfahrung vorbeiführt. Das ist ein Ansatz, der sich nicht kognitiv erlernen lässt, sondern es geht um Echtzeiterfahrung. Ich würde also jedem empfehlen, Ausschau nach einem Workshop oder der Möglichkeit nach Einzelarbeit zu halten, um dort die Frage zu klären, wie sich Kompetenz in Deep Democracy im Kontext des eigenen Berufsfeldes erarbeiten lässt. Und erarbeiten heißt in dem Sinn, sich selbst gründlich kennenzulernen und Deep Democracy auf sein eigenes Innenleben anwenden zu lernen. Wie kann ich mit mir selbst in einen friedlichen Umgang mit meinen eigenen verschiedenen Anteilen und Prozessen gelangen? Und das geschieht, um es dann auch später anwenden zu können, am besten im Rahmen einer Ausbildung. Der hierbei eingeleitete innere Umbauprozess ist ein Umbauprozess von tief sitzenden Glaubenssätzen, die wir uns in unserer Mainstream-Sozialisation angeeignet haben. Das geschieht nicht von heute auf morgen und auch nicht in einer Woche, sondern das ist ein Weg, auf den man sich begibt, der meist mehrere Jahre dauern kann. Aus der Neurobiologie wissen wir ja inzwischen, dass die Arbeit mit herausfordernden Situationen — und das sind ja die wirklich spannenden Dinge immer — uns Menschen in einen gewissen Stressmodus versetzt. Das ist auch als Facilitator von Gruppen so. Die Situationen, die mich begeistern, wenn ich mit Teams arbeite, sind die, wo etwas Neues oder Brisantes auf den Tisch kommt. Unser Gehirn schaltet dann auf einen Sparmodus um, in dem wir tendenziell auf »Altbewährtes« an Werten und gut trainierten Verhaltensweisen zurückfallen. Um aber in solchen Momenten Deep-Democracy-Tools zur Verfügung zu haben, braucht es extrem viel Training, um sich sicher und frei genug zu fühlen, um in dem Moment nicht aus der Metaebene zu kippen und in alte Reflexe zurückzufallen. Genau das macht eigentlich die Tiefe und Schwierigkeit der Arbeit aus, die da an uns selbst nötig ist, um dann Jahre später auf dem heißen Stuhl des Facilitators wirklich bestehen zu können.

Interview 9: Peter Knapp

Peter Knapp: Organisationsberater. Gründer & Inhaber von Peter Knapp GmbH, Berlin.

CF: Bei welchen Fragestellungen und Kundensituationen findest du Deep-Democracy-Ansätze besonders inspirierend und hilfreich?

Peter Knapp: Der Deep-Democracy-Ansatz gibt in komplexen Kundensituationen oft eine andere und neue Perspektive. Ich denke dabei an Situationen, in denen es um Gruppen, Großgruppen, Firmen, Abteilungen oder Teams geht. Sie alle müssen zusammenarbeiten, um Erfolg zu haben. Dabei kann der Deep-Democacy-Ansatz unterstützen. Ich persönlich nutze den Ansatz auch in Ausbildungen, zum Beispiel zum Wirtschaftsmediator oder zum Coach. Deep Democracy bietet eine zusätzliche Dimension unabhängig von der Fragestellung.

CF: Welche Elemente aus dem Deep-Democracy-Werkzeugkoffer findest du besonders hilfreich für die Arbeit, die du genannt hast? Gibt es einzelne Elemente, die besonders für dich herausstehen?

Peter Knapp: Es gibt zum einen den Feldansatz, also die Idee, dass wir in Gruppen ein Feld mit verschiedenen Elementen bilden, die miteinander in Beziehung stehen. Die Idee wird aus der Quantenphysik hergeleitet. Mit dieser Perspektive fragt man sich, was die Tendenzen in einer Organisation, in einem Team oder in einer Gruppe sind, die gerade miteinander in Kontakt stehen. Zum anderen gibt es das Konzept der Geistrolle. Damit wird eine Tendenz beschrieben, die im Moment in der Organisation zur Seite geschoben wird. Sie wirkt, ohne sein zu dürfen. Das Besondere liegt in der Benennung der Geistrolle. Sehr hilfreich ist zudem die gesamte Visionsarbeit: Für was stehe ich, was ist meine Vision und Mission? Erkenntnisreich ist oft auch der Gedanke, dass sich in Organisationen pausenlos Rollenspiele abspielen, nicht im Sinne einer Übung. Es handelt sich um reale Rollenspiele, das Theaterstück ist oft schon geschrieben und wird nur noch zur Aufführung gebracht. Die Rollen, Anteile und Beiträge sind bereits festgelegt. Diese Betrachtung ermöglicht es, als Beobachter zuzugucken, nach dem eigenen Anteil an der »Szene« oder an dem Rollenspiel zu fragen und danach, wie man diese verändern kann.

CF: Du sprichst generell Interaktionen in Organisationen an, die man als Theaterstück sehen kann, das zur Aufführung gelangt, und die Personen spielen ihre Rollen gemäß einer Art Skript.

Peter Knapp: Genau. Nehmen wir das Beispiel eines Gruppenprozesses, bei dem sich ein Geschäftsführer in Deutschland mit dem Betriebsrat verständigen muss. Zusätzlich gibt es einen Personalleiter, einen Geschäftsführer von Niederlassungen, einen Leiter Organisationsentwicklung, einen Leiter Produktion, einen Leiter Forschung. Sie alle leisten einen spezifischen Beitrag. Diese netzwerkartige Interaktion kann als Theaterstück betrachtet werden, bei dem die Rollen schon geschrieben sind. So kann man beobachten, wer in welcher Rolle agiert und auch, welche Rolle im Stück unbesetzt bleibt. Was sich in diesem Zusammenwirken zeigt, kann für die Veränderung und Verbesserung der Zusammenarbeit wichtig sein. Diese »Theaterstück-Metapher« beschränkt sich aber nicht nur auf Organisationen. Sie betrifft alle Interaktionen, zum Beispiel auch Coaching- oder Mediationsprozesse.

CF: Gibt es etwas, was du einzigartig findest? Das absolut Besondere an diesem Deep-Democracy-Ansatz, auch im Vergleich zu anderen Ansätzen?

Peter Knapp: Es gibt einen Satz von Max Schupbach, den ich oft zitiere: »Du hast keine Chance, als rauszukommen«. Dieser Satz trifft es sehr gut. Es geht darum, zu sagen: »Ja es gibt etwas, was ich wahrnehme, das spreche ich auch an.« Oft wird gefordert, sachlich zu bleiben. An dieser Stelle postuliert der Deep-Democracy-Ansatz, Dinge, die im Raum stehen, anzusprechen und das in Deutlichkeit und Klarheit. Erst dadurch, dass es angesprochen wird, mache ich das Thema auf und stehe dazu, stehe für die Position. Dieses Rauskommen ordne ich klar dem Deep-Democracy-Ansatz zu. Eine Tendenz in einer Organisation ist ohnehin schon da, es kann nicht verhindert werden, dass sie rauskommt. Dieses Rauskommen letztendlich zu unterstützen, dieses dafür Stehen und das Benennen, all das ist für mich das Besondere an Deep Democracy.

CF: Was hat dein Interesse geweckt, sich vertieft mit Deep Democracy zu befassen? Was lag am Ursprung deiner persönlichen Deep-Democracy-Geschichte?

Peter Knapp: Für mich war das persönliche Erleben von Deep-Democracy-Gruppenprozessen immer beeindruckend. Auch wenn das Erleben eines solches Gruppenprozesses auch schmerzhaft sein kann. Das ist nicht immer einfach, weil diese Prozesse ganz turbulent sein können. Methoden und Tools, mit denen ich eine Gruppe dazu zu bringe, ihr Thema zu finden, haben mich immer sehr interessiert. Gleichzeitig finde ich es spannend, zu beobachten, wer bei diesen Prozessen welche Rolle einnimmt. Besonders inspirierend finde ich die Betrachtung, dass man veränderte Rollen oder andere Positionen einnehmen kann. Das führt zu veränderter Dynamik in den Interaktionen, speziell in großen Gruppen von 100 oder mehr Führungskräften. Deep Democracy erlaubt es, ohne einen vorgefertigten Trainingsplan eine Gruppe dazu zu bringen, ihr Thema zu benennen, das sie miteinander besprechen sollten. Es war am Anfang meiner Deep-Democracy-Learning-Journeys manchmal schwer auszuhalten, dass oft Dinge thematisiert werden, die schwer sein können. Diese Dinge sind doch gleichzeitig für das Weiterkommen der Gruppe ganz elementar. Dieser Gedanke steht auch im Gegensatz zu anderen Ansätzen, die mit der Kraft von Gruppen nicht so frei umgehen. Die Nutzung der eigenen Kraft der Gruppe war etwas, das mich damals fasziniert hat und das mich heute noch fasziniert. Natürlich ist die Arbeit auch intensiv: Gruppen dazu zu bringen, Themen herauszuarbeiten und Positionen zu verdeutlichen, veränderte Positionen und Dynamiken zu erleben und zu kreieren — das empfand ich schon immer als eine sehr intensive Arbeit.

CF: Was ist deine Empfehlung, wie man sich Deep-Democracy-Know-how am besten aneignet? Wie soll man vorgehen?

Peter Knapp: Ein Element ist natürlich, solche Prozesse tatsächlich zu erleben. Entweder durch eine Fortbildung oder durch die direkte Arbeit mit einem Deep-Democracy-Coach oder -Facilitator. Zudem gibt es Literatur, sowohl englisch- als auch deutschsprachige. Diese beiden Wege können gemeinsam einen guten Einstieg geben. Am besten ist es, Erfahrungslernen und gleichzeitig kognitives Lernen zu betreiben, keines ohne das andere. Die Prozesse selbst an eigenen Fragestellungen zu erleben, bringt den Ansatz sehr nah.

CF: Gibt es etwas, was du in diesem Zusammenhang noch sagen möchtest?

Peter Knapp: Für mich stellt Deep Democracy eine Toolbox zur Verfügung. Gleichzeitig kann man diese nicht anwenden, wenn man sich nicht selbst den eigenen Prozessen gestellt hat und diese selbst durchlaufen hat. Ich habe einige Deep-Democracy-Trainings und -Trainingszyklen besucht, es handelt sich immer um Situationen für die eigene Persönlichkeitsentwicklung. Das ist es, was diesen Ansatz so besonders macht und auch so effizient und wirkungsvoll.

Interview 10: Eva Lehner

Eva Lehner: Direktorin von Overall, Basel.

CF: Du bist Geschäftsführerin eines mittelgroßen Unternehmens und hast gleichzeitig eine langjährige Deep-Democracy-Ausbildung gemacht. Bei welchen Fragestellungen findest du Deep-Democracy-Ansätze in deiner Führungstätigkeit besonders inspirierend und hilfreich?

Eva Lehner: Da gibt es etwas ganz Grundsätzliches, was ich für mich in der jüngsten Zeit besonders nutzen kann. Es geht um die Schärfe der Wahrnehmung. Ich kann klarer wahrnehmen, was auf der »anderen Seite« — also bei Leuten und bei Teams, die ich in meiner Geschäftsführerinposition führe —, passiert und ich kann auch die Grundpolaritäten und Dynamiken in Gruppen oder im gesamten System wahrnehmen. Das ist etwas, was sich über die Jahre deutlich verändert hat. Das ist deswegen sehr hilfreich, weil es mir Hinweise gibt, wo Schwierigkeiten in einem Team oder bei einer Person oder in einem System liegen.

Ein weiterer Moment, bei dem mir Deep Democracy eine Hilfestellung gibt, ist, wenn ich Konflikte oder schwierige Situationen antreffe. Grundsätzlich neigt man ja als Führungskraft entweder dazu, sofort eine Lösung zu finden oder dann ein Thema auszusitzen. Aber mit einem Deep-Democracy-Hintergrund ist der erste Schritt, einfach die Situation in ihrer Schwierigkeit — und alle damit verbundenen Positionen — wahr- und ernst zu nehmen. Ganz spannend ist, dass ich aufgefordert bin, dem nachzuspüren, was ich überhaupt für eine Atmosphäre in einer Sitzung oder einem bestimmten Moment wahrnehme. Das gibt mir Hinweise, wie sich die Situation weiterentwickeln könnte. Typischerweise interveniere ich so, dass ich meine Wahrnehmung zur Verfügung stelle und schaue, welche Resonanz es dazu gibt. Und das finde ich immer wieder sehr hilfreich, weil allein dadurch die Situation in Bewegung kommt.

CF: Da würde mich interessieren, wann in der täglichen Arbeit für dich als Geschäftsführerin Deep Democracy relevant wird. Also wenn du mal ein Jahr oder einen Tag von dir betrachtest, wann ist Deep Democracy relevant?

Eva Lehner: Am deutlichsten wahrscheinlich bei Führungskräftetagungen. Wir haben im Jahr etwa vier Veranstaltungen. Da kommen rund 20 Leute zusammen, typischerweise gibt es einen Informationsteil und einen Teil, bei dem wir aktuelle Themen miteinander bearbeiten. Bei diesen Anlässen merke ich immer wieder, dass ich einen ganz spezifischen Blick habe, wenn ich mit Leuten zusammenarbeite und auch hinhöre, was für Rückmeldungen zurückkommen. An der letzten Veranstaltung haben wir das Budget verabschiedet und gleichzeitig miteinander herausdestilliert, was die wirklich wichtigen Themen für das kommende Jahr 2016 sind. Eigentlich habe ich vor allem übergeordnete Themen erwartet, doch es sind fast ausschließlich Bedürftigkeiten ausgesprochen worden. Kurz: Die Führungskräfte haben vor allem zum Ausdruck gemacht, was sie von der Geschäftsführung wollen, was sie brauchen und was die Geschäftsleitung jetzt im nächsten Jahr alles machen muss.

Ich als zentraler Teil der Geschäftsführung habe einfach gut zugehört und wir haben das dann geclustert und so stehen gelassen. Und im Nachhinein in der Reflektion ist mir klar geworden, dass sich an dieser Stelle ein Graben zwischen Geschäftsleitung und dem Rest der Führungskräfte ergeben hat. Durch die Übung mit Deep-Democracy-Betrachtungen habe ich die Möglichkeit gehabt, dem nachzugehen, auch zu analysieren, was die Gründe sein könnten. Ich habe einige Antworten aus meiner Sicht gefunden und mir ist es jetzt wichtig, den Dialog weiterzutreiben und mit den Führungskräften zu diskutieren, wie wir weiter mit den eingebrachten Punkten umgehen wollen. Dies insbesondere unter dem Aspekt, dass es wenig gibt, was die Geschäftsleitung anbieten kann, denn die Ressourcen und finanziellen Mittel können wir nicht aufstocken. Jetzt bin ich wirklich mutig, in diesen Prozess nochmals einzusteigen und nochmals die Rahmenbedingungen klar aufzuzeigen. Auch aufmerksam machen, was für ein Druck von außen auf uns wirkt und dass es Bereiche gibt, wo ich als Geschäftsführerin alle Führungskräfte unterstützen kann — aber ich habe nicht viel anzubieten in den ursprünglich bemängelten Bereichen wie der Ressourcensituation. Ich bin überzeugt, dass ich das heute so klar und eindeutig sagen kann, hat etwas damit zu tun, dass ich das in den letzten Jahren gelernt habe, dass es wichtig ist, solche Prozesse gemeinsam durchzugehen.

CF: Gibt es neben den Führungskräftetagungen noch andere Momente, wo für dich als Führungskraft und als Geschäftsführerin Deep Democracy eine Relevanz hat?

Eva Lehner: Ein weiteres Beispiel sind die Verwaltungsratssitzungen (Anm. d. Verf.: Verwaltungsrat ist das schweizerische Pendant zum deutschen Aufsichtsrat) die drei bis vier Mal im Jahr stattfinden. Da ist die Frage der Hierarchie und des Ranges, den die einzelnen Leute einnehmen, ganz zentral. Als Geschäftsführerin bin ich nicht Teil des Gremiums, sondern das Gremium ist mir vorgesetzt. Ich arbeite also mit einem ranghöheren Gremium und da bin ich sehr wachsam, wie die Dynamik wirkt und wie ich vorgehen muss, damit ich für mich wichtige Anträge durchbekomme. Dazu beobachte ich die einzelnen Personen im Verwaltungsrat ziemlich genau, wie die funktionieren und was für Gruppierungen es dort gibt, welche Untergruppen es gibt, wie die Macht- oder Raumverhältnisse sind. Ich habe gelernt, mit Rangsignalisierungen lockerer umzugehen. Wenn ich mich in diesem Gefüge an die ungeschriebenen Regeln halte, dann kriege ich praktisch alles so durch, wie ich mir das vorstelle. Ein weiterer Moment, bei dem ich um mein Deep-Democracy-Know-how froh bin, sind Einzelgespräche mit Führungsleuten. Dabei geht es darum, sie auch teilweise zu coachen, gerade wenn sie selbst schwierige Führungssituationen haben. Dabei ist es mir sehr wichtig, auch immer einen Lernprozess für die Mitarbeiter anzuregen.

CF: Du hast bereits den Gruppenprozess, Konfliktbearbeitung und das Rangkonzept erwähnt. Welche weiteren Elemente aus dem Deep-Democracy-Werkzeugkoffer sind für dich besonders hilfreich und inspirierend?

Eva Lehner: Bei Situationen, wo ich mich orientieren muss, schaue ich darauf, welche Polaritäten es hier jetzt in dieser Gruppe oder in dieser Abteilung gibt. Diese Polaritäten versuche ich aufzuspüren und auf eine ganz einfache Art und Weise anzusprechen. Und das hilft sehr oft, dass sich die Leute in den Gruppen, also in den Teams oder Abteilungen, plötzlich besser in ihrem Konflikt oder in ihrer schwierigen Situation orientieren können. Wenn man zwei ganz gegensätzliche Standpunkte hat, diese dann mal anzuschauen, das finde ich auch sehr hilfreich.

Und was ich vorher noch sagte, ist das Wahrnehmen von Atmosphären und mich getrauen zu sagen, was ich jetzt im Moment in diesem Team spüre. Ein interessanter Aspekt ist dabei, dass es keine Rolle spielt, wenn die anderen das überhaupt nicht auf die gleiche Art wahrnehmen. In den meisten Situationen nehmen sie den Punkt mindestens auf und modifizieren ihn gemäß den eigenen Wahrnehmungen im Sinne von: »Das stimmt nicht ganz, aber in etwa so und so ist es«. So erhalte ich auch wieder neue Informationen von diesen Teams oder eine neue Art der Lösung.

CF: Gibt es etwas, was du einzigartig oder besonders am Deep-Democracy-Ansatz findest? Wenn du etwas Besonderes nennen würdest, was wäre das?

Eva Lehner: Also was ich absolut herausragend finde, ist, dass alles, was ist, seine Berechtigung hat, sei es jede Art von Konflikt oder die Äußerungen, die jemand macht. Oder wenn sich eine Situation konstelliert, einfach nichts zu vermeiden und zu marginalisieren, sondern wirklich zu versuchen, herauszufinden, was alles auf dem Teller ist. Und die Idee, alles was kommt und hier ist, hat einen Sinn. Als Führungskraft muss ich nicht unbedingt auf alles eingehen, aber das hilft mir, gewisse Menschen oder Standpunkte, die mir nicht passen, einfach wegzudrücken. Das ist etwas Einzigartiges und etwas, das mich immer wieder unglaublich fasziniert. Was ich zweitens unglaublich entlastend finde, ist, dass Konflikte auch durchaus etwas Lustvolles sein können. Ich finde es wichtig, Konflikte auch willkommen zu heißen und wissen zu wollen, um was es geht.

CF: Was hat dein Interesse geweckt, dich vertieft mit Deep Democracy zu befassen?

Eva Lehner: Das waren vor allem diese Großgruppen-Anlässe. Wenn in großen Gruppen gewisse Themen bearbeitet werden, bin ich davon überzeugt, dass es nicht zwingend notwendig ist, dass alle sich äußern müssen. Aber alle, die mit dabei sind, sind am Ende einer solchen Sequenz an einem anderen Ort als da, wo sie eingestiegen sind.

CF: Und du hast das erlebt? Wann?

Eva Lehner: Das habe ich mehrfach erlebt, als bestimmte Themen gemeinsam bearbeitet wurden. Und das ist einfach etwas Fantastisches. Das kann auch nur eine temporäre Lösung für den Moment sein, um wieder einen neuen Ausgangspunkt zu schaffen, um da wieder weiterzuarbeiten. Alle Beteiligten in diesen Gruppen haben verschiedene Aspekte einer Thematik kennengelernt und stehen am Schluss an einem anderen Ort als am Anfang. Das finde ich immer sehr schön. Es gibt dann plötzlich so viele Farbtöne und so wenig schwarzweiß. Genau, das ist eigentlich das Thema. Die Schwarz-weiß-Haltungen heben sich auf und die ganze Farbe von einem Thema zeigt sich und gibt Mut, diese Themen weiter zu bearbeiten.

CF: Zum Schluss: Was empfiehlst du interessierten Personen, wie man sich Deep-Democracy-Know-how am besten aneignet? Wie sollte man vorgehen?

Eva Lehner: Was ich sicher empfehle, ist der Besuch von Seminaren, Workshops oder Ausbildungsveranstaltungen. Es ist zentral, Erfahrungen mit anderen Menschen zusammen zu sammeln, um wirklich zu verstehen, wie Menschen miteinander funktionieren und wie die Deep-Democracy-Konzepte konkret angewandt werden können. Personen wie Elke Schlehuber, Max Schupbach oder auch du mit dem Community-Anlass »dd-days« führen immer wieder solche Deep-Democracy-Workshops durch. Bücher sind natürlich auch eine Option, aber Deep Democracy lässt sich aus dem Studium von Literatur alleine nicht erschließen. Eine andere Möglichkeit besteht aber für Führungskräfte auch darin, mit einem Coach zu arbeiten, der im Business-Coaching mit diesem Ansatz arbeitet.

4.3 Häufige Fragestellungen zu Deep Democracy

Die Elemente des Deep-Democracy-Paradigmas sind auf den ersten Blick betrachtet nicht besonders kompliziert. Nicht einfach ist die Umsetzung im eigenen beruflichen Umfeld. Im Folgenden sind die typischen Fragen aufgelistet und beantwortet, die im Rahmen von Deep-Democracy-Ausbildungen und entsprechenden Trainings immer wieder gestellt werden. Die Fragen sind gruppiert in folgende Themenbereiche:

1. Grundlagen und Paradigma
2. Feldansatz, Tendenzen und Rollen
3. Konfliktbearbeitungszyklus
4. Rang, Macht und Privilegien
5. Konkrete Interventionen
6. Zur Schnittstelle Business und Deep Democracy

4.3.1 Grundlagen und Paradigma

Frage	Antwort
1. Weshalb heißt Deep Democracy Deep Democracy?	Der Begriff wurde um 1992 von Arnold Mindell erstmal erwähnt. Als Beschreibung einer Haltung, die charakterisiert ist durch Offenheit allen Aspekten gegenüber, die sich im Rahmen eines Gruppenprozesses zeigen. Der Begriff zeigt, dass wir typischerweise nicht allen Aspekten gegenüber offen sind und diese Haltung speziell trainiert werden muss. Das »Deep« oder »tief« steht dafür, dass diese Offenheit nicht nur den konsensusrealen Aspekten gegenüber gilt, sondern auch Aspekten anderer Ebenen (Non-Konsensus-Realität wie Nachtträume, Visionen, flackernde Signale etc.)
2. Was ist der Unterschied zwischen Prozessorientierter Psychologie, Prozessarbeit und Deep Democracy und Worldwork?	Die Begrifflichkeiten werden immer wieder unterschiedlich gebraucht. Vielleicht sind folgende Definitionen hilfreich: Das Paradigma, der Ansatz nennt sich Prozessarbeit, weil der Prozess einer Person oder einer Gruppe im Vordergrund der Betrachtung steht und nicht die Beschreibung eines Zustandes.

Frage	Antwort
	Die Anwendung im therapeutischen Bereich, nennt sich »Prozessorientierte Psychologie«, die Anwendung bei Gesellschafts- und Weltthemen »Worldwork«. Die Haltung, mit der gearbeitet wird, Deep Democracy. Es gibt aber auch Personen, die unter Deep Democracy die Anwendung von Prozessarbeit im Organisationskontext verstehen. Dies ist auch das Verständnis, das in diesem Buch benutzt wird.
3. Welche Grundannahmen stehen hinter dem Ansatz von Deep Democracy?	Das Grundkonzept, die entsprechenden Glaubenssysteme und Grundannahmen sind in Abschnitt 1.2 dieses Buches beschrieben.
4. Kann Deep Democracy jeder anwenden? Was sind die Voraussetzungen? Gibt es Bildungsvoraussetzungen?	Die Anwendung von Deep Democracy benötigt einen persönlichen, eigenen Lernprozess, der sich über wiederholte konkrete Anwendungen von einzelnen Elementen ergibt. Starten kann man diesen Prozess jederzeit unabhängig vom Wissensstand — es empfiehlt sich, nicht sofort die Dinge umzusetzen, welche für einem selbst am schwierigsten sind. In Abschnitt 4.1 sind die Voraussetzungen beschrieben.
5. Welchen Nutzen habe ich als Organisationsberater und Facilitator vom Deep-Democracy-Ansatz?	Das hängt vom Ausgangspunkt der eigenen Entwicklung ab und vom Interesse, in die eigene Tiefe zu gehen. Organisationsberater zählen üblicherweise die folgenden Punkte auf: – erhöhte Gelassenheit in turbulenten und chaotischen Gruppensituationen – innovativer Konfliktlösungsansatz – flüssigere Interaktionen mit »schwierigen« Mitarbeitern und Workshopteilnehmern
6. Welchen Nutzen haben die Organisationen, die meine Kunden sind, wenn ich Deep Democracy einsetze?	Bei Organisationsberatung und -entwicklung: – weniger Vorbereitungsaufwand für Workshops und Sitzungen – höhere Kompetenz im Facilitieren von konfliktträchtigen Gruppensituationen Bei Deep-Democracy-basierter Führungskräfteentwicklung: – starke Führungskräfte mit klarer Vision – erhöhte Resilienz im Umgang mit Störungen – Vertrautheit im Umgang mit unklaren, schwammigen Situationen – Sicherheit mit Konflikten, Störungen und unangenehmen Situationen mit Mitarbeitern

Frage	Antwort
7. Muss ich aus dem Konzept schließen, dass es nicht gut sein soll, im Beruf eine eigene Meinung klar zu vertreten?	Aus Deep-Democracy-Sicht ist es wichtig, eine eigene Meinung zu haben, wie eben auch die Meinung von jemand anderem ebenso wichtig zu nehmen. Das klare Ausdrücken eines Standpunktes ist wichtig. Ebenso das temporäre Aushalten eines Spannungszustandes, der entstehen kann, wenn verschiedene Meinungen im Raum sind.
8. Was bringen die Tools, wenn ich keine Probleme habe?	In diesem Fall gibt es keinen Handlungsbedarf. Gegebenenfalls steht man allerdings selbst an einer persönlichen Grenze (Wahrnehmungsgrenze 1; siehe Abschnitt 2.3, »Grenzen«). Am einfachsten überprüft man dies, indem man zwei, drei Personen im Umfeld fragt, was ihnen an der Zusammenarbeit mit einem schwer fällt.
9. Inwieweit sind gute Führungskräfte gerade dadurch charakterisiert, dass sie perfekt eine Rolle einnehmen können und eigentlich nicht als Menschen agieren? Welche Art von Führungskräften ist besser?	Das ist eine der zentralen Fragen, wenn wir in Organisationen tätig sind. Man handelt immer sowohl als Person (Mensch mit entsprechendem Rang) als auch in einer Funktion (oder eben in einer Rolle). Insofern ergänzen sich die beiden Aspekte. Die Frage ist eher: »Wie viel ›Mensch-Sein‹ ist für mich als Führungskraft oder Change Professional sinnvoll und hilfreich in einer bestimmten Situation?« Das wiederum muss jeder für sich selbst entscheiden.
10. Ist Deep Democracy eine spirituelle Richtung?	Deep Democracy stammt ursprünglich aus der Psychotherapie und hat Wurzeln in der Psychologie von Carl Gustav Jung, dem Taoismus und der Quantenphysik. Kernpunkt bei Deep Democracy ist Empowerment von Individuen und Gruppen durch mehr Bewusstheit, was im Moment geschieht. Und dadurch schnellere, bessere Entscheidungen und Konfliktlösungen.
11. Was ist das Besondere an Deep Democracy?	Das Besondere hängt immer von der Ausgangsperspektive ab (die bei jeder Person etwas anders ist). Organisationsberater erwähnen oft: – den radikal offenen, auf den Prozess fokussierten Ansatz, der ohne Urteil auskommt – die Anwendung in Konflikten: nämlich stärker und tiefer in den Konflikt einzusteigen – die Fülle von grundsätzlicher Inspiration auch für andere Lebensbereiche, nicht nur den Beruf

Frage	Antwort
12. Wann muss man Deep Democracy anwenden? Immer — oder in welchen Situationen macht es Sinn?	Man muss gar nichts. Die Verwendung von Deep-Democracy-Prinzipien macht Sinn, wenn die Ansätze, die man üblicherweise verwendet, nicht greifen oder nicht sinnvoll sind.
13. Weshalb sagt man »Tanz der Polaritäten«?	Wenn man Gruppenprozesse beobachtet, so stellt man fest, dass in einem gewissen Moment eine Polarität im Vordergrund steht und wenn diese aufgelöst ist (prozessiert ist), eine nächste sich in den Vordergrund drängt: eine Abfolge nie endender Polaritäten und immer eine tritt sozusagen in den Vordergrund auf der metaphorischen Bühne. Diese Dynamik wird poetisch »Tanz der Polaritäten« genannt.
14. Wie geht Deep Democracy mit destruktiven Verhaltensweisen von Gruppenmitgliedern um?	In Gruppensituationen sind grundsätzlich alle Meinungsäußerungen willkommen, unabhängig in welcher Form sie zum Ausdruck gebracht werden. Wenn zum Beispiel jemand andere Personen anschreit, so ist das o.k. Es wird als wichtiger Beitrag für die Entwicklung einer Gruppe gesehen, der üblicherweise nicht zum Ausdruck kommen darf und deshalb als Geistrollen in der Gruppe schlummert und die Entwicklung behindert. Zu Destruktivität in Form von physischer Gewalt wird eine klare Grenze gesetzt — das wird keinesfalls toleriert oder unterstützt.

Tab. 4.1: Deep Democracy — Grundlagen und Paradigma

4.3.2 Feldansatz, Tendenzen und Rollen

Frage	Antwort
1. Es gibt »Tendenzen« in meiner Organisation, die ich verachte, meide und nicht übernehmen will. Was mache ich da?	Diese Tatsache transparent machen und eventuell so ausdrücken: »Ich bin mir bewusst, dass es noch andere Tendenzen gibt. Diese kann ich aber schlecht unterstützen, weil sie meinen Ansichten komplett widersprechen. Wer kann diese Tendenzen zum Ausdruck bringen?«

Frage	Antwort
2. Ich verstehe nicht, was mit Tendenzen gemeint ist. Wir haben alle verschiedene Rollen in unterschiedlichen Kontexten (Beruf, Familie, Freizeit etc.).	Als Person in unterschiedlichen Kontexten haben wir unterschiedliche Funktionen und Verantwortlichkeiten. Eine Tendenz im Deep-Democracy-Sinn meint etwas anderes: eine grundsätzliche Qualität, die hinter einer spezifischen Aussage von Personen steht, die auch personenunabhängig ist. Siehe dazu das Beispiel »Macher- vs. Innehalter-Qualität« bei der Beschreibung des Feldansatzes in Abschnitt 2.1.
3. Ich bin sehr skeptisch bei diesen Rollenspielen. Da verwechselt man immer Rolle und Person, das behagt mir nicht.	Das ist ein viel gehörter Kommentar. Nicht alle fühlen sich wohl mit Perspektivenwechseln. Gleichzeitig können sie eigentlich alle Interaktionen in Organisationen als eine Art Rollenspiel auffassen. Auch wenn wir so tun, als wären sie echt.☺
4. Sind die Rollen, die wir spielen, und die Tendenzen, die wir einnehmen, nicht durch die Funktion vorgegeben, welche wir in Organisationen ausüben?	Ja, das ist bis zu einem gewissen Grad so. Wobei der Deep-Democracy-Ansatz — vielleicht entgegen der Intuition — alle Personen dazu einlädt, alle Tendenzen im Feld einzunehmen. Als Führungskräfte haben wir aber oft das Gefühl, wir könnten gar nicht anders, als eine bestimmte Tendenz einzunehmen.
5. Wie gehe ich mit Tendenzen und Meinungen um, die mir nicht behagen?	Das gibt es immer wieder, das ist normal. Solange man nicht in eine konfliktartige Situation mit einer Person gerät, ist das nicht so wichtig. Falls ein Konflikt entsteht, kann man davon ausgehen, dass diese Tendenz etwas mit einem selbst zu tun hat.
6. Wie soll das Konzept funktionieren, wenn ich eine Rolle einfach spiele? Wirkt das authentisch?	Hier liegt ein Missverständnis vor: Es geht nicht darum, eine Meinung zu vertreten oder eine Rolle wie ein Schauspieler zu »spielen«. Sondern um einen echten Perspektivenwechsel und damit auch um ein emotionales Eintauchen in die andere Figur, um für sich selbst eine Erkenntnis zu gewinnen. Nur dann ist man authentisch im Erleben der anderen Perspektive.
7. Kann eine Tendenz aus dem System verschwinden oder entfernt werden?	Gemäß dem »Feldansatz« ist das nicht möglich. Tendenzen sind da und »erscheinen« in Polaritäten. Es geht eher darum, **alle** Tendenzen und Meinungen »einzuladen«. Dann kommt Fluss ins System. Es kann aber sein, dass eine Tendenz sich zu einem Zeitpunkt stark zeigt und zu einem anderen Zeitpunkt unter der Wahrnehmungsgrenze bleibt. Typischerweise wird sie unsichtbar, wenn sie gestillt wurde oder ihr Sinn nicht mehr gebraucht wird.

Frage	Antwort
8. Was heißt Geistrollen?	Geistrollen ist ein Begriff aus dem Feldansatz. Geistrollen sind Tendenzen in einem Feld, die sich nicht klar und deutlich zeigen, sondern eben wie ein »Geist« Teil des Dialoges sind, aber nicht ausgesprochen werden. Ein Beispiel: Wenn in Organisationen über Kundenfokussierung, Neuausrichtung, Reorganisation etc. gesprochen wird, dann ist automatisch mit dieser Diskussion der Aspekt verbunden, was das für die einzelnen Individuen bedeutet bezüglich Arbeitsplatzsicherheit etc. Diese Frage kann dann eine Geistrolle sein (bis sie ausgesprochen ist).
9. Was ist der Unterschied zwischen Tendenzen und Personen im Feldansatz?	Tendenzen sind Kräfte oder Qualitäten, die sich in einem Feld zeigen. Sie werden typischerweise durch Personen zum Ausdruck gebracht. Eine Person kann mehrere Tendenzen — auch gegensätzliche — zum Ausdruck bringen. Das ermöglicht Freiheitsgrade und deblockiert manchmal ein System, das paralysiert ist.
10. Aussagen von Personen werden bei Deep Democracy als Manifestationen von grundsätzlichen Tendenzen in einem Feld gesehen. Das bedeutet, die Person ist gar nicht verantwortlich. Wer ist in diesem Ansatz verantwortlich für das Handeln? Mit dieser Betrachtung wird missbräuchliches Handeln generalentschuldigt, weil niemand mehr haftbar gemacht werden kann.	Eine delikate Frage. Die Argumentation, dass eine Person nicht mehr für ihr Handeln verantwortlich wäre, ist ein Missverständnis. Wie stark sich eine Person mit einer Tendenz verbindet und vielleicht in eine missbräuchliche Handlung einsteigt, ist deren individuelle Verantwortung. Wenn man sich dafür entscheidet, sich nur auf eine Tendenz zu fokussieren und den anderen Pol auszublenden, dann trägt schon diese Position dazu bei, dass ein Konflikt verstärkt wird. Um Missverständnisse auszuschließen: Missbräuchliches Verhalten wird durch Deep Democracy nicht legitimiert.

Tab. 4.2: Feldansatz, Tendenzen und Rollen in Deep Democracy

4.3.3 Konfliktbearbeitungszyklus

Frage	Antwort
1. Was ist gemeint mit dem Begriff »polarisiert sein«? Wie merkt man, dass man das ist?	Jemand ist polarisiert, wenn er stark eine Position vertritt und kein Verständnis oder keine Empathie zur Gegenposition hat.
2. Woran merkt man, dass man polarisiert wird?	Wenn man plötzlich meint, eine gewisse Aussage machen zu müssen. Wenn man unbedingt auf eine Aussage von jemandem reagieren muss. Oder wenn einen eine Aussage von jemandem stark emotionalisiert, zum Beispiel hohen Ärger auslöst.
3. Was ist ein Konflikt aus Deep-Democracy-Perspektive?	An die Oberfläche gekommene Manifestation von zwei gegensätzlich Tendenzen (oder Qualitäten), die sich gegenseitig bedingen. (Das heißt, das eine kann nicht ohne das andere existieren). Und die das Potenzial haben, das System weiterzubringen.
4. Was passiert genau bei einer Deep-Democracy-Konflikt-lösung?	Die beiden Seiten (Tendenzen) einer Polarität werden deutlich und klar benannt. Die Spannung zwischen den Polen ist hoch und energiegeladen (»Hotspot«). Dann wird geforscht nach der Essenz der Seiten. Typischerweise erfolgt damit keine Auflösung der verschiedenen Pole. Diese bleiben bestehen, aber die Spannung zwischen den Polen vermindert sich. Es entsteht eine spezifische Atmosphäre, auch »Coolspot« genannt.
4. Welche Ideen gibt es für die Bearbeitung von Konflikten in Gruppen?	Dazu gibt es im Abschnitt »Konfliktbearbeitungszyklus« eine Beschreibung eines Vorgehens (siehe Abschnitt 3.6). Zusätzlich findet sich eine Beschreibung eines konkreten Vorgehens bei den Anwendungen in Abschnitt 5.3.

Tab. 4.3: Deep-Democracy-Konfliktbearbeitungszyklus

4.3.4 Rang, Macht und Privilegien

Frage	Antwort
1. Wie gehe ich mit Rang, Macht und Privilegien um? Ist das nicht eine perfekte Möglichkeit, um Menschen zu manipulieren?	Das Rangkonzept ist eine Erklärungsmöglichkeit für Phänomene, die beobachtbar sind. Es beschreibt kein normativ anzustrebendes System. Konkret geht es darum, dass Unterschiede vorhanden sind, und gewisse Individuen mehr (oder weniger) Rang/Macht/Privilegien haben als andere. Das macht diese bezüglich einer gewissen Dimension stärker, entbindet sie aber nicht von verantwortungsvollem Handeln. Im Gegenteil.
2. Welche der Ränge kann man entwickeln, welche nicht? Was heißt das für mich als Führungskraft?	Es gibt Rangaspekte, die schwer veränderbar sind. Zum Beispiel Hautfarbe oder Körpergröße. Insbesondere veränderbar ist aber psychologischer und spiritueller Rang durch einen Bewusstwerdungsprozess.

Tab. 4.4: Rang, Macht und Privilegien

4.3.5 Konkrete Interventionen

Frage	Antwort
1. Wie gewährleiste ich, dass mein Gegenüber etwas aus einer Interaktion mit mir mitnimmt?	Indem ich darauf achte, wie die Ampelfarben im Moment stehen, und mich auf das non-verbale Feedback konzentriere. Sind beide Ampeln grün? Falls nicht, ist es an mir zu sehen, wie auf Grün geschaltet werden kann.
2. Wie kann ich einen Aspekt in ein Team einbringen, wenn die Gruppe daran kein Interesse hat?	Daumenregel: drei Mal einbringen. Wenn es dann nicht aufgenommen ist, ist die Zeit noch nicht reif. Damit muss man sich abfinden können.
3. Was mache ich, wenn ich eine Person einfach nicht wertschätzen kann, weil ich ihr Verhalten als menschenverachtend einstufe?	Vielleicht kann man zum Ausdruck bringen, dass man ein gewisses Verhalten als despektierlich empfindet. Vielleicht gibt es andere Punkte, die einen trotzdem in Verbindung bleiben lassen. Alternativ kann eine Beziehung auch bewusst abgebrochen werden.

Frage	Antwort
4. Was kann ich machen, wenn ich als Organisationsberater die Positionen im Feld transparent machen möchte?	Man kann die Positionen und Meinungen sich räumlich im Raum positionieren lassen. Man kann die Leute zum Beispiel fragen: Welche Meinungen gibt es zu diesem Thema? Und die Person auffordern, dies an einem stimmigen Ort im Raum zum Ausdruck zu bringen und einen Moment stehen zu bleiben. Dann fragt man, ob es noch mehr Meinungen oder Positionen gibt. Auch diese sollen sich im Raum »aufstellen« und sich zum Ausdruck bringen.
5. Was kann ich sonst noch machen, wenn ich als Facilitator die Positionen im Feld transparent machen möchte?	Man kann die Tendenzen einer Polarität selbst zum Ausdruck bringen. Und gleichzeitig die Verbindung zur Gruppe halten und dann fragen: »Wer hat auch schon diese Erfahrung gemacht? Wer kann mir hier helfen und diese Position auch nochmals zum Ausdruck bringen?« Rollen oder Tendenzen kommen nicht nur verbal zum Ausdruck, sondern auch in unbewusster non-verbaler Kommunikation von Gruppenmitgliedern. Wenn man das als Facilitator bemerkt, dann kann man auch die non-verbale Äußerung framen, diese wiederholen und die Person, die sie unbewusst gemacht hat, fragen, was sie bedeutet. Es braucht jedoch meistens einen Moment, bis sich die Beteiligten in einen solchen Gruppenprozess einlassen. Für den Facilitator ist diese Zeitspanne meistens ein schwieriger Moment voll Unsicherheit. Diesen Moment muss man aushalten lernen.
6. Was kann ich von Deep Democracy gebrauchen für das Leiten von Workshops und Seminaren?	Lassen Sie sich durch dieses Buch inspirieren. Sonst folgende 3 Dinge: – Idee und Ablauf eines Gruppenprozesses (Abschnitt 2.6) – ergebnisoffene Strukturierung des Programms für Workshops (Abschnitt 5.1) – Umgang mit persönlichen Attacken auf die Leitungsperson (Abschnitt 6.3)
7. Was muss ich beachten, wenn ich Deep Democracy anwende in Seminaren?	Folgende 3 Punkte: – Es gibt kein richtig oder falsch bei der Anwendung (jede Störung ist ein möglicher Wachstumspunkt) – Vorbereitung: Durcharbeiten der Übungen am eigenen Selbst – Humor behalten und auf Körpersignale achten

Frage	Antwort
8. Wie kann ich unbenannte Felder oder Polaritäten sichtbar und nutzbar machen für eine Organisation?	Das hängt von der Organisation und der Situation ab. Grundsätzlich: Die Polaritäten, die sich um ein Problem herum ergeben, sind ein möglicher Ansatzpunkt. Man kann zum Beispiel die verschiedenen Positionen rund um ein Problem im Raum aufstellen und die Tendenzen benennen. Im nächsten Schritt geht es darum, mehr Beziehung zwischen den Polen herzustellen. Um einen Einstieg zu finden, kann man als Organisationsberater die vermuteten Pole in der Mitte aufstellen und sehen, was am meisten Energie auslöst. Voraussetzung ist allerdings, dass dazu das Einverständnis des Auftraggebers vorliegt.
9. Wie stelle ich als Organisationsberater sicher, dass eine gemeinsame Lösung, die sich in einer Gruppe ergeben hat, auch nachhaltig bleibt und wirkt?	Deep Democracy geht im Kern davon aus, dass alles, was wir schaffen und erschaffen, temporär bleibt. Jeder Konflikt kann zwar bearbeitet werden, aber die Wahrscheinlichkeit ist groß, dass eine andere Polarität auftaucht. In Organisationen kann man nicht verhindern, dass Probleme und Störungen auftauchen, aber man kann effizienter, schmerzfreier und eleganter damit umgehen lernen.
10. Was kann ich als Leitungsperson machen, wenn ich kritisiert werde?	Deep Democracy stellt einige interessante Ideen zur Verfügung. In Abschnitt 6.3 sind verschiedene Ansätze konkret beschrieben.
11. Wie kann ich als Deep-Democracy-Facilitator eine Führungskraft unterstützen, sodass sie sich unterstützt fühlt (und nicht bedroht)?	Indem man sie tatsächlich unterstützt — auch in der Verfolgung eines primären Geschäftszieles (wie zum Beispiel Gewinn) und ihr dabei hilft, mehr Bewusstheit in die dahinterliegenden Polaritäten im Organisationsfeld zu bringen.

Tab. 4.5: Konkrete Interventionen

4.3.6 Zur Schnittstelle Business und Deep Democracy

Frage	Antwort
1. Wie kann man Deep Democracy einsetzen in Organisationen, die hierarchisch organisiert sind, also eindeutige Machtverhältnisse aufweisen? Ist das nicht ein Widerspruch?	Prinzipien von Deep Democracy können in allen Organisationen und Institutionen eingesetzt werden, unabhängig von der Organisationsform und der gelebten Kultur. Bei Deep Democracy geht es nicht um eine Demokratisierung im traditionellen, politischen Sinne. Es geht um Ermächtigung von Personen durch erhöhte Bewusstheit. Das wiederum kann die aktuellen Machtverhältnisse beeinflussen.
2. Wie bringt man die verschiedenen Zielrichtungen von Deep Democracy (erhöhte Bewusstheit in Interaktionen etc.) und Business (Output, Produkt, Gewinn etc.) unter einen Hut?	Deep Democracy hat nicht primär das Ziel, etwas Bestimmtes zu verändern. Es geht vielmehr darum, mehr Bewusstheit zu erlangen über die Art und Weise, wie man zum Beispiel in Organisationen zusammenarbeitet und einen bestimmten Output produziert: Wie läuft das? Wie geht es den Menschen darin? Wie geht man sinnvollerweise mit unterschiedlichen Meinungen um? Wie geht man mit den offensichtlichen oder vermeintlichen Widersprüchen um?
3. Die Anwendung von Deep Democracy in einem profitorientierten Umfeld ist in sich ein Widerspruch — das geht nicht.	Das ist eine klare Aussage, weniger eine Frage. Wir können gerne unsere Meinungen austauschen: Dann sage ich, dass ich die Aussage nicht teile. Ich denke, sie basiert auf einem grundsätzlichen Missverständnis, was Deep Democracy beinhaltet.
4. Spielt bei Deep Democracy die Vergangenheit eine Rolle? Oft wird ja im Business behauptet, man solle nur auf die Zukunft fokussieren, alles andere spiele keine Rolle.	Bei der Anwendung von Deep Democracy wird mit den Aspekten und dem Material gearbeitet, das in einem Moment in einer Gruppe zum Ausdruck gebracht wird. Wenn das Aspekte aus der Vergangenheit sind, dann auch das. Man geht davon aus, dass es deshalb im Jetzt zur Sprache kommt, weil der Aspekt auch gerade in diesem Moment eine Kraft entfaltet, als würde es im Moment geschehen. Es gibt immer wieder Aspekte aus der Geschichte, die auf eine aktuelle Interaktion wesentlich Einfluss haben. Diese »Geister aus der Vergangenheit« können Lösungen im Jetzt verhindern, wenn sie nicht deutlich benannt werden können.
5. Wie kann man Geschäftsleute überzeugen oder ermutigen, Deep Democracy anzuwenden?	Menschen wählen den für sie besten Weg, um ihre Probleme anzugehen. Deep Democracy ist eine mögliche Herangehensweise. Am besten, man lädt interessierte Personen (nicht nur Geschäftsleute) ein, eine eigene persönliche Erfahrung zu machen.

Frage	Antwort
6. Deep Democracy hat einen exotischen Namen und der Nutzen kann schlecht in ein, zwei Sätzen dargelegt werden. Wie anschlussfähig ist Deep Democracy in der Geschäftswelt?	Deep Democracy ist ein sperriger Name und ein relativ neuer Ansatz im Geschäftsumfeld. Typischerweise sind Unternehmen weniger interessiert an Methoden, sondern an den Resultaten. Wenn man von konkreten Beispielen von Anwendungen und deren Resultate berichtet, ist die Anschlussfähigkeit gegeben. Diese wird aber weniger über den Inhalt als über die Interaktionsqualität zwischen Berater und Unternehmen hergestellt.

Tab. 4.6: Die Schnittstelle zwischen Business und Deep Democracy

5 Beispiele praktischer Anwendungen in Organisationen

In diesem Kapitel sind Fälle aus der beraterischen Praxis des Autors beschrieben. Sie sollen dem Leser Einblick geben in konkrete Anwendungen von Deep Democracy in der Organisationsentwicklung. Die Beschreibungen sind nicht als Normvorgehen oder »Best Practices« zu verstehen, sondern als Quelle der Anregung für die Bearbeitung von eigenen Herausforderungen. Persönliche Vorlieben, Stärken und Erfahrungshintergrund, aber natürlich auch die Organisation, in der man die Vorgehensweise anwendet, spielen eine Rolle bei der Anwendung von einzelnen Deep-Democracy-Interventionsmethoden. Nicht jede Organisation ist zum Beispiel offen für den umfassenden Konfliktlösungszyklus, wie er in Abschnitt 3.6 beschrieben ist. Oder für einen Gruppenprozess, in dem man versucht, die unter einem Konflikt liegenden Polaritäten herauszuarbeiten (siehe Abschnitt 2.6). Da gilt es, die Grenzen der Organisation zu berücksichtigen — auch wenn man persönlich denkt, dass es »den anderen« guttäte, einmal eine gewisse Erfahrung zu machen. In der Realität kommt deshalb eine Mischform verschiedener Ansätze zur Anwendung. In den folgenden Fallbeschreibungen sind dies meistens Formen der allgemeinen Unternehmensberatung, der klassischen Moderation und von Deep Democracy.

5.1 Visionsprozess: Ein Bereich eines Wirtschaftsprüfungsunternehmens

Ausgangslage

Die 50-köpfige Abteilung eines international ausgerichteten Wirtschaftsprüfungsunternehmens arbeitet erfolgreich. Das Umsatzwachstum entwickelt sich aber durchschnittlich. Ein großer Wachstumssprung liegt ein paar Jahre zurück, als einige Mitarbeiter en bloc von einem Konkurrenten zur Abteilung gestoßen sind. Die drei Partner und Leiter der Abteilung sind der Ansicht, dass die Energie, die Passion und der Antrieb in der Zwischenzeit eingeschlafen sind. Gleichzeitig stellen sie fest, dass die Mitarbeiter vorgegebene quantitative Ziele nicht immer erreichen. Ohne Konsequenzen. Im Zuge der Internationalisierung der Firma wurden neue Spezialisten eingestellt, die aus dem angelsächsischen Raum stammen und kein Deutsch sprechen. Es finden regelmäßige Management-Sitzungen statt, um den Status der Entwicklung der Abteilung anhand vieler KPIs (Key Performance Indicators) zu überprüfen. Diese Sitzungen dienen vor allem der Lösung von dringlichen Problemstellungen. Grundsätzliche Positionierungsfragen haben wenig Platz. Die Partner entscheiden sich, einen Strategieüberprüfungsprozess zu starten. Ein erster Schritt ist eine Standortbestimmung und die Identifikation des Handlungsbedarfs.

Vorgehensweise

Die drei Partner führten die Standortbestimmung im Rahmen eines eintägigen Workshops mit zehn Schlüsselpersonen mit einem externen Facilitator (der Autor) durch. Die Fragestellungen beinhalteten sowohl inhaltliche (Strategie, Vision) als auch emotionale Aspekte (Passion, Energie, Begeisterung, Art der Zusammenarbeit). Die Partner einigten sich, die Fragestellung im Rahmen eines Gruppenprozesses (Abschnitt 2.6) anzugehen. Ein erster Halbtag des Workshops wurde für die Schritte Einstieg, Sorting und Konsens-Findung verwendet. Der zweite Halbtag für die Schritte Bearbeitung der wichtigsten Handlungsfelder und der Bestimmung eines Aktionsplanes. Die Fragestellung für den Sortingprozess lautete: »Welche Themen ›brennen‹ aus Ihrer persönlichen Sicht im Moment bezüglich der strategischen Ausrichtung der Abteilung und der Team-Zusammenarbeit?« Die offene Fragestellung ermöglichte, dass die Teilnehmer ihre ganz individuellen Themen und Fragen einbringen konnten. Die Teilnehmer engagierten sich stark, und am Schluss stand eine Liste mit 20 unterschiedlichen Themen auf dem Flipchart:

- Welche neuen Kundencluster angehen, obwohl keine Ressourcen?
- Verbindlichkeit in Führung
- Follow-up-Prozesse: Wir setzen nicht um.
- Kommunikation und Zusammenarbeit: Wir arbeiten zu viel in Silos.
- Ich habe keine Kundenkontakte für »Neue Kundencluster«.
- Zusammenarbeit mit anderen Abteilungen für New Business
- Wir sind lahm und zufrieden geworden — haben keinen Schwung mehr.
- Wie können wir unsere Motivation erhöhen?
- Wie gehen wir damit um, wenn Leute ihre Ziele nicht erreichen? Welche Konsequenzen?

- GL-Meetings: Frequenz/Themen/Protokoll ist ineffizient im Moment.
- CRM/IT-Unterstützung kommt nicht wie geplant — was tun?
- Ressourcen-Problem: Was wird konkret gemacht?
- Was müssen wir lernen, wenn wir in eine neue Welt gehen mit neuen Kunden?
- Recruiting-Strategie: Woher holen wir die Leute, welche wir in Zukunft brauchen?
- Unsere Web-Präsenz ist von vorgestern — neue Inhalte bestimmen.
- Führungsstruktur unklar: welche Ebenen? Zweierteam als Führung führt zu Unklarheiten.
- Welche Unterstützung haben wir ganz oben für die neuen Cluster?
- Alte Abteilungsstrukturen behindern uns heute noch — wie können wir diese Kommunikationsbarrieren überwinden?

Diese Themen wurden ungeordnet der Reihe nach aufgelistet und es wurde sichergestellt, dass sie von der Gruppe verstanden wurden. Anschließend ging es darum, eine Priorisierung vorzunehmen und zu bestimmen, mit welchem Themenbereich der Bearbeitungsprozess begonnen werden sollte. Die Gruppe nahm eine Clusterung vor und kam auf folgende fünf Hauptthemen:

1. Wie soll die Ausrichtung auf neue Kundencluster geschehen, obwohl zu wenig Ressourcen zur Verfügung stehen?
2. Wie können wir uns intern mit anderen Abteilungen besser vernetzen?
3. Welche Fähigkeiten brauchen wir, wenn wir einen neuen Kundenfokus haben?
4. Wie können wir die aktuelle Atmosphäre der Saturiertheit und der fehlenden Kommunikation ändern?
5. Wie wollen wir die mangelnde Konsequenz in den Führungsprozessen beheben?

Blieb immer noch die Frage, wie die Themen bearbeitet werden sollten. Welche zuerst? Nach einigem Hin und Her und Austausch von vielen Argumenten realisierten die Beteiligten, dass die Reihenfolge gar nicht so wichtig war, sondern dass es vielmehr darum ging, dass alle Themen bearbeitet werden sollten. Sie einigten sich darauf, dass sie zusammen mit dem Facilitator die Frage der grundsätzlichen strategischen Ausrichtung bearbeiten wollten und die anderen Fragen zu einem anderen Zeitpunkt. Dabei ging es vor allem um den richtigen Kunden-Fokus zwischen internationalen Großkunden und lokalen KMUs (kleine und mittlere Unternehmen). Zur Bearbeitung teilte sich die Gruppe dann in Kleingruppen auf und bereitete Plenumspräsentationen vor. Zum Schluss wurde ein Aktionsplan erstellt, sodass klar war, wie es mit den Resultaten weiterginge.

Kritische Momente

Ein kritischer Moment im geschilderten Fall war der Prozess, der zum Konsens führte, welche Themen nun zu bearbeiten sind. Nachdem die Gruppe auf die rund 20 Themen geschaut hatte, löste dies natürlich die Frage aus, wie man effizient und sinnvoll damit umgehen sollte. Diese Bedenken bewirkten temporär eine gewisse Unsicherheit, weil nicht sofort klar wurde, welchen Weg man als Gruppe nehmen würde. Zusätzliche Bedenken entstanden, weil sich die Teilnehmer bewusst waren, dass unterschiedliche Meinungen in der Gruppe bestanden, welche Themen wesentlich und relevant waren. Die Unsicherheit führte zu vielen Wortmeldungen, die Gruppe wurde unruhig, durchlebte chaotische Momente. Einzelne Leute forderten eine klare Ansage der Vorgesetzten, einige mahnten an, dass sie gerne genau in diese Diskussion der Relevanz einsteigen wollten. Eine Person aus der Gruppe brachte dann einen konkreten Vorschlag ein, der breite Unterstützung fand. So schälte sich der Konsens aus der Gruppe heraus, den die meisten Anwesenden mittragen konnten, auch wenn sie teilweise persönlich gerne anders vorgegangen wären.

Was ist wichtig für Leitungspersonen?

- Keine Vorstrukturierung und Beschränkung der Beiträge von Teilnehmenden.
- Die radikale Übergabe der Verantwortung für Resultate an die Gruppe. Leitung nimmt keine eigenhändige Selektion, Priorisierung und Bewertung der Beiträge vor.
- Im Sortingprozess brauchte es Geduld, Gelassenheit und die Ruhe, auch schwache Signale von Teilnehmern aufzunehmen. Hintergrundüberlegung: Aspekte, welche dem Gruppen-Mainstream nicht entsprechen, werden typischerweise nicht oder nur zögerlich geäußert.

5.2 Change Management: Arbeit mit Widerstand

Ausgangslage

Ein international ausgerichtetes Messtechnik-Unternehmen steht vor einem Generationenwechsel verschiedener Produktelinien. Dabei nimmt der Research-und-Development-Bereich (R&D) mit rund 200 hochqualifizierten Mitarbeitern eine Vorreiter-Rolle ein. Im Rahmen der Neuentwicklung ist nach verschiedenen Wechseln seit zwei Jahren ein neuer R&D-Verantwortlicher eingesetzt. Sein erster Eindruck ist: Technisches Know-how ist genügend vorhanden, doch die Art der Zusammenarbeit, die Synchronisation und notwendige Kommunikation zwischen den verschiedenen Abteilungen ist mangelhaft. Es besteht wenig gegenseitiges Vertrauen, die abteilungsübergreifende Koordination von Entwicklungsaktivitäten besteht als Idee auf dem Papier, doch es fehlt das konkrete Kommunikations-Know-how, wie man diese Diskussionen auf fruchtbare und konstruktive Art lösen könnte. Die Ballung von Veränderungen auf allen Ebenen löst im Bereich viele Diskussionen und auch Widerstand aus. Insbesondere lang gediente Mitarbeiter bekunden Mühe mit dem Wandel. Es wird bemängelt, dass das Tempo und die Dichte der Veränderung zu hoch sei, dass alte, eingespielte Arbeitsweisen und -teams auseinandergerissen werden und so die hochgesteckten Ziele sowieso nicht eingehalten werden können. Der R&D-Verantwortliche entscheidet sich, auf verschiedenen Ebenen Maßnahmen einzuleiten:

1. Struktur: Die klassische Linienorganisation wird aufgegeben zugunsten einer Matrixorganisation. Zusätzlich erhalten die Projektleiter des Produktentwicklungsportfolios eine zentralere und verantwortungsvollere Rolle. Es werden Gremien geschaffen, um zu klären, wo sich Schnittstellen-Thematiken und entsprechende Probleme frühzeitig zeigen, damit sie schnell angegangen werden können.
2. Know-how: Alle Mitarbeiter in Führungspositionen gehen durch Schulungen, die das »agile Verhalten in Projekten« trainiert.
3. Performance & Feedback-Kultur: Alle Schlüsselpersonen erhalten in regelmäßigen Abständen persönliches Feedback bezüglich ihrer Performance und Zusammenarbeit mit anderen. Alle definieren für sich »Persönliche Lernfelder bez. Kommunikation und Zusammenarbeit«, die regelmäßig überprüft werden.
4. Die jeweiligen Leitungsgremien der verschiedenen Abteilungen führen zweimal im Jahr einen »Boxenstopp« durch. Das ist eine Leitungsklausur, in welcher im Rahmen eines offenen Prozesses die Punkte besprochen werden, die im Alltag immer wieder zu Zusammenarbeitsproblemen führen und die eine vertiefte Diskussion erfordern.
5. Durchführung von Workshops mit allen Mitarbeitern zur Besprechung und Verdauung der aktuellen Veränderungen. Dies geschieht mit einem Fokus auf diejenigen Abteilungen, wo der gefühlte Widerstand gegen Neuerungen groß ist.

6. Regelmäßige Beurteilung der Performance der Schlüsselpersonen durch den R&D-Verantwortlichen und das Leitungsteam. Einleitung gezielter und sofortiger Maßnahmen für Personen, welche den neuen, anspruchsvollen Anforderungen nicht genügen.

Vorgehensweise

Die hier beschriebene Vorgehensweise bezieht sich auf einen Workshop mit einem Unterbereich mit rund 30 Personen, der gemäß Einschätzung des R&D-Leiters besonders kritisch war: Einerseits funktionierte die Zusammenarbeit mit anderen Unterbereichen unzureichend und das Kooperationsverhalten von Schlüsselpersonen mit den eingeführten Neuerungen entsprach nicht seinen Anforderungen. Zentrales Ziel des Workshops war deshalb die Bearbeitung des Widerstandes und die gemeinsame »Verdauung aller Neuerungen«, um diese besser in den Arbeitsalltag integrieren zu können. Der Workshop war ein Teil des Punktes 5 aus obiger Maßnahmen-Liste. Zusammen mit dem R&D-Leiter und dem Teamleiter des Unterbereiches erarbeitete der Autor als externer Berater und Facilitator einen Vorgehensvorschlag basierend auf den Schritten eines Gruppenprozesses (siehe Abschnitt 2.6). Die Kernidee des Vorgehens bestand darin, einen Anlass durchzuführen, bei dem alle Meinungen und Positionen willkommen waren, auch wenn sie im ersten Augenblick aus Leitungssicht nur negativ oder dysfunktional waren. Durch diesen transparenten, ergebnisoffenen Dialog sollte der Widerstand eine Stimme finden und zum Ausdruck kommen. Der hohe Traum war die aktuelle Opfer-Mentalität (»Wir sind den Neuerungen einfach ausgesetzt — auf uns hört niemand«) aufzuweichen und vorhandene Negativität (»Das funktioniert alles nicht«) zugunsten einer Haltung »Ich kämpfe für meine Sache und schaue, ob es einen Kern in den Neuerungen gibt, dem ich eine Chance geben will« entwickelt werden.

Die durch den Leiter des Bereiches an alle Teilnehmer verschickte Agenda sah folgendermaßen aus:

A. Idee des Workshops

- Standortbestimmung vornehmen: Wo stehen wir als Abteilung im Rahmen aller Veränderungen bei unserer Firma?
- Aktuelle Themen und Fragestellungen priorisieren und bearbeiten, damit wir als Abteilung gut mit den aktuellen Veränderungen umgehen können.
- Aktionsplan davon ableiten (wer/was/wann?)

B. Agenda

- 8:00 Begrüßung
  - Warm-up & Gruppendiversität
  - Big Picture: »Wohin geht der Entwicklungsbereich und was heißt das für unsere Abteilung?« (Kurzinput mit Q&A-Session [Questions & Answers] durch Entwicklungsleiter)
  - Gruppenarbeiten »Umfeldveränderungen und Auswirkungen auf unsere Abteilung«
  - Fazit aus Gruppenarbeiten und Priorisierung der Themen
  - Priorisierte Themen bearbeiten
- 12:00 Lunch
- 13:00 Weiterarbeit
  - Priorisierte Themen weiterbearbeiten
  - Feedback-Runde und eigenes »Lernfeld« bestimmen
  - Optionale Formate gemäß Wunsch der Teilnehmenden (eigene Trigger-Punkte erkennen, Spielregeln formulieren für Zusammenarbeit, Perspektivenwechsel und Konfliktmanagement etc.)
  - Love Shower
  - Abschluss
- 18:00 Ende

C. Vorbereitung (alle machen sich vorgängig schriftliche Notizen zu jeder Frage)

1. Was macht richtig Spaß bei der Arbeit in unserer Abteilung? Was bereitet mir keine Freude bei meiner Tätigkeit?
2. Welche Veränderungen gibt es im Umfeld unserer Abteilung? Was sind die Auswirkungen auf uns? Wo haben wir richtig Handlungsbedarf aus meiner Sicht?
3. Welche Themen und Fragestellungen will ich mit den Kollegen im Workshop besprechen, damit wir als Abteilung einen Schritt weiterkommen?

Wie äußert sich Widerstand in Aussagen von Teilnehmern?

Bei Workshops mit Teilnehmern, die mit einem Widerstandsprozess verbunden sind, ist es hilfreich, diesen Widerstand möglichst schnell durch diese benennen zu lassen. Typischerweise kommt er nicht direkt zum Ausdruck — die wenigsten Mitarbeiter sagen offen, dass sie im Widerstand zu gewissen Neuerungen sind, die notabene von oben kommen. Das ist nicht karriereförderlich. Aber er kommt zum Ausdruck in anderer Form. Zu Beginn des Workshops wurde vom Facilitator die folgende Frage an die Teilnehmenden gerichtet:

»Was möchten Sie heute gemeinsam erleben — im besten Fall aus Ihrer individuellen Sicht?« Folgende Liste war das Resultat:

- Führung muss anders sein, nicht unbedingt der Abteilungsleiter
- Abteilungsstruktur diskutieren, vor allem gegen oben
- ... dass ich mit meinen Argumenten gehört werde
- ... dass ich das Gefühl erhalte, ich liege nicht falsch
- ... dass wir einmal verstehen, wo das Problem überhaupt liegt
- Ich möchte die Meinung der beiden Vorgesetzten R. und M. besser verstehen
- Ich möchte zum Ausdruck bringen, dass wir schon heute effizient und agil arbeiten
- Ich möchte mit meiner Meinung gehört werden
- Möchte mich im Team über Meinungen austauschen und gemeinsames Verständnis erhöhen
- Kurzfristige und langfristige Vision der Abteilung kennenlernen und persönliche Meinung der Vorgesetzten erfahren
- Weg finden, wie wir miteinander kommunizieren: mit Respekt, Vertrauen und mehr Glaubwürdigkeit
- Chefs sollen unsere Meinung hören
- Wegkommen von »weshalb sind wir ein Problem« zu neuer Haltung und offene Diskussion und Meinungsaustausch
- Ruhe soll einkehren
- Möchte diskutieren: Wie interpretieren wir Rolle unserer Abteilung in Zukunft?

Diese Liste zeigt, wie typischerweise Dissens mit Veränderungen zum Ausdruck gebracht wird. Aussagen wie »Ich möchte zum Ausdruck bringen, dass wir heute schon effizient und agil arbeiten« deuten darauf hin, dass der Sprechende mit dem Status quo zufrieden ist und keinen Handlungsbedarf und Neuerungen eher skeptisch sieht. Das ist normal, es müssen nicht alle Mitglieder einer Gruppe einen Handlungsbedarf sehen. Aussagen wie »Chefs sollen unsere Meinung hören« deuten darauf hin, dass der Sprechende der Ansicht ist, die Vorgesetzten haben noch nicht genug zugehört. Eine solche Person hat die Neigung, Widerstand zu leisten, bis sie sich genügend gehört fühlt.

Wie soll man nun als Leitungsperson oder Facilitator mit solchen Aussagen umgehen? Ist es ratsam auf einzelne Punkte einzugehen? Dies ist situationsabhängig, aber grundsätzlich ist eine Liste wie die obige Sammlung erst einmal als Fakt zu betrachten, den man stehen lassen kann und im Moment nicht weiter besprechen muss. Man kann in der Rolle als Leitungsperson oder Facilitator

»Danke« sagen für das Feedback und anfügen, dass genau der heutige Anlass fürs Zuhören da ist und für die Verbesserung der Kommunikation. Wichtig ist, dass in einer derart gestalteten Warm-up-Phase eine Offenheit geschaffen wird, die es für den weiteren Verlauf möglich macht, auch richtig kritische Themen anzubringen.

Eine weitere Leitidee für das gewählte Vorgehen im Workshop war die selbstbestimmte Definition der Themen, die besprochen werden — also keine Vorgaben durch einen Vorgesetzten. Im ersten Schritt wurden dafür Gruppen von fünf Personen gebildet. Jede hatte die Aufgabe, eine Sammlung von Themen mit Handlungsbedarf zu erarbeiten. Die Gruppenresultate wurden anschließend im Plenum präsentiert. Dabei ist aus Effizienzgründen wichtig, dass zwar Verständnisfragen Platz haben sollen, aber mit Vorteil noch keine inhaltliche Diskussion stattfindet. Wenn sie dennoch stattfindet, deutet das auf Themen hin, die einen hohen emotionalen Gehalt haben (Hotspot-Thema). Aufgrund der Plenumspräsentationen wurde eine gemeinsam vereinbarte Themenliste in der Gesamtgruppe kondensiert. Im vorliegenden Fall sah die Liste wie folgt aus:

1. Interne Organisation: Teamleiter ja/nein; Trennung von Bereich A in zwei Unterbereiche?
2. Big Picture: Wohin geht die Reise? (Input durch Vorgesetzten)
3. Kommunikation und Info-Austausch: falsche Leute am Tisch/wie Einbezug Fachleute?
4. Kernteamstruktur und Rolle Nicht-Kernteammitglied: Welche Kompetenzen und Verantwortlichkeiten?
5. Was ist fix an den kommunizierten Rahmenbedingungen? Was kann verändert werden?
6. Spaß-Faktor: Was können wir machen, um wieder auf das bisherige Niveau zu kommen?
7. Definition: Was ist unsere Kernkompetenz als Abteilung?
8. Wie erhöhen wir gegenseitiges Verständnis, Vertrauen und Wertschätzung zwischen verschiedenen hierarchischen Ebenen?
9. Prozesse; ersetzt durch »agile Verhaltensweisen«: Wie weiter damit?
10. Feedback-Kultur
11. Umgang mit Konflikten

Nach der Gewichtung mittels Punkten ging es darum, eine adäquate Art der Bearbeitung für jedes der priorisierten Themen zu finden. Für einen Teil der Themen, die übergeordnet waren, wie zum Beispiel »Big Picture: Wohin geht die Abteilung«, »Feedback-Kultur«, »Umgang mit Konflikten«, machte die gemeinsame Bearbeitung mit der ganzen Gruppe Sinn. Für andere Themen wurden Untergruppen gebildet, sodass vier Themen parallel bearbeitet werden konnten. Die Teilnehmer konnten sich freiwillig derjenigen Gruppe anschließen, die für sie am Interessantesten war. Die Resultate der Gruppenarbeiten wurden zum Schluss im Plenum vorstellt, zusammen mit einem konkreten Vorschlag, wer sich um die Umsetzung der Resultate kümmert.

Was ist wichtig für Leitungspersonen?

- Widerstand ist ein Gefühl der Störung bei den Leitungspersonen — nicht bei den »Störern«.
- Das Verhalten, das eine Leitungsperson bei Mitarbeitenden als Widerstand taxiert, ist aus deren Sicht wichtig, um für sie zentrale Werte in der Organisation zu beschützen oder zu retten. Meist sind es Grundwerte der Zusammenarbeit, die Qualität von zwischenmenschlichen Beziehungen oder das Gemeinschaftsgefühl, die durch die Neuerungen in Gefahr gesehen werden.
- Widerstand beginnt sich zu verflüssigen, wenn man nicht über »Widerstand« spricht, sondern über die Dinge, welche die Teilnehmer im Moment beschäftigen.
- Eine Gruppe organisiert sich selbst, wenn man als Leitungsperson passende »Gefäße« zur Verfügung stellt.

5.3 Konfliktbearbeitung: Akuter Konflikt in Abteilung eines Maschinenbauers

Ausgangslage

Die neue Abteilungsleiterin eines Maschinenbau-Unternehmens trifft auf eine höchst unbefriedigende Teamsituation in ihrer Abteilung von rund 15 Mitarbeitern. Der Output der Abteilung ist zufriedenstellend, aber die Arbeitsatmosphäre ist aus Sicht der Vorgesetzten inakzeptabel. Deshalb führt sie mit allen Mitarbeitern Einzelgespräche, um deren Sichtweisen und Interessen in Erfahrung zu bringen. Die Gespräche bestätigen ihren ersten Eindruck: Verschiedene Mitarbeiter sprechen nicht miteinander, gehen sich aktiv aus dem Weg. Einzelne Personen werden schlecht geredet und negative Gerüchte kolportiert. Es gibt eine Subgruppe, die auch privat miteinander Aktivitäten unternimmt, und andere, die davon ausgeschlossen sind. Die Situation überlagernd, gibt es einen Mitarbeiter, der durch sein eigenmächtiges, selbstbezogenes Verhalten mit einem Großteil der Gruppe in einem Dauerkonflikt liegt und entsprechend ausgegrenzt wird.

Vorgehensweise

Die Vorgesetzte sucht das Gespräch mit mir (der Autor) als externem Facilitator und wir diskutieren verschiedene mögliche Vorgehensweisen. Sie entscheidet sich für eine Team-Klausur mit der gesamten Abteilung mit einem offenen Fokus. Das bedeutet, dass nicht unbedingt die verschiedenen Konflikte im Zentrum stehen müssen, sondern das, was die Gruppe als zentral für die weitere Entwicklung einschätzt. Je nach Willen und Bereitschaft der Teilnehmenden beinhaltet das auch die durch die Abteilungsleiterin identifizierten Konflikte. Für dieses Vorgehen holt sie in Einzelgesprächen das Einverständnis der Teilnehmer ab, insbesondere auch von den Personen, die unter den zwischenmenschlichen Konflikten leiden. Im Folgenden ist das Vorgehen für den Workshop Schritt für Schritt dargelegt. Der Workshop dauerte einen Tag. Folgende Einladung verschickte die Vorgesetzte:

A. Ziele

1. Wo stehen wir als Abteilung? Wo sind wir auf dem richtigen Weg? Wo sind wir nicht auf dem richtigen Weg?
2. Handlungsbedarf identifizieren und Klärung vornehmen
3. Aktionsplan für die Abteilung erstellen (Wer macht was und bis wann?)

B. Ablauf

- 8:00 Uhr Start
  - Begrüßung
  - Aufwärmen & Gruppendiversität
  - Vergangenheit bis Gegenwart
  - Wohin geht unsere Reise? Was ist unser Fokus für das kommende Jahr?
  - Q&A, Big Picture
  - Sammlung Themen und Priorisierung
  - Bearbeitung Themen
  - Optionale Formate gemäß Bedürfnissen der Teilnehmenden
  - Aktionsplan
  - Abschluss
- 18:00 Uhr Ende

C. Vorbereitung

Bitte beantworten Sie für sich folgende Fragen als Vorbereitung für den Workshop:

1. Was macht mir im Moment Spaß bei meiner Tätigkeit?
2. Wir gut ist im Moment die Zusammenarbeit in der Abteilung und mit Einzelnen aus meiner Sicht (auf einer Skala von 0—10; 0 heißt Katastrophe, 10 bedeutet keine Verbesserung möglich)?
3. Welche Themen und Fragestellungen will ich mit den Kolleginnen und Kollegen besprechen, damit wir als Abteilung unser ehrgeiziges Ziel erreichen?

Konkreter Ablauf

Wenn die Teilnehmenden gleich zu Beginn des Workshops zum Ausdruck bringen, was sie beschäftigt und welche Atmosphäre im Raum ist, bringt das eine gemeinsame Präsenz auf das Hier und Jetzt in den Raum. Auf die entsprechende Frage in der Aufwärmrunde, welche Stimmungen im Raum im Moment versammelt sind, werden folgende Antworten gegeben:

- Unsicherheit
- Chance
- Habe gar keine Zeit, hier zu sein — habe viel zu tun
- Neugierde
- Erwartungen
- Hoffnungen
- Nicht viele Erwartungen
- Keine Stimmung — kann ich nichts dazu sagen
- Bin gespannt, was wir erarbeiten

Man erkennt, dass eine Ambivalenz in der Gruppe vorhanden ist. Ein Teil der Leute hat keine Erwartungen, möchte sich lieber nicht auf die Auseinandersetzung einlassen, ein anderer Teil ist gespannt, neugierig und hat Hoffnung. Die nächste Frage der Aufwärmrunde ist: »Was möchten Sie aus Ihrer Sicht gemeinsam erleben im Workshop?« Diese Frage aktiviert und irritiert die Teilnehmer gleichermaßen, weil sie aufgefordert sind, Position zu beziehen, welche Art von Erfahrung sie machen möchten. Der Zweck dieser Frage liegt in der Bildung von Fokus und Engagement für die Zeit, die man zusammen verbringt. Diese Frage beantwortet die Gruppe folgendermaßen:

- Offene Diskussion
- Ehrlichkeit
- Mut
- Ich möchte 2–3 Spannungen lösen, welche wir haben

- Die Spannungen verstehen, die schon über eine geraume Weile bestehen
- Möchte Geschichte verstehen, die zu dieser Situation geführt hat, damit wir lösen können
- Ich möchte ein Gruppengefühl spüren

Zum Schluss der Aufwärmrunde geht die Frage an die Teilnehmenden, welche konkreten Themen sie unbedingt mit den Kollegen besprechen wollen. Die Antworten sind:

- Umgang miteinander
- Gruppenspannungen definieren und lösen
- Spannungsquelle lokalisieren und schauen woher das kommt
- Zusammenarbeit muss klappen — das müssen wir hinkriegen
- Spannungswolke definieren (ist schwierig für neue Mitarbeiter)

Das Gesamtbild klärt sich damit: Das Thema der Spannungsfelder und Konflikte hat am meisten Energie. Deshalb schlage ich der Gruppe vor — in Abweichung zum ursprünglichen Programm —, direkt in die Bearbeitung der verschiedenen Konfliktbereiche einzusteigen. Es werden vier sich überlagernde Konfliktfelder genannt und im Detail beschrieben, die zum Teil auf Ereignisse zurückgehen, die über zehn Jahren zurückliegen. Aufgrund der Beschreibungen mache ich den Vorschlag, alle der vier wesentlichen Spannungsfelder zu bearbeiten. Und zwar in einer Art Fish-Bowl-Setting, bei dem die direkt Beteiligten in einem inneren Kreis zusammenarbeiten und die anderen im äußeren Kreis das Geschehen beobachten und an geeigneter Stelle ihre Beobachtungen teilen. Nach einer kurzen Diskussion sind alle Beteiligten einverstanden. Zur Vorbereitung diskutieren wir grundsätzliche Möglichkeiten, wie man mit Konflikten umgehen kann. Dazu führen wir eine kurze Übung mit allen Teilnehmern durch, bei dem wir das eigene typische Konfliktverhalten in Zweier-Gruppen bearbeiten und anschließend im Plenum teilen. Zudem mache ich den Vorschlag, mit dem Konflikt zu beginnen, der im Rahmen der Beschreibungen am meisten Energie in der Gruppe ausgelöst hat. An diesem Konflikt sind zwei Personen beteiligt, die sich nach kurzer Diskussion mit dem Setting einverstanden erklären. Ich erkläre nochmals die einzelnen Schritte und den Ablauf der Konfliktbearbeitung, der sich stark am 10-Schritte-Deep-Democracy-Konfliktbearbeitungszyklus anlehnt (Details siehe Abschnitt 3.6). Nun beginnen die beiden Beteiligten darzulegen, wie sie die Situation sehen, was ihnen schwierig erscheint in der Zusammenarbeit. Der andere hört einfach zu. Dann nehmen beide einen Perspektivenwechsel vor und beschreiben, wie sie annehmen, wie der andere die Zusammenarbeit mit ihnen sieht, was leicht- und was schwerfällt. An dieser Stelle werden die Außenstehenden aufgefordert, ihre Beobachtungen der bisherigen Interaktion zum Ausdruck zu bringen. Die beiden in der Mitte hören zu, empfangen die Beobachtungen, ohne direkt darauf zu reagieren. Das fällt typischerweise sehr schwer. Anschließend ziehen sie je einzeln ein Fazit über ihre Erkenntnisse aus der »direkten Begegnung« und formulieren für sich Ideen, wie sie sich in Zukunft gegenseitig verhalten wollen, damit die Zusammenarbeit auf ein genügend gutes Niveau kommt. Diese gesamte Sequenz dauert zirka 90 Minuten. Die Sequenz ist für alle Beteiligten emotional sehr fordernd — auch für die Außenstehenden. Am Nachmittag entscheidet sich die Gruppe für eine weitere Konfliktbearbeitung und einer Session, bei der gegenseitig Feedback gegeben wird. Daraus leiten alle Beteiligten »Individuelle Lernfelder« bezüglich Kommunikation und Verhalten für die Zusammenarbeit ab.

Im bilateralen Debriefing des Workshops zwischen der Chefin und mir als Facilitator gehen wir auffallende Punkte im Verhalten der einzelnen Mitarbeiter durch. Dabei erörtern wir das weitere Vorgehen aus der Perspektive der Chefin. Darunter fallen Einzelgespräche mit einzelnen Mitarbeitern, deren Verhalten im Workshop grundsätzliche Fragen über deren Motivation und/oder Passung für das weitere Verbleiben im Team aufgeworfen haben. Interessant ist auch, dass sich die Gruppe für ein Folge-Meeting ähnlicher Art entscheidet, offenbar findet eine Mehrheit diese Art der Diskussion hilfreich für die bessere Zusammenarbeit.

Was ist wichtig für Leitungspersonen?

- Konflikte sind Ausgangspunkt für Wachstums- und Entwicklungsprozesse von Individuen und Gruppen.
- Konfliktartige Situationen werden geschaffen von allen Beteiligten einer Gruppe (auch den »Außenstehenden«). Deshalb können auch alle in der Gruppe einen Beitrag leisten für die Verbesserung der Situation.
- Als Leitungsperson kann man Konflikte angehen, indem man die Selbstorganisationskräfte einer Gruppe fördert. Zum Beispiel durch das Zurverfügungstellen eines geeigneten Gefäßes. Dadurch alleine kann eine blockierte Situation in Fluss gebracht werden.
- Voraussetzung ist komplette Freiwilligkeit für alle Beteiligten bei allen Schritten.
- Bei guter Vorbereitung und Einführung sind Teilnehmer bereit, auch ungewohnte Settings zuzulassen.

5.4 Change Management: Abteilungsübergreifende Zusammenarbeit (»Weg vom Silo«)

Ausgangslage

»Es ist nicht so einfach zwischen den beiden Bereichen. War es noch nie und früher haben beide Vorgesetzten das auch so gewollt: ›Die Mitarbeiter sollten sich anständig auf die Füße treten‹, war die Philosophie, dann kommt für das Unternehmen das Beste raus. Heute haben zwar die Personen gewechselt, doch auf der operativen Ebene sprechen wir noch nicht die gleiche Sprache. Ist schwierig genug, weil es auch einen Unterschied in den Ausbildungen gibt. Die einen Akademiker, die anderen mit soliden Lehrabschlüssen und beide machen einander verantwortlich für die suboptimale Zusammenarbeit. Das müssen wir ändern, weil die Frequenz und Intensität der notwendigen Zusammenarbeit in Zukunft noch stark zunimmt. Wir müssen einfach aus den Silos raus.« So beschrieb einer der beteiligten Bereichsleiter eines Telecom-Unternehmens die Ausgangslage im Briefing mit mir als externem Facilitator. »Wir haben einfach Sand im Getriebe«, fasste der andere Bereichsleiter bündig zusammen.

Vorgehen

Mein Vorschlag war direkt und einfach: alle zwölf direkt involvierten Mitarbeiter in einem Raum versammeln und die Situation gemeinsam besprechen. Auf weitere Vorbereitungen verzichteten wir. Alle Beteiligten erhielten eine von den Bereichsleitern gemeinsam verfasste Einladung mitsamt Vorbereitungsfragen. Im Zentrum des Workshops stand die gemeinsame Evaluation der Zusammenarbeit. Dazu wurden alle aufgefordert, ihre Einschätzung in wenigen Sätzen darzulegen. Dies umfasste die Einschätzung der aktuellen Situation, die Bezeichnung des Hauptproblems und erste Lösungsansätze, immer aus individueller Perspektive. Die anderen hörten zu, ohne auf einzelne Aussagen zu reagieren. Dies ist typischerweise eine Herausforderung. In Organisationen besteht die Tendenz, sofort zu reagieren, wenn man mit einer Sichtweise nicht einverstanden ist, man will diese Sichtweise sofort mit der eigenen Meinung konfrontieren. Im nächsten Schritt zogen wir ein gemeinsames Fazit aus den verschiedenen Darlegungen. In der Beurteilung der Situation bestand eine relativ große Gemeinsamkeit bei allen Beteiligten.

Im nächsten Schritt schlug ich ein Experiment vor. Damit alle gemeinsam sehen und im Detail verstehen, wie und wann »Sand« ins Getriebe kommt, könnten wir eine typische Interaktionssituation zwischen den Bereichen wie in einem Theater durchspielen. »Zeigt mal, wie das typischerweise abgeht«, forderte ich die Gruppe auf. Der Vorschlag wurde nach kurzer Diskussion aufgenommen. Die »Rollen« wurden von denjenigen Personen besetzt, die sie jeweils im Alltag hatten. Es war somit gleichzeitig ein »Rollenspiel« und die Realität.

Nachdem ein paar Minuten Interaktion mit den typischen Aussagen war die Gruppe schon in ihrem täglichen Spielmuster drin. Es machten sich erste Frustrationen breit, jemand bemerkte: »Genau so ist es immer — das nervt einfach.« Deshalb stoppten wir und fokussierten auf die Details genau dieser typischen Sequenz, die allen auf die Nerven ging. Die Sequenz hatte folgende Struktur:

Bereich A (Person 1): »Ihr zeigt euch einfach zu wenig in der Produktion, da machen die Projektleiter was sie wollen, nicht aber was wir zusammen vereinbart haben.«

Darauf entgegnet *Bereich B (Person 2):* »Wir können nicht an allen Bändern sein, deshalb haben wir ja die Projektleiter, und die setzen um, was auf den Plänen steht, auch wenn nicht alle von eurer Abteilung gleich fit sind, diese zu lesen.«

Aus der Perspektive des Feldansatzes betrachtet (siehe Abschnitt 2.1), sind in dieser Interaktion zwei Tendenzen miteinander im Kontakt. Damit diese noch klarer und transparenter zum Vorschein kommen können, befragte ich beide Seiten, weshalb sie ihre Aussage in dieser Form machen, was der Hintergrund ist und was sie mit der Äußerung im Kern beabsichtigen. Damit wurde die Interaktionsdynamik verlangsamt und beide Seiten implizit angehalten, der anderen Seite zuzuhören. Damit erkannten die Teilnehmer die zugrunde liegende Interaktionsdynamik und sie identifizierten die Momente, Aussagen und Verhaltensweisen, die für die jeweils anderen Bereich immer wieder problematisch waren.

In diesem Fall war eine Person sehr flüssig im Einnehmen der Argumente und Haltungen der Gegenpartei. Sie konnte die andere Seite auch räumlich leicht einnehmen und die entsprechenden Argumente gut vertreten, während alle anderen in ihren ursprünglichen Positionen verharrten. Diese wollten auch auf meine Aufforderung nicht eingehen, noch einmal »ein Experiment zu wagen und zu schauen, wie es sich auf der anderen Seite anfühlt«. Resultat des Workshops war eine leichte, erste Annäherung und Entspannung der Situation. Zum Abschluss der Runde haben alle Beteiligten dargelegt, welche Folgerungen sie aus dem Rollenspiel ziehen und was ihr individueller Beitrag sein kann zur Verbesserung der Zusammenarbeit.

Was ist wichtig für Leitungspersonen?

- Wenn beide Seiten auch Argumente der Gegenseite einnehmen können, besteht eine gute Chance, dass sich die Kommunikation verflüssigt und damit eine Verbesserung der Zusammenarbeitsqualität erreicht werden kann.
- Je mehr Seiten man als Leitungsperson einnehmen und empathisch unterstützen kann, desto hilfreicher ist man für die Verflüssigung der Kommunikation im eigenen Bereich.
- Oft lohnt es sich weniger zu fragen: »Weshalb haben wir das Problem (oder ›Sand im Getriebe‹)?«. Hilfreicher ist die Frage: »Wohin führt uns dieses Problem und zu was ruft uns dieses Problem auf?«

5.5 Einzelcoaching: Chief Financial Officer (CFO) eines Industrieunternehmens

Ausgangslage

Der 42-jährige CFO einer Business Unit (BU) eines international tätigen Industrieunternehmens arbeitet seit zwei Jahren in seiner Position. Seit einem halben Jahr hat er einen neuen fachlichen Vorgesetzten, den 52-jährigen Group-CFO. Nach anfänglichem Abtasten hat sich die Arbeitsbeziehung kontinuierlich verschlechtert. Der BU-CFO beginnt, die Interaktionen auf das Minimum zu beschränken. Der Group-CFO beginnt, den BU-CFO bei den normalen Informationsroutinen »zu vergessen« und auch bei Finanzstrategiefragen außen vor zu lassen. Dies verstärkt den latenten Konflikt. Der BU-CFO in der hierarchisch tieferen Position reagiert mit einer Mischung aus Wut, Ärger, Ohnmacht und Rachegefühlen. Eine unbefriedigende Arbeitssituation, weshalb sich der BU-CFO für ein Einzelcoaching entschieden hat, indem er die Konfliktsituation besser verstehen wollte und Ansätze für dessen Auflösung entwickeln wollte. Ich agierte in der Rolle des Coaches.

Vorgehensweise

Der BU-CFO hatte eine klassische, traditionelle Seite, die eine lineare Problemlösung forcierte: Ausgangslage klären, Optionen erarbeiten, entscheiden, umsetzen. Wir kamen schnell zum Punkt. Folgende Optionen lagen auf dem Tisch:

1. Das Gespräch suchen und die Situation ansprechen.

2. Auf Vergeltung sinnen, strategisch darauf hinarbeiten, dass der Group-CFO schlecht aussieht.
3. Die Sache aussitzen. Nichts mehr tun und nicht reagieren. Und darauf hoffen, dass der Group-CFO bald die Position wechselt oder aus Performance-Gründen gegangen wird.
4. Eine Kombination obiger Optionen.

Die Deep-Democracy-Perspektive eröffnete hier eine zusätzliche Chance. Sie liegt grundsätzlich darin, die Problemlösung nicht ausschließlich auf der sachlichen Ebene anzustreben, sondern die Situation und die Schwierigkeiten in Zusammenhang mit dem eigenen Leadership-Prozess zu bringen. Die beschriebene Konfliktsituation mit dem Group-CFO bietet unter dieser Perspektive eine Hülle von Ausgangsmaterial, das man unter die Lupe nehmen kann. Damit wird ein solcher Konfliktfall zur Quelle von Erkenntnissen, die einem vorher nicht zugänglich waren. Ein entsprechender Vorschlag von meiner Seite, diesen Aspekt als Ergänzung zu den bestehenden Optionen auch zu betrachten, fand der BU-CFO genügend interessant, um tiefer einzutauchen. Die Anlage eignete sich gut für eine Intervention, wie sie in Abschnitt 3.4 unter »Perspektivenwechsel« dargelegt ist. Der BU-CFO beschrieb im Detail das Verhalten des Group-CFO, das ihn so auf die Palme brachte. Dabei begann er, diesen bezüglich Stimme und Tonalität zu imitieren. Ich ermutigte ihn, er sollte sich für einen Moment ganz in die andere Person einfühlen, sich so bewegen und so sprechen wie der Group-CFO — also ein Embodiment der Group-CFO-Figur zu machen (siehe Abschnitt 3.2.). Es gelang ihm mit ein wenig Unterstützung, einen Moment in dieser Rolle zu bleiben. Im nächsten Schritt nahm er auch etwas Positives in dieser zuvor so negativ erlebten Figur wahr. In diesem Falle hatte die Figur eine kräftige, aber selbstbewusste und auf sich selbst fokussierte Qualität. Für den BU-CFO stellte sich nun die Frage, wie er diese Qualitäten für sich selbst adaptieren und noch mehr in seine berufliche Praxis und die Arbeitsbeziehung zum Group-CFO einbringen könnte. Dazu diskutierten wir verschiedene Möglichkeiten, welche das ursprünglich auf vier Optionen begrenzte Möglichkeitsfeld deutlich erweiterten. Insbesondere waren das Optionen, die bei ihm selbst ansetzten und keine Veränderung des Group-CFO voraussetzten. Schließlich entschied er sich bezüglich des weiteren Vorgehens für eine interessante Kombinationslösung, die innere und äußere Ansätze gleichermaßen berücksichtigte.

Was ist wichtig für Leitungspersonen

- Die Veränderung wird nicht von der als schwierig erlebten Person verlangt, sondern liegt allein in der Veränderung der eigenen Haltung.
- Damit positioniert man sich aus eigener Kraft selbst wieder in den »Fahrersitz« der Situation.
- Ein besonderer Punkt ist: Man kann mit diesem Vorgehen an einem Beziehungskonflikt arbeiten, auch wenn das Gegenüber physisch nicht anwesend ist.

5.6 Management-Offsite: Geschäftsleitungsklausur eines Retailers

Ausgangslage

»Ich weiß noch nicht genau, was wir wollen. Wir sind gewohnt, in hohem Tempo durch unsere Klausursitzungen zu gehen. Da nehmen wir uns pro Agendapunkt meist eine Viertelstunde, bis eine Entscheidung vorliegen muss. Jetzt möchten wir etwas anderes machen, eine Klausur, bei der wir Zeit haben, einen Punkt länger zu besprechen, falls das nötig ist. Vielleicht sogar ohne zeitliche Beschränkung. Wir wollen im Moment entscheiden, wie viel Zeit wir den einzelnen Themen widmen. Die Themen sollen sich aus dem Prozess ergeben. Ein offener Diskussionsprozess ohne Restriktionen schwebt uns vor. Dazu brauchen wir jemanden, der sich mit offenen Prozessen auskennt.« So lautete das Briefing des Geschäftsführers eines Retailers im Erstgespräch mit dem Autor. Ein untypisches Briefing, weil nicht die detaillierte Absprache von Zielen, Programm und Output-Definitionen im Zentrum stand, sondern eine Qualitätsbeschreibung für die Verwendung der Zeit. Der erste Anlass wurde als »Pilot-Anlass« bezeichnet, bei dem auch gemeinsam evaluiert werden sollte, ob das Verfahren sinnvoll ist und gegebenenfalls weitergeführt werden soll.

Vorgehen

Wir vereinbaren nur eine Zeitstruktur mit Start und Ende der Klausur und eine Grobagenda, die sich an die Struktur eines Gruppenprozesses (siehe Abschnitt 2.6) stark anlehnt. Die Bestimmung und Priorisierung der zu bearbeitenden Themen erfolgt gemeinsam zu Beginn in der Klausur. Nach der Priorisierung mache ich Vorschläge für geeignete Arbeitsformen pro priorisiertes Thema

(Plenumsarbeit, Kleingruppe etc.). Damit dieses prozessorientierte Vorgehen gut funktioniert, erhalten alle Teilnehmer mit der Einladung vorbereitende Fragen, die sie gedanklich und inhaltlich fokussieren sollte. Die Einladung umfasst das folgende Programm:

- 08:00 Start
  - Einstieg und Begrüßung
  - Sammeln, Clustern und Priorisieren der eingebrachten Themen
  - Bearbeiten der priorisierten Themen
  - Nachträgliche Evaluation einzelner Sequenzen bez. Effizienz und Resultatsorientierung
  - Aktionsplan
  - Abschluss
- 18:00 Ende

Die Teilnehmer sollten sich mit folgenden drei Fragen auf den Anlass einstimmen:

1. Was gefällt mir im Moment besonders gut bei meiner Tätigkeit?
2. Was möchte ich an der Management-Klausur gemeinsam erleben — im besten Fall?
3. Welche Themen oder Fragestellungen möchte ich unbedingt mit den Kolleginnen und Kollegen besprechen, damit wir als Organisation einen Schritt weiterkommen?

Die prozessorientierte Vorgehensweise ist zwar für alle Beteiligten neu, stößt aber auf Interesse. Anders ist vor allem auch, dass sich alle Anwesenden bei allen Punkten äußern können und dass genügend Zeit vorhanden ist, ein Thema auch vertieft zu besprechen. Das Format eines offenen, dialogischen Prozesses wird von der Geschäftsleitung als hilfreich eingestuft, sodass der Beschluss gefasst wird, alljährlich als Ergänzung zu den normalen Klausuren einen offenen Prozess durchzuführen.

Besonderer Moment: »Können Sie uns Feedback geben zu unserer Performance?«

Zum Schluss der Veranstaltung möchte ein Teilnehmer eine Beurteilung von mir als Facilitator erhalten bezüglich der Gruppenperformance während der Klausur — »auch im Quervergleich mit anderen Ihnen bekannten Leitungsteams«, wie er sich ausdrückte. Das ist eine typische Frage in Organisationen: Man ist es gewohnt, pausenlos gemessen, verglichen und von jemand anderem beurteilt zu werden. Natürlich kann eine Fremdsicht hilfreich sein, wenn man sich als Individuum oder als Gruppe vornimmt, sich zu verbessern. Doch ein Feedback »zur GL-Performance«, wie das dieses GL-Mitglied einforderte, führt meistens zu Diskussionen, weil die Frage sehr allgemein gestellt ist. Etwas streng formuliert und wenn man sich die Ausführungen im Kapitel »Wann lohnt es sich, Feedback zu geben« (siehe Abschnitt 6.2.2) vor Augen führt, so ist eine Beurteilung oder die Meinung eines Externen irrelevant. Wenn nicht eine »Störung« oder ein »Entwicklungsanliegen« innerhalb der Gruppe formuliert wird, gibt es keinen Anlass, sich als Facilitator in die interne Dynamik einer Gruppe einzumischen. Es fehlt das (implizite) Mandat. Das kann dazu führen, dass Feedback, das nicht nur positive Aspekte beleuchtet, einzelne Teilnehmer in einen Widerstandsprozess bringt. Äußert man sich als Facilitator positiv, wird das als mangelnde »Härte« von den einen gesehen, äußert man auch kritische Aspekte, so ruft das diejenigen auf den Plan, die das anders sehen. Diese Problematik entsteht weniger, wenn die Gruppe für sich selbst ein klares Entwicklungsziel nennt und einen Externen fragt, was sie anders machen kann, um dieses Ziel zu erreichen. In diesem Fall besteht eine Zielrichtung für eine Veränderung. Ein Beispiel, das den Abwehrmechanismus verdeutlicht: Während der Management-Klausur war auffallend, dass die Geschäftsleitungsmitglieder immer wieder ihre elektronischen Geräte checkten und die Aufmerksamkeit nicht bei der laufenden Diskussion lag. Im Debriefing thematisierte ich diese Beobachtung und fügte an, dass dieses Verhalten die Performance einer Gruppe typischerweise vermindert. Es war bemerkenswert, wie alle unisono der Meinung waren, dass dieses Verhalten keine Auswirkungen auf die Performance ihrer Gruppe hat. Dieser Mechanismus spielt auch bei anderen externe Beurteilungen mit, weshalb Gutachten und Management-Audits wenig Nutzen stiften, wenn nicht innerhalb der Gruppe ein deutlicher Veränderungsimpuls besteht — wenn man einmal von Zwangsmaßnahmen absieht, mit denen man Personen dazu bringen kann, zu machen was man will.

Die allgemeine Frage nach der Performance bringt einen Facilitator in eine delikate Situation. Aber wie beantwortet man diese Frage konkret, ohne in die Ecke der Ausweichler gestellt zu werden, die zu den harten Fragen keine Antwort geben? Folgende Antwort kann einen Hinweis geben: »Danke für diese Frage, weil sie mir die Möglichkeit gibt, nochmals zu klären, wie ich meine Rolle hier verstehe. Ich unterstütze Sie einzeln und als Gruppe, eine effizientere Art der Zusammenarbeit zu finden. Es ist nicht meine Rolle, eine Beurteilung der Gruppenperformance abzugeben. Gerne kann ich sie aber einzeln dabei beraten, was sie tun können, um in dieser Geschäftsleitung noch effizienter zu agieren und damit wirksamer zu sein. Da habe ich einige Ideen, die ich gerne mit Ihnen teile, vielleicht besser in einem bilateralen Gespräch, aber wenn Sie das möchten, kann ich Ihnen das auch hier in der Gruppe sagen. Außerdem sind mir ein paar Dinge aufgefallen, die — wenn ich ein Teil des Teams wäre — mit der Gruppe besprechen wollte. Aber da ich nicht Teil des Teams bin, steht mir das nicht zu.« Dieses Framing (siehe Abschnitt 3.8) der Situation klärt das eigene Rollenverständnis und beinhaltet eine Einladung, klar Stellung zu nehmen, und benennt auch das bevorzugte Setting. Gleichzeitig ist es ein Beziehungsangebot nach weiterem Austausch zur Performance-Frage. Wenn die Anwesenden weiter nachfragen, zeigen sie an, dass sie »auf Grün« stehen, wenn nicht, vermeidet man besser weiteren Austausch zu diesem Thema.

Was ist wichtig für Leitungspersonen?

- Für diese Art Management-Klausur ist wenig Vorabstimmung notwendig — es wird alles im Moment miteinander bestimmt. Das beschleunigt den Prozess enorm. Wenn das Verfahren in einer Gruppe bekannt ist, klappt das gut. Zu Beginn erfordert es Information und etwas Training.
- Eine eingespielte »arbeitsfähige« Gruppe in der stimmigen Zusammensetzung fokussiert auf die wesentlichen Punkte — im Selbstorganisationsmodus. Sie braucht keinen Top-Down-Befehl, was wichtig ist und was nicht.
- Die Leitungsperson kann sich auf die Gestaltung des Rahmens, des Gefäßes und den Prozess konzentrieren, dann werden auch die sinnvollen Inhalte auf den Tisch kommen und diskutiert.

5.7 Akquisitionsgespräch: Moderation einer Geschäftsleitungsretraite

Die Geschäftsleitung einer Division eines größeren Nahrungsmittelkonzerns steht vor folgender Ausgangslage: Die Division wurde vor einem Jahr neu formiert. Sie ist weltweit tätig mit starken Wurzeln in Zentraleuropa. Das Management-Team besteht aktuell aus 13 Personen unter der Leitung des Vorsitzenden. Mit der Berufung des Vorsitzenden zum Zeitpunkt der Neuformierung der Division kamen zwei weitere Führungskräfte neu in die Divisionsleitung. Im Laufe der Zeit stießen nochmals drei neue Manager zum Team. Das Management-Team, zusammengesetzt aus Personen unterschiedlicher Länder, trifft sich regelmäßig rund vier Mal pro Jahr. Es besteht eine Matrixorganisation. Die Leitenden der einzelnen Regionen und Funktionen fokussieren stark auf ihre Verantwortungsbereiche. Es besteht eine Tendenz zur Silo-Arbeitsweise. Wirtschaftlich operiert die BU im Moment erfolgreich. Die ambitionierten Zielsetzungen erfordern für die Zukunft eine neue, kooperativere Art der Zusammenarbeit im obersten Leitungsgremium der Division. Die Zusammenarbeit soll direkter, offener und unterstützender sein und dadurch das traditionelle Silo-Denken durchlässiger machen. Verschiedene Anläufe zur Veränderung der Zusammenarbeit wurden schon unternommen (u. a. Einzelgespräche zwischen dem Vorsitzenden und seinen Direktunterstellten). Der Vorsitzende plant nun einen Workshop mit externer Unterstützung zum Thema der verbesserten Zusammenarbeit in der Divisionsleitung.

Das war die Ausgangslage, wie sie dem Autor (Rolle: potenzieller externer Berater) vom Vorsitzenden und dem Human-Resource-Divisionsverantwortlichen geschildert wurde. In diesem Erstgespräch wurde ebenfalls klar, dass aus Sicht des Vorsitzenden einzelne Mitglieder des Management-Teams nicht das notwendige Kompetenz-Profil für eine Divisionsleitungsfunktion mitbringen. Und dass sich zwei Mitglieder des Gremiums aus dem Weg gehen, Interaktionen vermeiden, was unterdessen auch auf den Rest der Gruppe eine negative Auswirkung hat. Drei sich überlagernde Problembereiche schälen sich heraus (sie sind hier vereinfacht dargestellt):

1. Neue, direkte Zusammenarbeit und verstärkte Koordination unter den Bereichen ist notwendig. Dies auf Stufe Divisionsleitung und allen nachfolgenden Stufen.
2. Ein persönlicher Konflikt zwischen zwei Mitgliedern der Divisionsleitung behindert die Kommunikation und Entscheidungsfindung im Gremium.
3. Einzelne Personen genügen den Anforderungen an die eingenommene Position nicht (Low-Performer-Thematik).

Aufgrund dieser Ausgangslage ist klar, dass verschiedene Problembereiche vorliegen, die unterschiedlich angegangen werden müssen. Problembereich 1 ist ein Thema, das nur in der Gesamtgruppe gelöst werden kann. Problembereich 3 ist ein Thema, das der Divisionsleiter selbst über bilaterale Gespräche mit den Betroffenen angehen muss. Problembereich 2 ist zwar ein persönliches Problem zwischen zwei Personen, doch wenn es abstrahlt auf die Zusammenarbeit und Kommunikation, kann es auch in der Gesamtgruppe angesprochen und bearbeitet werden. Diese Überlegungen führten zu meinem Vorgehensvorschlag, eine der regelmäßig stattfindenden Klausuren dazu zu nutzen, die Qualität der Zusammenarbeit gemeinsam zu evaluieren, den Handlungsbedarf zu identifizierten und erste Lösungsschritte zu skizzieren. Dies im Rahmen eines Klausur-Formates, das allen Beteiligten erlauben würde, ihre Sichtweise bezüglich Zusammenarbeit einzubringen und auf dieser Basis die notwendigen Veränderungen miteinander zu vereinbaren. Die Reaktion des Vorsitzenden war verhalten. Er zeigte wenig Begeisterung oder Energie für die direkte Bearbeitung des zentralen Themas der Zusammenarbeit. Auf mein Nachfragen stellte sich heraus, dass er sich offensichtlich ein anderes Vorgehen vorgestellt hatte. Er stellte sich Simulationsübungen vor: Rollenspiele, die die Zusammenarbeit simulieren würden, um daraus ein optimales Verhalten abzuleiten. Ein Vorgehen, das er offensichtlich schon einmal erlebt hat und für sinnvoll erachtete. Nur müsste man dazu geeignete »Rollenspiele« erfinden, die genügend Ähnlichkeit mit der realen Situation hätten, aber nicht den realen Situationen entsprechen würden, weil das den Personen sonst zu nahegehen könnte. Offenbar hatte diese Organisation eine Grenze (siehe Abschnitt 2.3) »Klarheit in den Arbeitsbeziehungen« und der Vorsitzende war Teil derjenigen, die diese Grenze aufrechterhielten. Aufgrund meines Erfahrungsintergrundes und meines Know-hows stand für mich eine direkte Art der Bearbeitung im Vordergrund, was ich dem Vorsitzenden auch mitteilte. Eine Zusammenarbeit für die Lösung der aufgelisteten Themen kam in der Folge nicht zustande.

Was ist wichtig für Leitungspersonen und Organisationsberater?

- Im ersten Kontaktgespräch wird ein Grundmuster gelegt, wie Berater und Kunde zusammenarbeiten. Dieses Muster zieht sich durch die ganze Zusammenarbeit durch.
- Wenn die Vorstellungen über »gute Zusammenarbeit« zu unterschiedlich sind, kommt eine Zusammenarbeit nicht zustande, weil die dahinter liegende Wertebasis zu unterschiedlich ist. Dann ist es ratsam, die Inkompatibilität schnell zu erkennen und sich ohne schlechte Gefühle aus der Zusammenarbeit zurückzuziehen.
- Als externer Facilitator ist es aus wirtschaftlichen Gründen oft schwierig, diese Inkompatibilitäten zu sehen und zu akzeptieren.

6 Deep-Democracy-inspirierte Anregungen für typische Fragestellungen in Organisationen

In diesem Kapitel erhält der Leser Ideen und Anregungen zu typischen Fragestellungen von Leitungspersonen in Organisationen. Die Ideen und Vorgehensweisen sind praxisorientiert gehalten, stammen aus dem Erfahrungshintergrund des Autors und sind stark inspiriert durch die Deep-Democracy-Perspektive. Wobei zu beachten ist, dass die dargelegten Vorgehensweisen nicht die »reine Lehre« von Deep Democracy verkörpern. Außerdem ist wichtig zu verstehen, dass es keine »richtigen« oder »korrekten« Vorgehensweise für die beschriebenen Situationen gibt, sondern ein Vorgehen immer für einen selbst und für die Organisation passen müssen. Sonst hat man als Akteur keine Wirkung.

Jeder Abschnitt widmet sich einer bestimmten Fragestellung und kann unabhängig von den restlichen Inhalten gelesen werden. Zur besseren Übersichtlichkeit sind die Anregungen geordnet nach folgenden vier Themenbereiche, wobei an einzelnen Stellen die Abgrenzung nicht eineindeutig ist.

- Sich selbst führen — sich führen lassen
- Performance Reviews und Feedback
- Leitung von Sitzungen und Workshop
- Kulturveränderung

Die wiederholten Verweise auf die Grundlagen-Kapitel geben den Lesern eine Möglichkeit, die hinter den Anregungen liegenden Deep-Democracy-Grundkonzepte bei Interesse nochmals in Erinnerung zu rufen.

6.1 Sich selbst führen — sich führen lassen

6.1.1 Wann bin ich wirksam als Leitungsperson?

Als Leitungsperson einer Gruppe ist man Teil eines Feldes, in dem sich automatisch verschiedene Tendenzen konstituieren (siehe Abschnitt 2.1). Man sitzt »im selben Boot« wie alle sonstigen Beteiligten. Die Führungsrolle ist eine Ausprägung einer Tendenz im Feld. Im optimalen Fall wechselt diese Tendenz zwischen verschiedenen »Trägern«, und zwar dahin, wo es dem System am meisten nützt. Führung besteht vor allem in der Wahrnehmung der Dynamik und Spannungsfelder zwischen den Polen und Tendenzen, die im Untergrund wirken und dem Unterstützen der Tendenzen, die sich bemerkbar machen wollen. Führung in diesem Sinne ist vor allem Selbstführung in einem sich selbst organisierenden System. Die Führungsverantwortung kann zu einem gewissen Teil an das Selbstorganisationsprinzip der Organisation abgegeben werden. Konflikte sind Aufforderungen, mehr Bewusstheit über die verschiedenen Positionen, Meinungen, Emotionen im Unternehmen zu entwickeln und mehr Wissen über deren Inhalt und Relevanz für die Entwicklung des Gesamtsystems zu generieren. Innovative Lösungen entstehen auf der Tendenzen-Ebene, und zwar über eine neue Art der Beziehung zwischen den Polen. Dies kann man in der Atmosphäre als Entspannung wahrnehmen. Man spricht dann von einem »Coolspot«. Ein Coolspot ermöglicht, neue Lösungen auf der pragmatischen, inhaltlichen Ebene zu finden. Bewusstheit über die eigenen, typischen Polarisierungen und den ganz individuellen Führungsstil und -prozess ist zentral für die eigene Wirksamkeit als Change Professional oder Manager.

Die Wirkung, die man als Leitungsperson in einer Organisation hat, hängt von drei grundsätzlichen Quellen der Macht ab:

1. *Macht, welche der Position entspringt.* Als Geschäftsführer verfügt man zum Beispiel Kraft des Amtes über gewisse Möglichkeiten, die andere nicht haben.
2. *Macht aufgrund von Fachwissen.* Jemand kann zum Beispiel exzellent und effizient Auswertungen auf Excel durchführen. Das gibt der Person gewisse Möglichkeiten.
3. *Macht aufgrund der Persönlichkeit.* Möglichkeiten, die sich aufgrund persönlicher Stärken, Energie und Verhaltensweisen ergeben.

Wenn man als Leitungsperson stark auf die positionale Macht aufbaut, wird man als autoritär und »bossy« wahrgenommen — insbesondere von Personen, die hierarchisch tiefer angesiedelt sind, aber über substanzielle persönliche Macht verfügen. Deep Democracy beschäftigt sich stark mit dieser dritten Art der Macht. In dieser Sichtweise verfügt man als Leitungsperson dann über persönliche Macht und Wirkung, wenn ...

- *... das eigene Verhalten kongruent ist mit den eigenen postulierten Werten.* Und man dafür sorgt, dass diese Werte im jeweiligen Kontext nachgelebt und beachtet werden. Wenn mir zum Beispiel als Leitungsperson der Grundwert »Respekt« sehr wichtig ist und ich gleichzeitig dazu neige, in schwierigen Situationen cholerisch zu agieren, bin ich nicht glaubwürdig. Im Kern ist jede Begegnung, jede Interaktion — sei dies ein Telefongespräch, ein Akquisitionsgespräch, ein Training oder eine Coaching-Session — eine Gelegenheit, die eigenen Werte vorzuleben, gleichsam zu modellieren.
- *... man andere bei der Lösung eines konkreten Problems unterstützen kann.* Das tönt profan, doch im Organisationsberatungsbereich ist nicht immer klar, was gelöst oder geändert werden soll. In Kontexten, wo kein Problem vorhanden ist oder das Gegenüber kein Problem wahrnimmt, kann man keine Wirkung haben.
- *... man eingeladen wird, ein Problem anzugehen.* Eine Einladung ist eine explizite Aufforderung, zu einem Problem Stellung zu beziehen. Eine Einladung ist ein Signal, dass das Gegenüber ein Problem wahrnimmt, zum Beispiel indem die Frage gestellt wird: »Wie würden Sie das angehen?« Eine Problembeschreibung alleine ist noch keine Einladung, ein Problem zu lösen helfen. Mitarbeiter erzählen oft von unbefriedigenden Situationen in ihren Organisationen. Das gehört zu Psychohygiene. Das muss aber für diese Mitarbeiter nicht notwendigerweise schon ein Problem sein, das angegangen werden muss. Chaotische Situationen können zum Beispiel für die einen ein Problem darstellen und für andere eine wunderbare Umgebung mit vielen Freiheitsgraden. Deshalb kann man sagen: Ein Problem ist erst ein Problem, wenn es ein Problem ist. Mit anderen Worten, wenn bei jemandem der Leidensdruck genügend hoch ist, um vom Klagemodus in den Aktionsmodus zu wechseln.
- *...man eine gewisse Bandbreite von Vorgehensweisen und Optionen zur Verfügung stellt* für die Lösungsfindung (Buffet-Prinzip). Das Buffet-Prinzip hat den Vorteil, dass das Gegenüber eine breite Palette an Möglichkeiten erhält und selbst die Verantwortung übernimmt, das für sich Optimale auszuwählen. Auf diese Art können auch verschiedene Personen parallel »ins Boot geholt« werden. Ein Beispiel aus dem Beratungsbereich: Wenn man in einem Workshop Break-Out-Gruppen macht, so kann die Zuordnung zu den Gruppen aufgrund des individuellen Interesses vorgenommen werden: Die Leute gehen zu den Gruppen, die sie am meisten interessieren. Das führt automatisch zu einer höheren Energie und Engagement.

Für Leitungspersonen bedeutet das:

- Sich selbst klar sein über die eigene Life Mission, seine Ambition und die Vision. Eine Kernfrage ist: »Was will ich im Kern mit meiner Schaffenskraft erreichen, sodass diese Welt in meinen Augen ein bisschen besser wird?« (Zum Thema Life Mission siehe auch Abschnitt 2.10.)
- Klar darüber sein, auf welche Art man diese Life Mission jeden Tag in die Welt bringt. Das können kleine Dinge sein. Zum Beispiel über die Art, eine Sitzung zu eröffnen. Oder Humor auch in schwierigen Konflikt-Situationen behalten oder täglich eine Person besonders wertschätzen.
- Klar sein über das aktuelle eigene Lernfeld. Wo bin ich gerade dabei, etwas zu lernen in meinem Leben, wenn ich mich aus einer Beobachter-Position betrachte?
- Sich regelmäßig selbst auf den Prüfstand zu stellen mit einem Mentor und Coach auf Augenhöhe. Wenn man auch in schwierigsten Situationen diesen Werten nachlebt und aus wichtigen Momenten lernt (siehe Reflexion 11 »Moment der Wahrheit«).

Praxiserfahrung

Neulich war ich mit einer Kollegin zu einem Erstgespräch bei einem Schweizer Dienstleistungskonzern eingeladen. Die Organisation suchte Moderatoren und Trainer für die Abwicklung einzelner Module eines Inhouse-Leadership-Development-Programms. Die vorgängig zur Verfügung gestellten Unterlagen waren aus meiner Sicht interessant, weil das Programm vorsah, die Trainingsinhalte in einem Ko-Kreationsmodus mit den Teilnehmenden zu erarbeiten und die Trainings hochinteraktiv an den aktuellen Bedürfnissen und Fragestellungen der Beteiligten auszurichten.
Im Gespräch wurden wir nach einer formellen Vorstellungsrunde aufgefordert, einen auf einem Blatt Papier beschriebenen Business Case zu lösen und die Resultate anschließend zu präsentieren. Dieses Vorgehen befremdete mich stark, weil ich die gemeinsame Lösung konkreter Fälle und Problemlagen sehr sinnvoll finde, weniger aber simulierte, theoretisch dargelegte Business Cases, die typischerweise von der Hintergrunddynamik einer Organisation wenig vermitteln.
Was tun? Für uns war die Situation ein klassischer »Moment der Wahrheit«. Das von den Vertretern des Dienstleistungskonzerns vorgeschlagene Vorgehen entsprach nicht unseren Grundwerten, Prinzipien und Vorstellungen von Ko-Kreation. Im Bewusstsein, dass wir die Auftragsvergabe an uns gefährdeten, haben wir uns entschieden, die Aufgabe nicht in der geforderten Form zu lösen. Gleichzeitig schlugen wir ein alternatives Vorgehen vor und forderten unsere Gesprächspartner auf, einen konkreten,

aktuellen Problemfall zu schildern, für den wir in einem Ko-Kreationsmodus miteinander Lösungen erarbeiten wollten. Das löste Befremden, Unverständnis und auch Ärger bei unseren Gesprächspartnern aus. Diese momentane Konfliktsituation sprachen wir an und wiesen darauf hin, dass es gemäß unserem Erachten in Leadership-Development-Programmen unter anderem darum geht, Konflikt-Situationen einen Moment auszuhalten und den Konflikt als Quelle für eine ganz neue Art der Betrachtung und Lösungsfindung zu verstehen.

Unser Vorschlag fand wenig Verständnis — wir haben uns nach kurzer und intensiver Auseinandersetzung darauf geeinigt, dass wir unter diesen Umständen als Moderatoren für das vorliegende Programm nicht infrage kommen.

Im Moment war das für beide Seiten vielleicht unangenehm. Doch die Kollegin und ich fühlten eine große Kraft und Klarheit, weil wir in diesem »Moment der Wahrheit« zu unseren Grundwerten standen, auch wenn wir dabei kurzfristig auf etwas verzichtet haben.

REFLEXION 11

Momente der Wahrheit

Finden Sie einen Partner. Tauschen Sie sich kurz aus über einen Aspekt, den Sie am heutigen Tag interessant finden. Atmen Sie zusammen drei Mal tief durch. Der eine Partner führt den anderen durch die nachfolgende Übung:

1. Was heißt für dich »Wirksamkeit im beruflichen Kontext«? Welche Wirkung möchtest du erzielen? Bei wem? Was ist dein »Rezept«, wie möchtest du Menschen erreichen und bewegen? Was ist das Schönste oder Berührendste, das in deiner Arbeit geschehen kann?
2. Was klappt gut? Und wo wünschst du dir im Moment noch mehr Wirkung? In welchen Bereichen oder bei welchen Menschen? Was wäre eine Idee mit WOW-Charakter?
3. Überlege dir nun ein paar »Momente der Wahrheit« aus den letzten drei bis sechs Monaten. Also Momente, in denen du für deine Vision, deine Werte eingestanden bist, auch auf die Gefahr hin, die Beziehung oder den Auftrag zu gefährden. Welche Momente waren das? Fokussiere nun auf einen bestimmten Moment: Erzähle kurz, was passiert ist. Wer war dabei? Wie sah der Raum aus? Was war die Atmosphäre? Wer war sonst noch beteiligt?

4. Vertiefe dich in den Moment: Wie hast du dich gefühlt? Welche inneren Stimmen haben sich bemerkbar gemacht? Welche hast du verbal zum Ausdruck gebracht? Welche für dich behalten? Weshalb hast du so entschieden?
5. Nimm nun eine konkrete Person aus einem »Moment der Wahrheit«, mit der du im damaligen Moment besonders in Beziehung gestanden hast. Beschreibe diese Person. Wie spricht sie? Werde zu dieser Person, bewege dich wie diese, sprich wie diese etc.
6. Und beantworte aus Sicht dieser Person folgende Fragen über dich:
   a) Was will er/sie eigentlich in die Welt bringen? Für was setzt er/sie sich ein?
   b) Wie kommt das rüber im täglichen Kontakt mit ihr/ihm? Wie merke ich das?
   c) Wie müsste er sich verhalten im nächsten »Moment der Wahrheit«, den ich mit ihr/ihm erlebe, damit er/sie noch glaubwürdiger oder stärker ist?
   d) Was müsste er/sie noch lernen oder ausbauen, damit er/sie fähig wäre, das auch zu leisten und zu liefern?
7. Komme nun aus der Figur heraus, bewegt euch beide kurz und diskutiert zusammen: Welche Figuren mit welchen Qualitäten sind im beschriebenen »Theater« aufgetaucht? Welche Kräfte stehen hier miteinander in Kontakt? Mit welchen Figuren und Qualitäten identifiziert man sich typischerweise? Welche stehen einem nicht so nahe?
8. Welche Erkenntnis gibt diese Übung? Inspiriert sie zu Handlungen (eine Handlung kann auch ein bewusstes »Nicht-Handeln« sein)? Falls ja: welche? Schreibe die Erkenntnis und/oder die Aktionsidee auf.

6.1.2 Was heißt Leader- und Followership?

Eine der wesentlichen Interaktionsbeziehungen in Organisationen bezieht sich auf das Verhältnis zwischen Führungskräften und Mitarbeitern. Es ist bemerkenswert, dass der Fokus der Aufmerksamkeit in überwiegendem Maße auf der Führungsseite liegt. Bücher über Leadership füllen die Regale. Wenn man »Leadership« googelt, erhält man zum jetzigen Zeitpunkt (Mitte 2016) zirka 460 Millionen Hits. Eine Führungsinteraktion besteht aber immer aus einer Interaktion zwischen zwei Elementen oder Polen. Gemäß Feldansatz (siehe Abschnitt 2.1) gibt es einen »Führungspol« (Leadership), der mit einem »Sich führen lassen«-Pol (Followership) interagiert. Lapidar ausgedrückt: Ein Leader wird erst zum Leader, wenn ihm jemand folgt. Followership oder »sich führen lassen« ist als Idee und Konzept klar vernachlässigt: gerade mal 420 Tausend Hits auf Google. Eindrückliche zigtausend Mal weniger Erwähnung. Offenbar geht man davon aus, dass vor allem die eine Seite (Leader) für die Qualität der Führungsinteraktion verantwortlich ist. Natürlich trägt die Leader-Seite viel zur optimalen Zusammenarbeit bei. Doch da beide Seiten beteiligt sind, kann man die Interaktion auch von der anderen Seite anschauen. Followership-Kompetenz kann ebenso wie Leadership-Kompetenz kultiviert und trainiert werden, was in der folgenden kurzen Geschichte zum Ausdruck kommt.

KURZGESCHICHTE

Followership — fünf intelligente Möglichkeiten, sich vom Chef führen zu lassen

Neulich hatte ich ein Gespräch mit Trainern, die als Trainer in Führungsausbildungen engagiert sind. Wir haben über die Defizite gesprochen, die wir bei Führungskräften beobachten. Wir wussten natürlich im Detail, was diese zu verbessern haben (klassische Déformation professionelle meines Berufstandes) und verwendeten darauf viel argumentative Energie. Die Chefs sollen, bitte schön, lernen, nett und mit Empathie zu kommunizieren. Das war jedenfalls auch die Quintessenz einer von einem Restrukturierungsprozess betroffenen Medienmanagerin, die sich bei mir — off-the-record — über die kommunikative Inkompetenz ihrer Vorgesetzten beklagt hat.

Doch die Medienmanagerin vergaß etwas Entscheidendes: Bei diesen Ansätzen bleibt die andere Seite, nämlich sie als Mitarbeiterin, ausgeblendet. Es hat den Anschein, als ob sich nur die Chefs zu verändern brauchten, damit die Zusammenarbeit flutscht. Das wäre zu einfach und ist grundsätzlich falsch. Zur Erinnerung: Es braucht zwei Seiten für eine Interaktion, auch wenn sie von unterschiedlichen Machtpositionen aus agieren. Wir sprechen viel über gute Leadership und praktisch gar nicht über gute Followership, also die Fähigkeit, sich führen zu lassen. Ja, Sie haben richtig gelesen und ich wiederhole es gerne: die Fähigkeit, sich führen zu lassen. Haben Sie sich schon mal überlegt, wie geschmeidig Sie sich führen lassen? Zum Beispiel von Ihrem Chef? Betrachten Sie sich eher als der pflegeleichte, mühsame oder mitschwingende Typ? Und was denken Sie, denkt Ihre Chefin diesbezüglich über Sie? Gibt es da eventuell Diskrepanzen?

Nun, die Medienmanagerin hat sich eine neue Position gesucht. Offenbar glaubt sie, dass in anderen Kontexten eherne Organisationsdynamiken keine Rolle spielen. Klar ist: Sie wird wieder mit Chefs zu tun haben. Wie wir alle auch. (Wenn es keine direkten Chefs sind, etwa bei Selbstständigen, dann sind es Kunden — ein weiteres interessantes Thema und im Kern gar nicht so anders.) Gerne möchte ich deshalb der Medienmanagerin und allen intelligenten Mitarbeitern folgende fünf unkonventionelle Anregungen zu bedenken geben:

1. *Passen Sie Ihren Kommunikationsstil dem Stil des Chefs an.* Hat ihre Chefin eine Präferenz für regelmäßige, mündliche Reports? Dann richten *Sie* ein, dass Sie regelmäßig mündliche Reports machen können. Hasst Ihr Chef mündliche Unterredungen und regelt alles über Bullet Points per E-Mail? Dann liefern Sie ihm Bullet Points per E-Mail. Sollten Sie nicht wissen, was der Stil ihrer Chefin ist, dann fragen Sie nach. Zum Beispiel so: »Was ist dir am liebsten: mündliches Update oder Reports? Wie wollen wir das am effizientesten machen?« Sie wird es Ihnen gerne sagen.
2. *Chef-Entscheide akzeptieren und umsetzen, ohne rumzumaulen.* Akzeptieren Sie immer wieder mal einen lästigen Auftrag oder Entscheid ohne Diskussion, Replik, Kommentar oder Verbesserungsargumentation. Einfach mit einem netten »fein — machen wir so«.
3. *Arbeit übernehmen, die er/sie nicht gerne macht.* Sie wissen ja, welche Arbeiten der Chef nicht so mag. Machen Sie ihm freiwillig das Angebot, ein Teil davon zu übernehmen.
4. *Kritik am Chef nur in bilateralen Gesprächen.* Sprechen Sie Punkte, mit denen Sie nicht einverstanden sind, primär im bilateralen Gespräch an (und nicht im Team). Lassen Sie den Chef den Moment wählen, zum Beispiel mit einem »Ich möchte bilateral etwas besprechen mit dir, wann hast du Zeit?«.
5. *Chef wertschätzen.* Ja, Sie lesen richtig: den Chef wertschätzen. Auch wenn er sagt, er brauche das nicht wie all die zahllosen »No news is good news«-Anhänger. Zum Beispiel für eine Idee, die Sitzungsgestaltung, eine delikate Führungsinteraktion, für die Organisation von Events, für sein buntes Hemd etc. Da gibt es in den allermeisten Fällen eine Menge Gelegenheiten. Starten Sie das auch im Rahmen einer Sitzung, also in der Gruppe.

Vielleicht kommen Ihnen diese Vorschläge etwas fremd vor. Das ist normal, weil diese Followership-Verhaltensweisen in typischen mitteleuropäischen Unternehmenskulturen erst Eingang finden müssen. Deshalb haben wir alle Hemmungen. Seien Sie darauf vorbereitet, den einen oder anderen ironischen Kommentar eines Kollegen zu vernehmen — insbesondere wenn Sie wie die Medienmanagerin in einer Branche arbeiten, wo kulturbedingt eine deutliche Vorsicht und Skepsis gegenüber neuen Ansätzen und Ideen herrscht.

Basteln Sie Ihren eigenen Followership-Stil mit den Anregungen, die Sie besonders ansprechen. Testen Sie diesen im Alltag. Machen Sie mehr von dem, was funktioniert. Und deutlich weniger von dem, was nicht funktioniert. Damit werden Sie geschmeidiger durch die ozeanischen Reorganisationsstürme segeln und flüssiger auf dem täglichen Office-Wellengang surfen.

Weiterführende Literatur:

Jimmy Collins: *Creative followership*, 2013

Barbara Kellerman: *Followership: How followers are creating change and changing leaders*, 2008

REFLEXION 12

Den eigenen »Followerstil« entwickeln

Gehen Sie zu zweit zusammen. Atmen Sie zusammen drei Mal tief durch. Einer der Übungspartner führt den anderen durch die Übung. Dann wiederholen Sie die Übung mit gewechselten Rollen.

1. Schauen Sie eine Situation an, in der Sie der/die Follower sind. Was begeistert Sie hier, was bremst Sie? Was fällt Ihnen leicht? Was fällt Ihnen schwer? Wie sehen Sie Ihre persönliche innere Entwicklung als Follower? Erzählen Sie Ihrem Gegenüber, der gegebenenfalls Notizen macht.
2. Schließen Sie nun die Augen und spüren Sie Ihren Körper. Fokussieren Sie auf ein Symptom, wenn Sie eines bemerken (z. B.: Druck im Kopf, Spannung im unteren Rücken, Stechen im Knie etc.)
3. Geben Sie dieser Körpererfahrung Raum, gehen Sie noch tiefer hinein, ohne zu analysieren, sondern einfach nur, indem Sie die Energie spüren. Machen Sie eine Handbewegung, die dieser Erfahrung entspricht. Nicht zu viel nachdenken, einfach machen.
4. Nun versuchen Sie Folgendes: Übersetzen Sie diese Erfahrung in einen geografischen Ort, der Sie an diese Energie erinnert und an dem Sie sich wohl fühlen (z. B.: Sie spüren ein Kribbeln an den Fußsohlen, die Handbewegung ist ein sanftes Streichen mit den Händen; das kann Sie zum Beispiel an das barfüßige Rennen auf einem Fußballplatz erinnern).
5. Gehen Sie in Gedanken an diesen Ort, vertiefen Sie sich da hinein, spüren Sie die Naturkraft, welche an diesem Ort wirkt. Wie würden Sie diese Kraft beschreiben?
6. Kommen Sie zurück und diskutieren Sie nun mit Ihrem Gegenüber, wie Sie Ihren aktuellen Followerstil noch mehr wie diese Naturkraft gestalten können.
7. Welche Routinen und welcher Persönlichkeitsstil stehen eventuell im Gegensatz dazu? Lassen Sie sich von Ihrem Übungspartner helfen.

6.1.3 Was kann ich tun, wenn meine Vorschläge nicht gehört werden?

Die meisten haben schon einmal diese Erfahrung gemacht: Man ist Teil einer Gruppe, die etwas bearbeiten soll, die Entscheidungsbefugnis liegt aber bei einer anderen Person. Das Problem besteht nun darin, dass man eine eigene, klare Meinung zum Thema hat, eventuell auch gute Vorschläge, wie man weiter verfahren kann. Doch es scheint, dass niemand diese Vorschläge hören will. Man bringt also die aus der eigenen Perspektive wesentlichen Punkte in die Diskussion ein, doch sie werden von den Entscheidungsträgern nicht aufgenommen. Delikat wird es, wenn man in der gleichen Gruppe wiederholt die Vorschläge einbringt, das Resultat aber immer das Gleiche bleibt und das Problem trotzdem nicht gelöst wird. Mit der Zeit entsteht Ärger, man ist frustriert, zieht sich auch ein wenig zurück. Langeweile kann die Folge sein und man fragt sich, weshalb man überhaupt Zeit in Sitzungen verbringt, in denen die eigenen Beiträge von den Entscheidungsträgern als nicht relevant betrachtet werden.

Deep Democracy postuliert, dass alles, was eine Person wahrnimmt und was ein Teilnehmer in eine Sitzung einbringt, eine Relevanz für die Entwicklung des gesamten Systems hat. Wenn man als Teilnehmer einen Gedanken, ein Gefühl, eine Ahnung oder genereller betrachtet eine Wahrnehmung hat, dann ist die Wahrscheinlichkeit groß, dass andere ähnliche Gedanken haben. Dies ist eine logische Folge des Feldansatzes (siehe Abschnitt 2.1), aber sie äußern es nicht, weil eine kollektive Grenze (siehe Abschnitt 2.3) dies verhindert. Falls der eigene Beitrag wiederholt nicht gehört wird, kann man den Punkt noch einmal einbringen und schauen wie die Reaktion ist, vielleicht kann man die Stärke und Betonung verändern. Manchmal ist die Zeit aber noch nicht reif für den Vorschlag, die Situation passt für die Entscheidungsträger nicht. Oder man verfügt nicht über die notwendige Gruppen-Akzeptanz, diesen Aspekt in die Gruppe einzubringen. Wenn jemand anderer den Vorschlag einbringen würde, dann hätte das sofort eine ganz andere Wirkung. In diesen Fällen ist es besser, dass man die Sache für eine Weile ruhen lässt. Ärgerlich bleibt natürlich, dass man in Sitzungen Zeit vertrödelt, die man sonst besser nutzen könnte. In diesem Fall könnte man sagen: »Mir fällt auf, dass wir nun verschiedene Male über die Angelegenheit x gesprochen haben und sich bislang keine Lösung ergeben hat. Als Nicht-Entscheidungsträger in dieser Sache habe ich meinen Punkt eingebracht. Vielleicht ist er nicht relevant für diejenigen, die entscheiden, aber ist es dann o.k., wenn ich bei diesem Agendapunkt nicht weiter mitdiskutiere? Ihr könnt mich gerne wieder dazuholen, wenn ich einen weiteren Beitrag leisten kann.«

Prinzipiell gibt es deshalb folgende Optionen:
1. Rückzug, persönliches Ausklinken und Nicht-Teilnahme bei physischer Anwesenheit.
2. Den eigenen Vorschlag drei Mal einbringen — dann für eine gewisse Zeit auf sich beruhen lassen und auf andere Themen fokussieren.
3. Die problematische Situation im Moment der Sitzung einmal darlegen. Das heißt, ein Framing vornehmen, wie in Abschnitt 3.8 dargelegt. Zum Beispiel: »Ich weiß nicht, ob das für alle gleich relevant ist, aber mir fällt auf, dass ich seit einiger Zeit immer wieder diesen Vorschlag x einbringe, aber niemand in der Gruppe reagiert auf diesen Vorschlag — könnt ihr mir sagen, was der Hintergrund für dieses Verhalten ist?«

Was ist besonders an dieser letzteren Vorgehensweise? Man engagiert sich für eine Verbesserung der Situation im Rahmen der Möglichkeiten, die definiert sind durch Rolle, Funktion und Rang. Und man bleib nicht vom eigenen Ärger besetzt, was die Gefahr in sich birgt, zunehmend zynisch zu werden und zu resignieren. Gleichzeitig erinnert man die Organisation daran, dass es Entscheidungsträger gibt, die für eine Entscheidung zuständig sind. Auf diese Art übernimmt man auch als Nicht-Entscheidungsträger Verantwortung für die Entwicklung einer Lösung und trägt Sorge für das Gesamtsystem und gleichzeitig für das eigene Wohlergehen.

6.2 Performance Reviews und Feedback

6.2.1 Wie evaluiere ich die Performance von Mitarbeitern?

In den meisten Unternehmen gehören Rückmeldungen über die Performance von Mitarbeitenden zum institutionalisierten Alltag. Meistens im Rahmen von jährlichen oder unterjährigen »Performance Reviews« erhält ein Mitarbeiter eine Beurteilung seiner Leistung entlang eines Kompetenz-Rasters und Anforderungsprofils, das für die Position vorgängig erstellt wurde. Manchmal erfolgen diese Gespräche auch ad hoc, ohne Struktur. Eine besondere Eigenart dieser Performance Reviews ist das Phänomen, dass niemand sie gerne macht — weder der Vorgesetzte, noch der Mitarbeiter. Wenn man Personen in Organisationen fragt, welche Momente im Jahr zu den unerfreulichsten gehören, dann werden mit einiger Wahrscheinlichkeit die Mitarbeitergespräche genannt. Deshalb werden sie oft auch vernachlässigt und würden mitunter gar nicht durchgeführt, wenn nicht eine Personalabteilung die standardisierte

Durchführung mitsamt Instrumentarium vorgeben und kontrollieren würde. In der Praxis werden diese Gespräche möglichst schmerzfrei für beide Seiten durchgeführt. Manchmal »bei einem Mittagessen«, wie mir ein Teamleiter kürzlich mit leichter Enttäuschung mitteilte. Traditionelle Performance Reviews sind zeitaufwändig, erreichen aber im Kern oft nicht das Ziel, das sie eigentlich haben: die Mitarbeiter zu begeistern für eine gute Performance.

Aus Deep-Democracy-Perspektive ist ein traditionelles Performance Review eine ritualisierte Interaktion, in dem ein Vorgesetzter über einen Mitarbeiter ein Urteil spricht. Es gibt zwei Rollen (oder Tendenzen): einen Beurteiler und einen Beurteilten. Die Rollen bleiben fest. Im Hintergrund wirken bei beiden beteiligten Personen langjährige Erfahrungen im Umgang mit Beurteilungsmomenten. Diese Erfahrungen stammen aus dem Elternhaus, aus der Schule, von anderen Ausbildungsinstitutionen und dem Arbeitsleben und sind oft negativ besetzt. Man hat »schlechte« Erfahrungen gemacht und meint damit, dass die Beurteilung durch den Vorgesetzten nicht mit der eigenen Beurteilung der Situation übereinstimmt. Ein wesentlicher Faktor, der zu den schlechten Erfahrungen führt, ist der Zwang, der mit der Beurteilung einhergeht: Es wird einem keine Wahl gelassen, ob man durch diesen Prozess gehen will oder nicht. Um es mit der Ampelmetapher (siehe Abschnitt 2.5) auszudrücken: Es besteht eine große Chance, dass man als Mitarbeiter auf »Rot« in die Interaktion geht. Im Kern ist man dafür gar nicht bereit und lässt das Ganze über sich ergehen.

Hinzu kommt, dass in aktuellen Performance Reviews nicht nur die Leistung, sondern auch Verhaltensweisen beurteilt werden. Die Chance ist deshalb groß, dass in der Beurteilung problematische Verhaltensweisen, die einen schon ein ganzes Leben begleiten und einem immer wieder vorgehalten werden, negative Erwähnung finden. Ein plakatives Beispiel: die hoch motivierte, überaus leistungsbereite, aus der Perspektive der anderen aber zu aggressive Führungskraft. Das Feedback lautet hier zum Beispiel: »Du hast zu viel Fokus auf Leistung. Du musst besser auf Empathie und Sozialkompetenz schauen und wie du eine aufbauende, wertschätzende und angstfreie Atmosphäre schaffen kannst, in der sich andere und deine Mitarbeiter wohl fühlen.« Typischerweise erhält man als Führungskraft solches Feedback wiederholt und mehrmals im Laufe seines Lebens. Mit einer gewissen Wahrscheinlichkeit hat man deshalb genau an dieser Stelle sowohl blinde Flecken als auch eine hohe emotionale Sensibilität und reagiert typischerweise mit Abwehr, wenn einem dies — einmal mehr — wieder mitgeteilt wird. Dabei spielt es keine Rolle, was inhaltlich bemängelt wird: Die harmoniebedürftige Führungskraft, die es allen gerne recht macht, wird ebenfalls aufgefordert, sich zu verändern. Das hört sich folgendermaßen an: »Sprich endlich mal Tacheles mit deinen Leuten. Inakzeptables Verhalten muss sofort sanktioniert werden, vielleicht musst du halt auch mal zum letzten Mittel zu greifen und einen Mitarbeiter entlassen.«

Eine unter solchen Umständen zustande gekommene Beurteilung wird als wenig hilfreich für den eigenen Entwicklungsweg empfunden. Man fühlt sich als Mitarbeiter unverstanden, der eigene Beitrag wird nicht genügend wertgeschätzt, der Boss reitet auf Details rum, es macht sich ein Gefühl der Frustration, Ohnmacht und Unverbundenheit mit der Firma und dem Vorgesetzten breit. Das verhindert den an sich logischen nächsten Schritt der Performance Reviews: dass der Mitarbeiter Maßnahmen einleitet, um die Bereiche, die als ungenügend oder entwicklungsbedürftig beurteilt werden, zu verändern.

Zusammenfassend: Performance Reviews stellen eine unter Zwang entgegengenommene Beurteilung dar, die ein- bis zweimal pro Jahr durchgeführt wird, viel Zeitaufwand benötigt, aber nicht aufbauend ist. Typischerweise fühlen sich beide Beteiligten im Nachhinein nicht gut. Performance Reviews lösen auch Ängste aus. Das gilt auch für den Vorgesetzten, der sich zwar Mühe gibt, möglichst objektiv zu sein, aber weiß, dass eine Beurteilung im Kern immer subjektiv ist.

Eine besondere Art der Beurteilung sind 360-Grad-Feedbacks, also die Beurteilung eines Mitarbeiters aus verschiedenen Perspektiven, wie unter anderem derjenigen des Vorgesetzten, von Peers, Mitarbeitern und weiteren Anspruchsgruppen wie Kunden oder Lieferanten. Man würde denken, dass eine solche Beurteilung akkurater ist im Sinne von Vollständigkeit und Multiperspektivität. Trotzdem hat auch ein 360-Grad-Feedback wenig Wirkung, wenn nicht besonders auf die daraus sich ergebenden Maßnahmen geachtet wird. Die Beurteilten wissen schlicht nicht, was sie mit den Resultaten anfangen sollen. Das tritt in besonderem Maße auf, wenn eine Person eine Art »blinden Fleck« für die identifizierten Entwicklungsdimensionen hat. Ein Beispiel: Ein Manager verhält sich etwas roboterhaft überaus sachlich in Interaktionen, sodass das Verhalten als Ganzes etwas »hölzern« wirkt. Damit verliert er einen Teil seiner Überzeugungskraft und kann auch seine Begeisterung für die Sache nicht in ein Engagement seiner Mitarbeiter umsetzen. Auch wenn diese Person intellektuell nachvollziehen kann, wie das 360-Grad-Feedback zustande kommt, so ist es trotzdem sehr schwierig, selbst geeignete Maßnahmen einzuleiten. Typischerweise nicht wirksam sind die Empfehlungen, die er vom Umfeld erhält wie »emotionaler sein im Gespräch« oder »zeige einmal deine Emotionen«. Das setzt eine Person zusätzlich unter Druck. Und unter Druck verhält er sich tendenziell noch sachlicher, weil er das mit Professionalität gleichsetzt.

In welcher Richtung kann man Performance Reviews entwickeln?

1. Frequenz: Die ein- bis zweimalige Beurteilung pro Jahr sollte ersetzt werden durch eine höhere Frequenz von Rückmeldungen, bei denen man auf ein oder zwei bestimmte Verhaltensweisen fokussiert, die zu verändern sind (keine Breitband-Beurteilung). Am besten gibt man — Einverständnis des Feedback-Nehmers vorausgesetzt — einmal pro Monat oder noch öfter kurz Feedback über ganz konkrete Momente, in denen das angestrebte Verhalten schon sichtbar gezeigt wurde.
2. Beurteilungen sind oft vergangenheitsorientiert. Das heißt, man spricht über Dinge, die man nicht mehr verändern kann. Besser ist es, die Beurteilung der Vergangenheit so kurz wie möglich zu lassen und direkt auf die Zukunft zu fokussieren. Fokus und Energie liegen dann auf der gemeinsamen Besprechung dessen, was in der Zukunft sinnvollerweise geändert werden kann, damit die Performance noch besser wird.
3. Energetisch ist darauf zu achten, dass man in den kurzen Feedback-Momenten eine aufbauende, begeisternde Atmosphäre schaffen kann und nicht eine abwertende, demoralisierende.
4. Eine radikale Möglichkeit ist es, die Performance Reviews abzuschaffen und zu ersetzen durch häufige Feedback-Interaktionen zwischen Vorgesetzten und Mitarbeitern. Der Vorgesetzte fragt den Mitarbeitenden einmal pro Monat (dieser Vorschlag stammt ursprünglich von Tom Peters, dem Autor von »Auf der Suche nach Spitzenleistungen. Was man von den bestgeführten US-Unternehmen lernen kann« (2007):
   - Was gefällt dir im Moment gut an deiner aktuellen Tätigkeit?
   - Gibt es etwas, das du verändern möchtest, damit du deine Performance noch steigern könntest?
   - Was kann ich als Vorgesetzter dazu beitragen, deine Performance zu optimieren?

KURZGESCHICHTE

Mein Chef will »ehrliches Feedback«. Was tun?

Neulich hatte ich ein Gespräch mit der jüngeren und sehr ambitionierten Oberärztin eines größeren Spitals. Sie wurde vor nicht allzu langer Zeit in diese Position befördert. Die Konversation drehte sich um ihre Beobachtung, dass sich das Verhalten der Kolleginnen und Kollegen ihr gegenüber seit der Beförderung stark verändert hat. Insbesondere bekäme sie kaum noch Feedback und Kritik schon gar nicht mehr. Leicht enttäuscht fasste sie zusammen: »Ich erhalte sogar auf mein ausdrückliches und direktes

Nachfragen nach Feedback von meinen Mitarbeitenden höchstens blasse bis nichtssagende Aussagen.«

Kennen Sie die etwas unangenehme Situation auch, wo Sie von Ihrem Vorgesetzten nach Feedback gefragt werden? So im Sinne von: »Jetzt möchte ich mal ehrliches Feedback von dir.« Einfach so. Plötzlich. Womöglich, nachdem der Chef ein Führungsseminar besucht hat. Sie merken sofort: Da wurde das Thema »offene Feedback-Kultur« gemäß Lehrbuch besprochen. Und Sie wissen auch, dass sich der oder die Vorgesetzte bisher sehr, sehr selten für solche Dinge interessiert hat und in der Vergangenheit nicht dadurch aufgefallen ist, Interesse an Feedback zu äußern. Also alles in allem eine künstlich bis gefährlich anmutende Situation.

Dem Wunsch nach Ehrlichkeit ist mit gehöriger Vorsicht zu begegnen. Vor allem, wenn ein deutliches Machtgefälle besteht. Wir verstehen je nach eigener Herkunft ganz Unterschiedliches unter dem Wort »ehrlich«. Und weshalb soll plötzlich erhöhte Offenheit herrschen, wo vorher eine andere Art des Umgangs dominiert hat? Bei direkter und ungefilterter Kommunikation des Feedbacks können Missverständnisse und persönliche Verletzungen entstehen. Mit belastenden Effekten für die Arbeitsbeziehung. Das alles habe ich der Oberärztin erläutert. Und meine Tipps angefügt, die ich Mitarbeitenden im Umgang mit einem Chef, der Feedback einfordert, mit auf den Weg gebe:

- *Nur das sagen, mit dem Sie sich wohl fühlen.* Lassen Sie sich nicht durch ein vermeintliches kollegiales Verhältnis dazu verleiten, Dinge zu sagen, die Sie zu einem späteren Zeitpunkt bereuen könnten. Halten Sie sich zurück, wenn Sie zum Beispiel unsicher oder im Zweifel sind. Fokussieren Sie auf positive Momente der Zusammenarbeit. Sie können zum Beispiel sagen: »Ich möchte vor allem ein paar besondere Momente der Zusammenarbeit erwähnen. Mich hat zum Beispiel beeindruckt, wie du ruhig und fokussiert reagiert hast, als wir den Kunden X verloren haben.«
- *Fragen Sie nach.* Vermeiden Sie Antworten auf die Frage nach »generellem Feedback«. Wenn eine solche Frage kommt, fragen Sie nach. Zum Beispiel: »Was interessiert dich genau? Gerne gebe ich dir Rückmeldungen auf konkrete Situationen und wie ich mich da gefühlt habe. Interessiert dich eine spezifische Situation besonders?«
- *Fokus auf zukünftige Zusammenarbeit und konkrete Verhaltensweisen.* Die Vergangenheit interessiert alle Beteiligten meist wenig. Außer man will Wäsche waschen, was einer besseren, respektvollen Zusammenarbeit selten zuträglich ist. Deshalb lohnt es sich, den Fokus der Interaktion auf die Zukunft zu legen. Wenn die generelle Frage nach Feedback zur Zusammenarbeit im Raum steht, könnte man sagen: »Ich freue mich, dass wir über unsere Zusammenarbeit sprechen. Es würde mir zum Beispiel

helfen, wenn du in Zukunft bei emotionalen Diskussionen zwei Sekunden warten würdest, bevor du auf meine Aussagen reagierst. Weißt du, was ich meine?«

Die Oberärztin reagierte leicht enttäuscht. Sie hatte auf eine elegante Lösung gehofft, um eine »offene Feedback-Kultur« auch gegen oben zu schaffen. Ein missverstandener Anspruch, der oft zu Enttäuschungen führt. Es hilft ihr vielleicht, sich an Ausbildungszeiten zu erinnern, wo man en passant mitbekommen hat: In Interaktionen mit ranghöheren Personen ist es nicht karriereförderlich, immer ehrlich und ungefiltert die Meinung zu sagen. Es lohnt sich, Graustufen einzubauen. Das hat nichts mit Duckmäusertum zu tun. Gut, dass die Mitarbeitenden der Oberärztin dies wissen und danach handeln.

6.2.2 Wann lohnt es sich, Feedback zu geben?

Aufgrund der obigen Überlegungen sind die Momente rar, in denen ein Feedback eine Wirkung im Sinne einer Erkenntnis oder eines Aha-Erlebnisses bei einer Person hat. Ein erster Hinweis ist, dass eine Person um Feedback nachfragt. Damit signalisiert sie, dass sie auf »Grün« steht und für den Empfang von Feedback prinzipiell offen ist. Damit ist gleichzeitig gesagt, dass das ungefragte Geben von Feedback typischerweise wenig bis keine Wirkung hat. Oft tritt sogar das Gegenteil ein: Feedback zu erhalten, löst Abwehrmechanismen aus, man fragt sich: »Weshalb drängt mir die andere Person diese Information auf?«, man stellt sich selbst auf »Rot«.

Umgekehrt ist es auch nicht immer ratsam, Feedback zu geben, auch wenn danach gefragt wird. »Gib mir mal Feedback, was hältst du von mir?«, fragt der Mitarbeiter oder Vorgesetzte, eben begeistert zurück aus dem Führungsseminar. Aber auch wenn man direkt gefragt wird, bleibt das Motiv des Fragenden unklar, und es ist nicht sicher, ob ein solcher Fragesteller tatsächlich offen ist, eine Fremdeinschätzung zu erhalten. Um nicht in die oben beschriebene Falle zu tappen und Feedback zu einem hoch sensitiven Aspekt zu geben mit der Gefahr, dass die Arbeitsbeziehung gefährdet ist, empfiehlt es sich, auszuloten, welche Gedanken sich der Fragesteller über eigenes problematische Verhalten und sein aktuelles Lernanliegen macht. Man fragt zum Beispiel: »Die Frage finde ich sehr allgemein, damit ich eine gute Antwort geben kann, müsste ich noch wissen, welcher Aspekt dich im Moment besonders interessiert. In welche Richtung soll mein Feedback gehen? Weshalb interessiert dich das jetzt gerade, nachdem wir noch nie über diese Dinge gesprochen haben?«

Wenn der Fragesteller eine klare Auskunft über sein Motiv und dessen Hintergrund geben kann, und auch glaubhaft sein aktuelles Lerninteresse über sich selbst darlegen kann, dann signalisiert dies Offenheit, die Ampel steht tendenziell auf Grün. Damit besteht eine gewisse Chance, dass das Feedback auf fruchtbaren Boden fällt. Kann der Fragesteller nicht glaubhaft darlegen, was der Hintergrund ist, sondern sagt etwas wie: »Einfach so, möchte mal wissen, was du von mir hältst«, dann signalisiert er, dass er nicht besonders interessiert ist an Feedback und schon gar nicht an kritischen Rückmeldungen. Wenn man nicht in eine schwierige Beziehungssituation kommen möchte, verzichtet man dann besser darauf.

Aus Deep-Democracy-Perspektive funktioniert ein Lernprozess vor allem dann, wenn eine Person sich aus freien Stücken dem Lernprozess aussetzt und dabei die eigenen Grenzen beachtet und akzeptiert werden. Konkret heißt das: Bevor überhaupt ein Performance Review gemacht wird, wird abgeklärt, ob der Mitarbeiter daran Interesse hat. Falls ja, dann führt der Mitarbeiter einen Beurteilungsprozess für sich selbst durch. Aus diesem Eigenbild leitet die Person Entwicklungsdimensionen ab und entsprechende Maßnahmenpläne, die mit dem Vorgesetzten besprochen werden. Zum Beurteilungsprozess kann dabei auch ein »inneres Fremdbild« gehören, zum Beispiel, dass eine Person das eigene Verhalten aus der Perspektive von anderen Personen und Stakeholdern beurteilt. Dieser Ansatz wird im Abschnitt 6.2.3 »721-Grad-Feedback« beschrieben.

6.2.3 Was ist ein 721-Grad-Feedback?

»Mein Chef ist diesbezüglich sehr sparsam — von dem erhalte ich kein brauchbares Feedback. Und meine Mitarbeiter, die getrauen sich halt nicht richtig, mir ihre Meinung zu sagen. Die haben zu viel Respekt vor mir«, erzählte mir ein Finanzchef eines Versicherers. Ein klassisches Beispiel, das aufzeigt: Die wenigsten geben gerne Feedback, insbesondere negatives. Der Grund ist laut Marshall Goldsmith (Top Management Business Coach, Autor des New-York-Times-Bestsellers »What got you here, won't get you there«) einfach: Die Leute wollen vor allem hören, was mit ihrem Eigenbild übereinstimmt. Davon abweichende Sichtweisen wollen sie nicht hören. Und wenn sie es hören, dann reagieren sie verschnupft, sind beleidigt, ziehen sich zurück oder sie rechtfertigen sich mit elaborierten Argumenten. Gegenüber höhergestellten Personen, zum Beispiel zwischen einem Mitarbeiter und einem Vorgesetzten spielt dieses Muster eine noch größere Rolle. Schon in der Schule lernt man, dass man mit Autoritätspersonen sachte umzugehen hat, dass eigene Aussagen Konsequenzen haben und es zum Beispiel keine karriereförderliche Strategie ist, den Vorgesetzten mit negativem Feedback einzudecken.

Über Feedback gibt es genügend Literatur. Deshalb soll hier vor allem auf eine spezielle Variante des Feedbacks hingewiesen werden, die sich aus dem Deep-Democracy-Paradigma ergibt. Man nennt es »721-Grad-Feedback«. Typischerweise bezieht sich der Begriff »Feedback« auf eine Interaktion zwischen verschiedenen Personen, in der Informationen über verschiedene Aspekte der Zusammenarbeit ausgetauscht werden. Im Beispiel eines 360-Grad-Feedbacks erhält eine Person Rückmeldungen von einem Kreis von Personen aus ihren Umfeld. Feedback bedeutet hier primär, dass man von *außenstehenden* Personen eine Rückmeldung erhält.

Im 721-Grad-Feedback wird diese Sichtweise erweitert. Rückmeldungen können auch aus Sicht von verschiedenen inneren Subpersönlichkeiten, inneren Traumfiguren oder Ressourcenpositionen erfolgen. Das nennt man ein »inneres 360-Grad Feedback«. Wie geht das? Man kann seine eigene Performance zum Beispiel aus verschiedenen Altersperspektiven beurteilen: Wie würde mich ein Kind beurteilen, das so ist, wie ich selbst mit fünf Jahren war? Oder wie würde ich mich beurteilen, wenn ich mir vorstellte, dass ich 95 Jahre alt wäre? Natürlich sind alle Altersstufen dazwischen mögliche Beurteilungsinstanzen. Man kann sich auch aus anderen Subpersönlichkeitsperspektiven beurteilen: Zum Beispiel aus dem Teil, der sich total dem äußeren Erfolg, der beruflichen Karriere verschrieben hat. Oder aus der Position des eigenen Bankkontos, das sich im Moment in einem Mangelzustand befindet. Oder aus der Position einer inneren Figur, die einen für die berufliche Tätigkeit inspiriert, ein Vorbild darstellt. Oder vom inneren Kritiker, der sich immer wieder bemerkbar macht.

Die Gesamtheit der Rückmeldungen dieser inneren Figuren wird als das »innere 360-Grad-Feedback« bezeichnet. Die 360 Grad aus dem äußeren Feedback und die 360 Grad aus dem inneren Feedback ergeben 720 Grad. Um auf die 721 Grad zu kommen, bleibt noch eine letzte Perspektive zu berücksichtigen, die sich aus dem Wahrnehmungsmodell (Abschnitt 2.11) ergibt: Man kann aus der Perspektive der eigenen Essenz-Ebene eine Beurteilung vornehmen und sich selbst eine Rückmeldung geben. Die persönliche Essenz-Ebene beinhaltet eine Perspektive, in der alle Subpersönlichkeiten zu einem Ganzen verschmelzen und alle Subpersönlichkeiten mitfühlend akzeptiert werden. Manchmal nennt man diese Betrachtung auch eine »Big U«-Betrachtung (das Große Ich), im Gegensatz zum aus dem täglichen Leben bekannten »Kleinen Ich«, das manchmal egoistisch und polarisiert handelt. Eine Betrachtung aus der Big-U-Perspektive ist weniger eine Beurteilung, sondern eher ein Gefühl der Verbundenheit, des Haltens und Mitfühlens mit allen inneren Figuren und deren Dynamik miteinander. Addiert man die drei Elemente »äußere 360-Grad-Beurteilung«, die »innere 360-Grad-Beurteilung« und die Big-U-Perspektive, so ergibt das zusammen 721. Deshalb nennt sich dieser Ansatz »721-Grad-Feedback«.

Weiterführende Literatur:

Friedemann Schulz von Thun: *Miteinander reden 3: Das innere Team und situationsgerechte Kommunikation*, 1998

Markus Hänsel & Victor Gotwald: *Die Arbeit mit inneren Stakeholdern im Change Management*, 2014

6.3 Leitung von Sitzungen und Workshops

6.3.1 Was sind Erfolgsfaktoren für gelungene Sitzungen und Workshops?

Oft wird gesagt, die Vorbereitung und eine Liste der zu besprechenden Agendapunkte machen den Unterschied zwischen gelungenen und schlechten Sitzungen. Doch auch wenn diesen beiden Aspekten genügend Sorge getragen wird, kann man beobachten, dass Sitzungen und Workshops oft wenig Energie generieren. Die folgenden Erfolgsfaktoren tragen wesentlich dazu bei, dass Sitzungen und Meetings effizienter gestaltet werden und für alle Teilnehmer mehr Spaß machen:

1. Diskutieren, was die Beteiligten am meisten interessiert (Hotspot-Ansatz).
2. Klarheit bezüglich Zweck des Austausches.
3. Rollenbewusstheit aller Beteiligten (insbesondere: Dreifachrolle des Chefs).
4. Richtige Zusammensetzung der Gruppe.
5. Persönliche Konflikte sind bearbeitet.
6. Nächste Schritte und Verantwortlichkeiten sind geklärt.

1. Diskutieren, was die Beteiligten am meisten interessiert (Hotspot-Ansatz)

Werden tatsächlich die Themen behandelt, die die Teilnehmenden interessieren und damit energetisieren? Grundsätzlich kann jedes Meeting spannend ablaufen, wenn die Gruppe diejenigen Themen bespricht, die im Moment am meisten »Energie« tragen. Wenn man Agenda-Themen bespricht und gleichzeitig ein anderes Thema — zum Beispiel eine Aktualität wie eine Kündigung oder die Auswirkungen einer Reorganisation — in der Gruppe am »Brodeln« ist, führt dies zu schalen, langweiligen Atmosphären und unengagierter Teilnahme der Beteiligten.

Ein Beispiel aus der Praxis: »Wir haben als einen der strategischen Pfeiler für die Weiterentwicklung unseres Krankenhauses definiert, dass wir die ›Patienten-Orientierung‹ substanziell verstärken wollen. Ich will die nächste Klausur mit dem obersten Kader aus Aufsichtsrat und Geschäftsleitung dafür nutzen, bei diesem Thema zwei Gänge hochzuschalten«, so der Aufsichtsratsvorsitzende im Erstgespräch mit dem Autor, der als Organisationsberater eine Management-Klausur moderieren sollte. In den Vorgesprächen bei der Vorbereitung der Klausur ist aufgefallen, dass einige Schlüsselpersonen und insbesondere die Ärzteschaft in der Geschäftsleitung das Thema als wenig relevant für die weitere Entwicklung der Klinik betrachteten. Es war noch dramatischer: Sie empfanden das Thema fast als persönliche Beleidigung, da sie ihre ganze Schaffenskraft seit Jahrzehnten den Patienten mit überaus großem Einsatz widmeten. Gleichwohl setzte sich der Aufsichtsratsvorsitzende durch — das Thema wurde bearbeitet. Daraus wurde eine Klausur, die schleppend vorankam, die kontroversesten Diskussionen wurden nicht darüber geführt, was verbessert werden konnte, sondern wie zutreffend die eingesetzten Messsysteme die tatsächliche Qualität abbildeten. Die meisten Beteiligten waren froh, als die Klausur vorüber war und die vereinbarten Maßnahmen nicht in große zusätzliche Arbeit ausarteten.

Was kann man als Führungskraft machen? Der hier (vereinfacht plakativ) beschriebene Fall aus dem Gesundheitswesen ist vielleicht ein Spezialfall. Doch wenn Schlüsselpersonen auf nachgelagerten, hierarchischen Stufen eine, wenn auch nur informelle, Mitbestimmungsmöglichkeit haben, so führt kein Weg daran vorbei, ein gemeinsames Verständnis zu schaffen, welche Themen im Moment für die Weiterentwicklung der Institution wichtig sind und damit auf die Agenda gesetzt werden sollen. Konkret bedeutet dies einen Meinungsaustausch zur Frage, was überhaupt Bedeutung hat, und dann gemeinsam die Prioritäten zu setzen. Im obigen Fall hätte das Thema »Patienten-Orientierung« durchaus Platz auf einer solchen Liste gehabt. Doch es macht einen großen Unterschied für das weitere Vorgehen und die Umsetzung, ob ein Thema von oben verordnet wird oder ob eine Gruppe ein Thema miteinander als wichtig deklariert und dann beginnt daran zu arbeiten.

2. Klarheit bezüglich Zweck des Austausches

Welches Endprodukt soll erarbeitet werden? Ein wesentlicher Aspekt ist die Benennung des Zweckes oder Endproduktes der Besprechung oder jedes besprochenen Agendapunkts. Jeder dieser Zwecke erfordert eine etwas andere Form der Teilnahme von der Leitungsrolle (Leadership) und von den Personen in der Teilnehmer-Rolle (Followership), wenn die effiziente und lebendige Nutzung der gemeinsamen Zeit von Interesse ist. Eine Sitzung kann unterschiedlichen Zwecken dienen. Geht es um

- eine Information,
- einen Entscheid,
- eine Ideensammlung,
- ein Meinungsbild (die Einholung von Meinungen aller Anwesenden),
- eine Konsensbildung (gemeinsamer Entscheid),
- inhaltliche Arbeit an einem Konzept (Arbeitsgruppe-Modus),
- eine Diskussion (gegenseitiger Austausch von Gedanken zu einem Thema),
- einen Aktionsplan (wer macht was bis wann?),
- eine Erhöhung der Verbundenheit und Vertrauensbasis?

Wenn dieser Zweck allen Teilnehmenden gleichermaßen bekannt und von allen akzeptiert ist, ist eine Gruppe erst richtig arbeitsfähig und bereit, den Agendapunkt zu bearbeiten.

3. Rollenbewusstheit aller Beteiligten (insbesondere: Dreifachrolle des Chefs)

Aus welcher Rolle wird agiert? Leitungs- oder Teilnehmer-Rolle? Welche Erwartungen bestehen in der Gruppe über die verschiedenen Rollen? In einem Meeting gibt es eine Person, welche für den Gesamtrahmen (Zeit, Inhalt, Einladung etc.) zuständig ist. Diese Rolle wird oft »Leitungs-Rolle« genannt und durch die hierarchisch ranghöchste Person besetzt. Sitzungen werden üblicherweise durch die ranghöchste Person im Raum geleitet.

Aus Deep-Democracy-Sicht steht man vor einer Situation, in der die Person des Vorgesetzten in mindestens drei Rollen steckt. Vereinfacht kann dies folgendermaßen dargestellt werden (siehe dazu auch Abschnitt 3.9 »Multiple Rollen in Beziehungen«):

1. Chef-Rolle: entscheidet über Inhalte.
2. Teilnehmer-Rolle: bringt Inhalte ein, macht Vorschläge.
3. Facilitator-Rolle: benennt Inhalte und Polaritäten und vermittelt zwischen den unterschiedlichen Meinungen, sodass möglichst ein Konsens entsteht.

Das funktioniert in vielen Fällen problemlos. Doch es kann Situationen geben, in denen die Übernahme von drei Rollen durch eine Person zu Rollenkonflikten führt. Wenn zum Beispiel der Chef ein bestimmtes Thema nicht diskutieren will, dann kann er kraft seiner Chef-Rolle bestimmen, dass dieses Thema nicht diskutiert wird. Wenn nun einzelne Teilnehmer genau dieses Thema als zentral betrachten, der Chef gleichzeitig nicht transparent macht, aus welcher Rolle er nun handelt, löst er damit Irritationen bei den Teilnehmern aus. Deren Vertrauen in die Person des Chefs in seiner Rolle als Facilitator vermindert sich. Bei hochemotionalen Themen, bei denen viele Interessen vorhanden sind, kann eine solche Konstellation zur Eskalation beitragen, die Gruppe vertraut dem Chef nicht mehr in seiner Rolle als Facilitator.

Was kann man als Leitungsperson machen? Professionelle Chefs kennen dieses Phänomen und begegnen ihm mit Transparenz: Sie schaffen zu Beginn einer Sitzung das Verständnis für die verschiedenen Rollen (oder »Hüte«), die sie und andere Anwesende übernehmen. Und wenn eine Situation mit Konfliktpotenzial eintritt, benennen sie die unterschiedlichen Rollen, aus denen sie selbst ein Argument vorbringen. Sie sagen zum Beispiel: »Jetzt muss ich einen Moment die Facilitationsrolle abgeben und die Chef-Rolle einnehmen. Da sage ich klar, dieses Thema gehört für mich nicht in dieses Meeting, dafür gibt es ein spezielles Diskussionsgefäß. Deshalb möchte ich zum nächsten Thema auf der Liste kommen.«

Gemäß Feldansatz (Abschnitt 2.1) kann die Facilitationsrolle selbst auch als Tendenz im Feld gesehen werden. Sie kann grundsätzlich von allen Anwesenden eingenommen werden: sowohl von der formalen Leitungsperson als auch von allen Teilnehmern. Für bestimmte Themen oder wenn die Dreifachrolle für den Chef zu komplex wird, kann man zum Beispiel ein Mitglied der Gruppe, das thematisch keine Verstrickungen hat, temporär zum Facilitator ernennen. Man kann noch weiter gehen und dies auch zur Gruppen-Regel machen und für regelmäßige Sitzungen immer einen anderen Facilitator bestimmen. Das hat den Vorteil, dass klar wird, dass die Verantwortung für die Facilitation bei *allen* Beteiligten liegt. Zusätzlich ist es auch eine Art Übungsplatz für Führungskräfte, um die Kompetenz für Gruppen-Facilitation generell zu erhöhen. Zusätzlich besteht bei großem Konfliktpotenzial die Möglichkeit, eine externe Person in der Facilitationsrolle einzusetzen.

4. Richtige Zusammensetzung der Gruppe

Manchmal besteht die Situation, dass Personen an einem Workshop teilnehmen, die keine direkte Funktion oder Verantwortung bezüglich des zu besprechenden Themas haben. Grundsätzlich sollten an einer Sitzung nur Themen besprochen und entschieden werden, zu denen die Anwesenden eine direkte Verbindung oder Verantwortung haben. Ansonsten sitzen nicht alle im »selben Boot« und es entsteht ein Ungleichgewicht. Wenn nicht glasklar ist, ob alle im selben Boot sitzen, dann kann man die Anwesenden zu Beginn fragen, in welcher Form sie einen Beitrag zur Lösung beitragen wollen. Wenn jemand nicht weiß, weshalb er da ist, dann muss er entweder nochmals bezüglich seiner Rolle instruiert werden oder er kann den Raum sofort verlassen und seine Zeit besser nutzen, als in einem Meeting zu sitzen, ohne zu wissen weshalb.

5. Persönliche Konflikte sind bearbeitet

Manchmal besteht die Situation, dass die Arbeitsfähigkeit einer Gruppe durch Konflikte zwischen Subgruppen oder einzelner Personen gestört ist. Symptome können sein, dass eine bestimmte Person ausgegrenzt oder die Kommunikation auf das Minimum beschränkt wird. Ein Beispiel: Nach einer Mitarbeiterbefragung bei einem Maschinenbauunternehmen, die miserable Führungsqualitäten in einer Abteilung transparent werden ließ, hat ein Vorgesetzter die Kommunikation zu seinen Mitarbeitern aus tiefer Enttäuschung über deren Einschätzung seiner Führungsqualitäten minimiert. Er hat sich regelrecht zurückgezogen. In solchen Kontexten sind Workshops nicht zu empfehlen. Es muss zuerst eine Konfliktbearbeitung vorgenommen werden, wie sie in Abschnitt 3.6 beschrieben ist.

6. Nächste Schritte und Verantwortlichkeiten sind geklärt

Ohne Zuweisung von Aktionspunkten auf einzelne Personen besteht eine hohe Wahrscheinlichkeit, dass besprochene Maßnahmen in der Hektik des Alltages versanden und insbesondere die unbeliebten Aktionen »vergessen« werden. Ein beliebter Vermeidungspunkt bei Aktionsplänen ist die Zuweisung von Verantwortung an ein Gesamtgremium oder an Funktionen. Zum Beispiel schreibt man »Verantwortung: Geschäftsleitung« oder »Verantwortung: Marketing«. Diese Zuweisung ist nicht konkret genug. Aktionspunkte müssen einzelnen Personen zugewiesen werden, damit sie die volle Wirkung entfalten (»Verantwortung: Peter Frischknecht«). Dabei ist zu beachten, dass jeder Aktionspunkt mit einer konkreten Frist versehen ist, am besten mit einem Datum, damit auch darüber keine Zweifel oder Unsicherheiten bestehen.

6.3.2 Sitzungsführung: Umgang mit persönlichen Angriffen auf die Leitungsperson

Arbeitssitzungen, Klausuren, Retraiten und Workshops sind häufig verwendete Arbeitsformen in der Organisations- und Unternehmensentwicklung. Dabei übernimmt die Führungsperson meist eine Dreifachrolle: Entscheider, Teilnehmer und Facilitator. Manchmal wird die Facilitator-Rolle auch an Externe vergeben. Unabhängig von dieser Konstellation, hat die Leitungsperson manchmal mit dem Phänomen zu tun, dass sie persönlich angegriffen wird. Das sind schwierige Momente, da solche Angriffe oft nicht offensichtlich erfolgen und sich diese unangenehmen Interaktionen in der Öffentlichkeit einer Gruppe innerhalb von Sekunden abspielen. Manchmal ist das auch gar nicht persönlich gemeint, insbesondere wenn sich die Gruppe in einer »Storming«-Phase befindet, kann es vorkommen, dass interne Turbulenzen auf die Leitungsperson gerichtet werden.

Was ist gemeint mit »persönlichen Angriffen auf die Leitungsperson«? Damit sind Aussagen von Teilnehmern gemeint, die das Potenzial haben, die Position, das Ansehen oder den Status der Leitungsperson zu untergraben und/oder abzuwerten. In wenigen Fällen geschieht das direkt und offen. Wenn ein Gruppenmitglied zum Beispiel plötzlich die Moderation kommentiert, in dem Sinne, dass er sich nicht abgeholt fühle, oder die Moderation als unbefriedigend einstuft und dies in der Gruppe kundtut. Öfter sind Angriffe aber verdeckter. Wenn zum Beispiel jemand sagt: »Ich habe eine Frage: Weshalb erzählen Sie uns das alles?«, so kann das eine normale Frage eines Teilnehmers sein, der den Kontext in Erfahrung bringen möchte. Wenn Angriffigkeit in der Stimme »mitschwingt«, dann ist es eine »geladene Frage«. Es ist dann nicht im eigentlichen Sinne als Frage zu betrachten, sondern als Aussage, die im Klartext meint: »Ich bin nicht interessiert an dem was Sie sagen, es hat keinen Wert für mich.« Daraus ist erkennbar: Es ist nicht der Inhalt einer Aussage oder Frage, die bei einer Leitungsperson als Angriff ankommen kann, sondern der Subtext. Oft ist es auch so, dass sich die Teilnehmer gar nicht bewusst sind, dass sie jetzt eine abwertende Aussage zur Leitungsperson machen. Ob eine Aussage als Abwertung empfunden wird, hängt ja auch stark mit dem Empfänger zusammen. Weitere Beispiele aus der Sammlung des Autors sollen illustrieren, was mit »Angriffen auf die Leitungsperson« gemeint ist:

- »Ich fühle mich jetzt nicht abgeholt.«
- »Da war nichts Neues dabei.«
- »Du bist kein richtiger Chef für mich, denn ich spüre keine Vision bei dir.«
- »Bevor wir weiterdiskutieren, sollten wir gründlich analysieren, ob uns der Moderator auf der richtigen Spur hält.«

- »Diesen Ansatz, den Sie vorschlagen, kenne ich — das bringt rein gar nichts.«
- »Unser Vorgehen finde ich unterdessen etwas abgelutscht — gibt es nichts Spannenderes?«
- »Die Kommunikation hier finde ich nicht gut.«
- »Mitmachen bringt rein gar nichts — die da oben machen sowieso, was sie wollen.«
- »Und wenn die Chefs wieder mit diesem neumodischen englischen Geschwätz daherkommen — das finde ich nur noch zum Kotzen.«

Was kann man nun konkret machen, wenn man als Leitungsperson von persönlichen Angriffen betroffen ist?

Die Frage ist aus Leitungssicht, wie man mit diesen Situationen umgeht. In der Rolle der Leitungsperson empfindet man sie typischerweise — manchmal, aber auch nicht immer — als »Störung« oder Irritation. Diese Stör-Energie kann wertvolles Ausgangsmaterial sein für eine Leitungsperson, den eigenen Entwicklungsprozess als Facilitator voranzutreiben.

Maßnahme 1 (im Moment, wenn es passiert)
Die eigene Emotion im Moment des Angriffs wahrnehmen: Wahrnehmen, dass ein bestimmtes Verhalten eines Teilnehmers eine innere emotionale Reaktion auslöst, zum Beispiel Wut, Schmerz, Ohnmacht und/oder weitere Gefühle. Typischerweise macht man das Gegenteil: Man versucht, professionell im Sinne von emotionsfrei zu reagieren und diese Gefühle nicht zu spüren.

Maßnahme 2 (nach dem Vorfall)
Den »Trigger« und das eigene typische Reaktionsprogramm erkennen: Grundsätzlich geht es als Leitungsperson darum, zu untersuchen, was genau das Gefühl einer Störung bei einem ausgelöst hat respektive immer wieder auslöst. Ist es die Aussage des Teilnehmers? Ist es die Energie, die Qualität, mit der die Aussage gemacht wurde? Ist es die Stimme? Ist es die Körperhaltung? Wenn man darüber mehr weiß, so kann man sich präventiv auf solche Situationen vorbereiten, indem man sich ein »Reaktionsprogramm« vornimmt. Zum Beispiel nimmt man sich vor, drei Mal durchzuatmen, bevor man reagiert, wenn jemand den eigenen »Trigger-Punkt« drückt.

Maßnahme 3 (nach dem Vorfall)
Die Störung zum Verbündeten machen: Es ist interessant zu bemerken, dass unterschiedliche Leitungspersonen auch unterschiedliche Sensitivitäten haben. Das heißt, das »Problem« in einer Situation, die man als »Angriff« empfindet, liegt weniger im Außen beim »Angreifer« als vielmehr im eigenen Innern, weil man eine über das normale Maß hinausgehende hohe Sensibilität hat. Ein Beispiel: Ein Teilnehmer, der in einem Workshop ein Smartphone benutzt, kann bei einer Leitungsperson ein inneres Drama auslösen (»Mein Workshop ist nicht interessant genug«) und lässt eine andere Leitungsperson komplett unberührt. Gemäß Deep-Democracy-Grundmodell (siehe Abschnitt 1.2) liegt in der Störung eine Information und eine Ressource, die einen weiter unterstützen kann bei der eigenen Entwicklung. Deshalb kann man im Nachgang zu einem Angriffserlebnis dieses Erlebnis aus verschiedenen Perspektiven betrachten und schauen, welche inneren Persönlichkeitsanteile (oder Tendenzen) sich in der gesamten Interaktion mit einem »Angreifer« gezeigt haben. Mit anderen Worten: Man macht innere Arbeit mit den Prinzipien, wie sie in Abschnitt 3.7 dargelegt sind, und betrachtet die äußeren Figuren als Teil des eigenen inneren Teams. Dann geht es darum, mehr Beziehung und Kontakt zwischen den inneren Teamfiguren herzustellen.

Damit die Maßnahme 3 nicht abstrakt bleibt, ist im Folgenden eine Reflexion beschrieben, die man machen kann im Nachgang zu Vorfällen, in denen man glaubt, in der Rolle als Leitungsperson angegriffen worden zu sein.

REFLEXION 13

Der Angreifer von Innen
Diese Übung macht man am besten mit einem Partner, der einen durch die Übung führt, damit man sich selbst, frei von Papier und sonstigen Gegenständen, komplett auf die Fragen des Partners konzentrieren kann.
Nehmen Sie sich für die Übung eine halbe Stunde Zeit.

1. Der Partner beginnt mit folgender Frage: Denke an eine Situation, in der du in der Leitungsfunktion gewesen bist, zum Beispiel in einem Workshop oder in einer Abteilungsinformationssitzung, und es ist etwas passiert, was dich richtig gestört, irritiert, unter Druck gesetzt hat, oder jemand hat dich sogar persönlich angegriffen.
2. Erzähle mehr über die Situation. Was waren die Umstände, der Kontext? Wie genau lief die Interaktion ab? Wer war beteiligt? In welcher Form? Was genau hat der »Störer« gemacht? Was war deine Reaktion? Weshalb war das so schlimm für dich?

3. Vergiss nun diese konkrete Situation und mache einen unkonventionellen Schritt: Stell dir vor, du bist ein wenig diese Person, die dich gestört hat. Stell dich mal in ihre Schuhe. Bewege dich mal oder setze dich hin wie diese Person. Beginne so zu sprechen wie diese Person. Imitiere auch die stimmlichen Modalitäten und das ganze Verhalten, auch die nonverbale Kommunikation. Das ist keine ernste Sache — es darf Spaß machen.
4. Jetzt gehe noch einen Schritt weiter: Beginne das Verhalten zu übertreiben. In alle Richtungen, welche dir gerade einfallen: ruhiger, lauter, größer, schneller, langsamer, aggressiver, weniger oder mehr lebendig etc. Auch das ist keine ernste Sache — es darf Spaß machen.
5. Fokussiere nun nur auf deine eigene Empfindung, die du im Moment selbst hast, und nehme ein Gefühl, eine Qualität wahr, die du im Moment am meisten spürst und die du als positiv wahrnimmst. Es kann eine Kraft sein, ein Gefühl, eine Stärke, irgendwas. Wenn du nichts findest, frage dich: »Was ist gut, richtig, stark an der Erfahrung, die du beim unkonventionellen Experiment gemacht hast. Fokussiere einfach auf einen Aspekt, der im Moment herausstrahlt.
6. Nun beginnst du, nur diesen Aspekt zu verkörpern. Zum Beispiel: Wenn du eine angriffige Kraft entdeckt hast, dann fühle die Stärke dieser Kraft. Und vielleicht kannst du eine Figur hineinfantasieren, welche diese Kraft symbolisiert, aus einem Film oder Märchen. Irgendetwas, und nimm einfach die erste Figur, die in deinen Gedanken auftaucht.
7. Jetzt stell dir vor, du bist diese Fantasiefigur und du gibst der Leitungsperson von Punkt 2 einen Rat: Wie soll sie reagieren in dieser schwierigen Situation, wie sie zu Beginn beschrieben wurde? Denke nicht zu viel nach, sondern lass einfach die Fantasiefigur sprechen.
8. Zum Abschluss: Beide besprechen miteinander, was eine wichtige Erkenntnis aus dieser Übung ist.

6.3.3 Wie bringe ich Lebendigkeit in eine Sitzung?

Typischerweise wird die Art und Weise der Gestaltung und damit auch die Qualität von Sitzungen bei der Leitungsperson verantwortet. Doch auch in der Rolle als Teilnehmer kann man beitragen zur effizienten und lebendigen Sitzungsgestaltung. Je nach Rolle, die man einnimmt, gibt es unterschiedliche Möglichkeiten. Im Folgenden werden die jeweiligen Möglichkeiten im Sinne einer Ideenliste aufgelistet:

Möglichkeiten der Person in der Leitungsrolle

In der Leitungsrolle geht es grundsätzlich darum, den Rahmen oder »Container« des Meetings mit einer spezifischen Energie zu versorgen und diese zu halten. Das heißt konkret, für die Einladung, den Anfang und das Ende sowie die Befindlichkeit der Teilnehmenden zu sorgen, Störungen anzusprechen und den Zweck immer wieder in den Fokus der Personen in der Teilnehmer-Rolle zu bringen, insbesondere wenn die Gruppe nicht mehr auf Kurs ist. Wenn Lebendigkeit ein atmosphärisches Ziel in Sitzungen sein soll, dann muss die Leitungsperson diese Verhaltensweisen für alle beobachtbar selbst demonstrieren und sich als Vorbild verhalten. Folgende Hinweise können für die Planung des Sitzungsablaufes eine Hilfestellung sein, bedürfen aber der individuellen Anpassung an den eigenen individuellen Leadership-Stil:

1. Teilnehmende freundlich willkommen heißen. Sagen Sie, was aus der eigenen Sicht für die aktuelle Sitzung wichtig ist.
2. Warm-up durchführen: Fragen Sie alle Teilnehmenden, was ihnen aus ihrer Sicht für das heutige Meeting besonders wichtig ist. Sie sollen das in maximal zwei bis drei Sätzen zum Ausdruck bringen (vielleicht schreiben Sie die Punkte auf ein Flipchart). Dies ist wichtig, auch wenn eine offizielle Agenda besteht.
3. Fassen Sie kurz zusammen, was die Tendenz aus den Rückmeldungen ist. Zum Beispiel: »Ich stelle fest, es gibt noch andere Themen, die euch wichtig sind. Ich mache den Vorschlag, eines der Themen bei Agendapunkt x zu besprechen und das grundsätzliche Thema z im Rahmen eines separaten Meetings nächsten Monat zu besprechen«. Damit berücksichtigen Sie alle Wortmeldungen, ohne dass die eingebrachten Punkte die ganze Agenda infrage stellen.
4. Bei jedem Agendapunkt vorweg vorgeben, was aus Ihrer Leitungssicht der Zweck ist. Wenn es eine Ideensammlung ist, dann muss derjenige in der Leitungsrolle darauf bedacht sein, dass jeder ein, zwei Ideen einbringt, dann wird die Runde geschlossen. Das heißt, es gibt keine Diskussionen bezüglich eingebrachter Ideen. Das beschleunigt den Prozess ungemein und bringt Leben und Tempo in das Meeting.
5. Manchmal gibt es Themen, bei denen die Leitungsperson nicht zuständig ist. Dann übergibt er das Thema der zuständigen Person, die das Thema in der Leitungsrolle übernimmt und gemäß den Prinzipien der »Leitungsrolle« agiert.
6. Die Person in der Leitungsrolle übernimmt typischerweise die Sicherstellung des Rahmens: formelle Einladung, Begrüßung und Verabschiedung und Zeitmanagement — keine Überziehung.

7. Wichtig ist, dass ein Meeting Konsequenzen hat. Dies wird am einfachsten über simple Aktionspläne (wer macht was bis wann?) schriftlich festgehalten und an die Verantwortlichen versandt. Die Leitungsperson stellt das sicher.
8. Die Person in der Leitungsrolle benennt Hotspots, also Themen, welche gewisse Spannungen in der Gruppe auslösen. Er macht Vorschläge, wann und wo diese Themen weiterbearbeitet werden. Zum Beispiel: »Ich merke, dass wir bei Thema x große Differenzen im Team haben und diese sogar zu Unstimmigkeiten auf der persönlichen Ebene führen. Ich finde es wichtig, dass wir einmal tiefer gehen und schauen, was sich rund um dieses Thema eigentlich abspielt. Aber nicht heute, sondern ein andermal — ich werde für einen Termin sorgen.« Mit dieser Benennung von Schwierigkeiten erreicht man paradoxerweise eine Beruhigung der Situation und die Gruppe kann auf die zu besprechenden Themen fokussieren, weil sie weiß, dass das andere wichtige Thema nicht einfach übergangen wird.
9. Überprüfen Sie Ihren eigenen Grad an »Lebendigkeit«, die Sie ins Meeting bringen. Falls Sie selbst schon gelangweilt sind, wenn Sie nur an das Meeting denken, müssen Sie zuerst die eigene innere Atmosphäre verändern.
10. Machen Sie die Teilnahme am Meeting freiwillig. Das führt dazu, dass nur diejenigen dabei sind, welche denken, einen Nutzen aus dem Meeting zu ziehen und/oder wirklich einen Beitrag zur Lösung leisten möchten.

Möglichkeiten der Personen in der Teilnehmer-Rolle

In der Teilnehmer-Rolle geht es darum, Rückmeldungen zu geben und Fragen zu stellen, die sich aus Sicht des eigenen Aufgabenfeldes ergeben. Und die Person in der Leitungsrolle in ihrer Rolle der Facilitation zu unterstützen. Folgende Hinweise können eine Hilfestellung sein, sie bedürfen aber der individuellen Anpassung auf den eigenen individuellen Followership-Stil:

1. Sagen Sie zu Beginn eines Meetings, was aus Ihrer Sicht besonders wichtig ist. Zum Beispiel: »Ich weiß, wir haben eine Traktandenliste, gleichzeitig ist mir klar geworden, dass ich über ein Thema sprechen möchte, das nicht auf der Liste ist, es handelt sich um Thema x.«
2. Nehmen Sie während einer Sitzung aus Ihrer Sicht oft und kurz Stellung. Teilen Sie Ihre Ideen mit den anderen, aber bestehen Sie nicht darauf, dass diese auch direkt umgesetzt werden.
3. Wenn Sie nichts (mehr) zur Diskussion beitragen können, weil zum Beispiel schon alles gesagt ist, dann sagen sie zum Beispiel: »Jetzt haben wir meines Erachtens alle Argumente auf dem Tisch, ich habe nichts mehr an-

zufügen, aus meiner Sicht können wir zum nächsten Agendapunkt gehen, wie seht ihr das?«

4. Teilen Sie Beobachtungen zum Ablauf, zur Stimmung, zur Interaktionsqualität und zur Atmosphäre in der Sitzung. Zum Beispiel: »Ich finde es toll, dass trotz so unterschiedlicher Meinungen der Spaß-Faktor auch vorhanden ist.« Oder wenn das eben nicht der Fall ist: »Ich weiß gar nicht, wie wir mit diesem Thema umgehen sollen, weil wir meistens in eine konfliktartige Situation geraten. Das finde ich ziemlich unangenehm. Wie seht ihr das?«
5. Nehmen Sie Bezug auf die Äußerungen von anderen Teilnehmenden. Zum Beispiel: »Andrea hat schon die Idee eingebracht, die ich auch am besten finde, nämlich, dass wir jetzt Ideen nur sammeln und später eine Bewertung und Priorisierung vornehmen.«

REFLEXION 14

Sitzungen lebendig gestalten

1. Erstellen Sie zuerst eine Liste von fünf regelmäßigen Meetings und sortieren Sie diese nach »Grad der Langweiligkeit«.
2. Fokussieren Sie nun auf ein Meeting, das Sie definitiv verändern möchten. Identifizieren Sie Ihre Rolle und gehen Sie die obigen Anregungen durch.
3. Notieren Sie sich drei Verhaltensweisen, die Sie das nächste Mal in diesem Meeting anwenden wollen oder was Sie sagen werden.
4. Machen Sie das und beobachten Sie die Auswirkungen auf die Lebendigkeit im Raum und die Atmosphäre. Wenn Sie ihre intendierte Wirkung erreichen, feiern Sie. Ansonsten experimentieren Sie mit drei anderen Verhaltensweisen.
5. Machen Sie dasselbe mit dem nächsten Meeting auf der Liste.
6. Zum Schluss: Teilen Sie die hier dargelegten Ideen mit einem Kollegen, der sich über langweilige Meetings beklagt.

6.3.4 Wie kann ich als Führungskraft die Performance des eigenen Teams verbessern?

Veränderungen können Gruppen verunsichern. Wenn Sie ein Team neu übernehmen, treffen Sie es selten in Top-Form an. Auch Marktverschiebungen oder eine Neuorientierung des Unternehmens können sich negativ auf die Team-Performance auswirken. Besonders heikel, in der Praxis aber durchaus häufig ist der Fall, dass diese Faktoren zusammentreffen — wie auch im nachfolgend beschriebenen Beispiel. Diesem Leistungsabfall können Sie als Führungskraft aktiv begegnen.

Dazu das Beispiel: Herr Frischknecht hat kürzlich die kaufmännische Leitung eines Krankenhauses übernommen. Der 47-Jährige ist neu ins Unternehmen gekommen, nachdem er zuvor in gleicher Funktion in einem kleineren Krankenhaus tätig war. Dort hatte er mit einem neuen Dienstleistungskonzept das Unternehmen von Grund auf erneuert und fit für den veränderten Gesundheitsmarkt gemacht. Aus genau diesem Grund hat sein neuer Arbeitgeber ihn eingestellt: Er soll die rückständige Positionierung des Hauses mit einem patientenorientierten Ansatz zukunftsfähig machen. Bis vor Kurzem kamen alle Patienten von selbst in das Krankenhaus, da es in der Region alternativlos war. Jetzt aber herrscht Wettbewerb, und die Patienten suchen sich ihren Behandlungsort gezielt aus. Ohne eine unternehmerische Neuorientierung kann das Krankenhaus seine führende Stellung in der Region nicht dauerhaft halten.

Die Ziele sind also klar gesteckt, und Herr Frischknecht hat keine Schwierigkeiten, Maßnahmen und Prozesse zu erarbeiten. Doch schon nach kurzer Zeit stellt er fest: Die ihm unterstellten Führungskräfte ziehen nicht mit wie erwartet. Der Führungswechsel sorgt für Unruhe unter den Abteilungsleitern, und die Neuausrichtung des Unternehmens unter seiner Leitung tut ein Übriges. Die Umsetzung der Veränderungen stockt und schon nach drei Monaten hinken die meisten Abteilungen dem Zeitplan hinterher. Herr Frischknecht hat schon bei den ersten Anzeichen die Initiative ergriffen. Bereits nach wenigen Wochen hat er begonnen, die geplanten Veränderungen durch Konsultationen und Dienstleistungsschulungen anzukurbeln, doch seine Bemühungen bleiben erfolglos. Seine Arbeit erscheint ihm immer öfter mühsam und zäh, und zeitweise schleicht sich bereits ein Gefühl der Ohnmacht ein.

Es gibt viele Wege, die eine Führungskraft einschlagen kann, wenn die Teamleistung zu wünschen übrig lässt. Viele davon sind jedoch sehr zeit- und ressourcenintensiv. Der hier vorgeschlagene Prozess ist dagegen mit Bordmitteln zu bewerkstelligen und sehr effizient. Durch eine Selbsteinschätzung bekommen die Teammitglieder zunächst ein realistisches Bild von der Ausgangssituation. Daraufhin erarbeiten sie zusammen persönliche Maßnahmen und einen Aktionsplan für das Team. Regelmäßige Follow-up-Meetings dienen der gemeinsamen Kontrolle des Fortschritts und der verlässlichen Kommunikation. Dieser Prozess ist auch dann geeignet, wenn Sie schon alle möglichen Instrumente ausprobiert haben, ohne den gewünschten Erfolg zu erzielen. Er beruht auf einer Erkenntnis, die viele Führungskräfte erst nach einer gewissen Lernphase erlangen: Nachhaltige Verbesserungen der Team-Performance sind vor allem dann möglich, wenn das Team eine eigene Lösungsstrategie entwickelt. Der Vorteil liegt darin, dass die Teammitglieder untereinander und mit Ihnen ins Gespräch kommen. Sie decken Probleme als Gruppe auf und entwickeln auch die Lösungen gemeinsam, was dazu führt, dass die Beteiligten die Entscheidungen auf eine andere Art mittragen.

So gehen Sie konkret vor: Laden Sie Ihr Team zu einem Initialmeeting ein. Planen Sie dafür ca. vier Stunden ein. Gehen Sie dann folgende sechs Schritte auf dem Weg zur besseren Team-Performance:

1. *Das Team schätzt sich selbst ein.* Schaffen Sie zuerst Klarheit über den Ist-Zustand, indem Sie alle Beteiligten Punkte von 1 (katastrophal) bis 10 (hervorragend) für die gegenwärtige Performance des Teams vergeben lassen. Geben Sie den Durchschnittswert bekannt. Ermitteln Sie dann in gleicher Weise den Zielzustand, indem Sie jedes Teammitglied auf derselben Skala einen Zielwert für das Team benennen lassen. Eruieren Sie nun den Gap zwischen Ausgangslage und Zielvorstellung und diskutieren Sie in der Gruppe über das sich ergebende Gesamtbild.
2. *Das Team schlägt Maßnahmen vor.* Jedes Teammitglied soll nun zwei konkrete gemeinsame Maßnahmen vorschlagen, die sich positiv auf die Teamleistung auswirken können. Sie können diesen Austausch moderieren und Denkanstöße geben, sollten sich inhaltlich aber möglichst weit zurücknehmen.
3. *Das Team priorisiert die Maßnahmen.* Führen Sie eine Diskussion über die vorgeschlagenen Maßnahmen und sortieren Sie die Handlungsvorschläge für das Team nach Priorität — was verspricht Erfolg, was ist realisierbar? Am Ende dieses Schritts steht ein Aktionsplan für das Team.
4. *Die Teammitglieder geben sich gegenseitig Impulse.* Lassen Sie die Teammitglieder in Face-to-Face-Gesprächen paarweise über persönliche Maßnahmen sprechen: »Gib mir zwei Ideen, welchen Beitrag ich zur Verbesserung der Team-Performance leisten kann.« Die Paare tauschen durch, bis jedes Teammitglied mit allen anderen gesprochen hat.
5. *Die Teammitglieder legen ihren persönlichen Fahrplan fest.* Aus allen Tipps, die die Teilnehmer in Schritt 4 erhalten haben, wählt nun jeder zwei für sich aus, die in der Gruppe besprochen und konkretisiert werden. Zum Schluss hat jedes Teammitglied seinen persönlichen Aktionsplan, den es in der Gruppe bekannt gibt.
6. *Das Team kontrolliert den eigenen Fortschritt.* In monatlichen, etwa 90-minütigen Follow-up-Meetings besprechen Sie mit Ihrem Team die Fortschritte. Dabei wird jeweils der aktuelle Ist-Zustand mit den geplanten Maßnahmen verglichen und bei Bedarf die weitere Vorgehensweise besprochen.

Der hier beschriebene Prozess ist methodisch leicht umsetzbar. Wie bei jedem Kommunikationsprozess kann es jedoch zu Schwierigkeiten kommen, weshalb folgende Empfehlungen hilfreich sein können:

- Agieren Sie ergebnisoffen. Achten Sie darauf, dass Sie das Team nicht zu stark inhaltlich beeinflussen. Sie nehmen eine Deifachrolle als Teamchef, Teammitglied und Facilitator ein — eine schwierige Position. Wenn Sie sich stark einmischen, untergraben sie die selbstständige Lösungsfindung im Team.
- Vermeiden Sie gegenseitige Schuldzuweisungen sowie wertende Beurteilungen der Ideen, die geäußert werden. Stellen Sie nötigenfalls klar, dass es um gemeinsame Maßnahmen zur Verbesserung der Zusammenarbeit geht. Werturteile sind dabei kontraproduktiv.
- Lassen Sie keine langen Diskussionen über formale Aspekte des Verfahrens zu. Die Selbsteinschätzung sollte nicht zur Wissenschaft werden. Eine wasserdichte Definition von Team-Performance ist für diesen Zweck nicht notwendig, und jedes Teammitglied kann die Bewertungsskala für sich interpretieren.
- Latente Konflikte innerhalb des Teams können in dieser Situation hervortreten und die neutrale Kommunikation stören. In diesem Fall sollten Sie das Initialmeeting umwidmen oder vertagen und zunächst eine Sitzung zur Konfliktlösung durchführen oder entsprechende bilaterale Gespräche führen.
- Wenn keine Follow-up-Meetings stattfinden, kommt der Prozess zum Erliegen. Der Effekt verpufft, und die geplanten Maßnahmen geraten innerhalb kürzester Zeit in Vergessenheit. Führen Sie die Meetings mindestens sechs Monate lang konsequent durch, um die Team-Performance nachhaltig zu verbessern.

Weiterführende Literatur:

Marshall Goldsmith: *Team building without time wasting, 2000*

Manfred F. R., Kets de Vries: *Leadership group coaching in action: The Zen of creating high performance teams, 2005*

6.3.5 Wie kann ich als Vorgesetzter erfolgreich Question & Answer-Sessions gestalten?

Jedes Buch über Change Management betont die Wichtigkeit von Dialog, Austausch, Kommunikation und direkter menschlicher Interaktion für die interne Überzeugungsarbeit in Organisationen. Traditionellerweise führen

Führungskräfte mit ihren Bereichen in größeren Veränderungsprozessen Informationsveranstaltungen durch, bei denen die Teilnehmenden zum Schluss die Möglichkeit haben, Fragen zu stellen. Diese Q&A-Sessions (für Question & Answer) genannte Sequenzen dienen dazu, »die Leute ins Boot zu holen«. Doch manchmal verhindert die Art und Weise der Gestaltung den optimalen Effekt. Im Folgenden erhalten Führungskräfte Anregungen und Ideen, wie sie Q&A-Sessions interessant, lebendig und mit nachhaltigem Effekt gestalten können.

Es gibt unterschiedlichste Momente in Organisationen, bei denen formalisierte Q&A-Sessions durchgeführt werden. Typischerweise sind das besondere Momente im Rahmen von Veränderungsprozessen. Ein Beispiel sind Informationsveranstaltungen im Zusammenhang mit der Einführung von IT-Systemen, die größere Prozessveränderungen für die Mitarbeitenden bedeuten. Oder die Bekanntgabe einer neu formulierten Strategie. Oder die geplante Zusammenlegung verschiedener Produktionsstandorte. Informationsveranstaltungen sind natürlich wichtig. Gleichzeitig wird oft bemängelt, dass die Teilnehmenden mit Informationen überladen werden und dass der Austausch zwischen den Betroffenen zu kurz kommt. Dies führt dazu, dass sich die Mitarbeiter wenig abgeholt fühlen und manchmal das Gefühl der Langeweile und Zeitverschwendung aufkommt. Wenn für Fragen am Ende einer Infoveranstaltung keine Zeit mehr bleibt, ist eine Chance verpasst worden, sich auf direkte und authentische Art und Weise mit den wesentlichen Fragen der weiteren Entwicklung der Organisation zu befassen.

Betrachten Sie eine Informationsveranstaltung mit einer Q&A-Session als Möglichkeit, über die tatsächlich wichtigen Fragen *aus Sicht der Teilnehmenden* zu sprechen. Aus Sicht der Führung steht die Übermittlung von Fakten und Daten im Vordergrund. Dabei wird vergessen, dass die atmosphärische, räumliche und energetische Gestaltung eines solchen Anlasses für das Oberziel »die Leute ins Boot holen« ebenso wichtig ist. Etwas überspitzt ausgedrückt: Als Leitungsperson ist man sehr fokussiert darauf, dass die Inhalte richtig, stringent und professionell transportiert werden. Dabei kommt der spontane, direkte und authentische Dialog mit den Mitarbeitern zu kurz. Die Schaffung von solchen »offenen Räumen« gelingt vor allem mit einer offenen inneren Haltung — auch wenn man noch nicht im Detail weiß, welche Fragen gestellt werden und wie es am Ende wird.

Jeder Anlass mit Q&A-Sessions ist verschieden. Er muss abgestimmt werden auf die jeweiligen Rahmenbedingungen wie zeitlicher Rahmen, Teilnehmeranzahl, Ziele des Anlasses, Klarheit und Authentizität der Führungskräfte bei offener, direkter Kommunikation. Damit Ihr Anlass mit der Q&A-Session gelingt, können folgende Ideen und Anregungen eine Unterstützung sein:

1. Vorbereitung: Seien Sie sich darüber im Klaren, was Sie mit dem Anlass im Grunde erreichen wollen. Meistens wollen Sie gewisse Informationen weitergeben. Aber darüber hinaus? Typischerweise wollen Sie als Führungskraft *Sicherheit vermitteln*. Das heißt: Kondensieren Sie die Inhalte aufs Minimum und maximieren Sie die Zeit, die Sie in direkten Dialogen mit den Betroffenen verbringen. So stellen Sie sicher, dass sich eine Gemeinschafts- und eine »Community«-Atmosphäre herausbildet, die über den Anlass hinaus als Orientierungsrahmen nachhaltig wirkt.
2. Planen Sie genügend Zeit ein für die Q&A-Session und sorgen Sie dafür, dass der Info-Teil keine Zeit von der für den Dialog reservierten Zeit wegnimmt. Wenn Sie eine Minute vor Ende der Veranstaltung noch den Raum für Fragen öffnen, dann zeigen Sie, dass Sie an Fragen nicht wirklich interessiert ist.
3. Gehen Sie auf die Bedürfnisse der Teilnehmenden ein: Fragen Sie die Teilnehmenden zu Beginn direkt, was sie interessiert, welche Fragen sie zum Thema haben. Sammeln Sie diese Fragen und notieren Sie sie auf einem Flipchart. Legen Sie einen Schwerpunkt Ihrer Ausführungen entlang der gestellten Fragen und beziehen Sie sich auf diese.
4. Teilnehmende fühlen sich wohler, wenn sie Kontakt zu anderen Leuten im Raum haben: Sorgen Sie dafür, dass die Teilnehmenden zu Beginn der Veranstaltung gegenseitig kurz Kontakt haben. Fordern Sie die Anwesenden auf, sich zu zweit eine oder zwei Minuten auszutauschen. Zum Beispiel darüber, was sie am Anlass besonders interessiert.
5. Betrachten Sie alle Anliegen und Fragen der Teilnehmenden gleichwertig und wertschätzen sie diese öffentlich.
6. Nutzen Sie das direkte Gespräch mit einzelnen Teilnehmenden: Der Dialog mit einer Einzelperson steht stellvertretend für den Austausch mit dem ganzen Publikum.
7. Verwenden Sie nur eine minimale Anzahl Powerpoint-Slides und verwenden Sie vor allem Bilder.
8. Verwenden Sie keine erhöhte Bühne und kein Rednerpult. Stehen oder sitzen Sie auf derselben Ebene wie die Teilnehmenden. Es sollten keine Tische im Raum sein, die eine Barriere zwischen den Sprechenden bilden können. Je nach Anzahl der Teilnehmenden eignet sich als Sitzordnung ein Stuhlkreis. Auf einem Flipchart, kann man die wichtigsten Infos illustrieren.
9. Umgang mit Tabu-Themen: Sprechen Sie die »heißen Kartoffeln« von sich aus an. Teilen Sie mit, was Sie dazu sagen können und wo im Moment noch keine Information möglich ist.

10. Die Güte der Q&A-Session wird wesentlich durch das »Drumherum« bestimmt: Art der Einladung, Empfang der Teilnehmenden, räumliche Atmosphäre, kulinarische Elemente. Hilfreich ist auch die Möglichkeit zum informellen Austausch zum Beispiel im Rahmen eines Apéros.

Achten Sie bei der Durchführung einer Q&A-Session auf potenzielle Fallstricke:

- *Doppelrolle Führungskraft und Moderator*: Abgesehen von besonderen Anlässen, bei denen externe professionelle Moderatoren eingesetzt werden, ist es typischerweise so, dass man als Führungskraft bei einer Veranstaltung mindestens in einer Doppelrolle ist: Man beantwortet die gestellten Fragen als Führungskraft und muss gleichzeitig den Prozess moderieren und schauen, dass man den thematischen Fokus hält und die zeitlichen Rahmenbedingungen berücksichtigt. Manchmal ist es schwer, die notwendige Neutralität zu wahren, wenn man einzelne Fragen als tendenziös erlebt und eigene Emotionen wach werden. Eine einfache Lösung ist, dass jemand aus der Organisation oder ein Teilnehmer formal die Moderationsfunktion übernimmt.
- *Die Teilnehmenden äußern keine Fragen, bleiben still:* Teilnehmende kommen oft mit einer Haltung »Ich schau mir das mal an« und nicht »Ich möchte mehr wissen über das Thema«. Es dauert deshalb typischerweise eine gewisse Zeit, bis die ersten Fragen gestellt werden. Es kann auch helfen, den Teilnehmenden ein paar Minuten Zeit zu geben, darüber nachzudenken, was sie am meisten interessiert. Oft besteht auch eine gewisse Scheu, sich in großen Gruppen zu melden. Da hilft es, dass man die Teilnehmenden auffordert, kurz mit dem Nachbarn darüber zu sprechen. Das erlaubt Ihnen, die Leute direkt zu fragen, was sie eben besprochen haben.
- *Die Zeit erlaubt vor allem Information und wenig Diskussionen:* Das ist typischerweise eine Frage der Priorität. Man denkt, dass man unbedingt alle Infos »durchbringen« muss und dann erhält der Austausch keine Zeit mehr. Wenn es darum geht, Inhalte zu verankern und wenn die Teilnehmenden eine konkrete Veränderung vornehmen müssen, so braucht es direkten Austausch. Besser ist, bewusst mindestens die Hälfte der Zeit für einen Dialog einzuplanen.
- *Die Anzahl der Teilnehmenden ist hoch:* Die Anzahl der Teilnehmenden hat einen starken Einfluss auf die Möglichkeiten zum direkten Austausch. Es ist nicht immer möglich, mit jeder einzelnen Person in den direkten Austausch zu treten. Das ist aber gar nicht notwendig, weil die gestellten Fragen typischerweise einen Großteil der Anwesenden interessieren. So wird ein Dialog mit einer bestimmten Person ein Dialog mit der ganzen Gruppe.

- *Man wird als Führungskraft mit tendenziösen Fragen persönlich angegriffen*: Es kann vorkommen, dass einzelne Teilnehmende den Moment nutzen, um eine sogenannte »geladene Frage« zu stellen. Geladene Fragen sind bezüglich emotionaler Qualität weniger eine Frage, sondern vielmehr eine Aussage, die provozieren soll. Zum Beispiel: »Halten Sie das für gut, was Sie da erzählen?« Solche Fragesteller wollen vor allem die Klarheit und Souveränität der Führungsperson testen, weniger eine inhaltliche Antwort bekommen. Es geht darum, die Provokation im Moment an einem vorbeiziehen zu lassen — obige Frage zum Beispiel mit einem Ja zu beantworten und zu nächsten Fragen zu gehen. Wirksam ist auch, sich vorgängig in einem Rollenspiel auf die schwierigsten Fragen einzustellen.

Weiterführende Literatur:

David Bohm: *Der Dialog — das offene Gespräch am Ende des Gespräches*, 2011
Eugen Schmid & Stefan Fritz: *Meeting for success*, 2010

6.4 Entwicklung der Organisation und Kulturveränderung

6.4.1 Wie kann ich als Chef die Unternehmenskultur verändern?

Wenn Manager nicht erreichen, was sie wollen, und sich die Firma trotz Reorganisationen, strategischen Initiativen, Lean-, Sigma- und KVP-Projekten (KVP: Kontinuierlicher Verbesserungsprozess), Must-Win-Battles und mehrfach ausgewechseltem Schlüsselpersonal nicht wunschgemäß entwickelt, wird als »Reason of last resort« die Unternehmenskultur als Ursache ausgemacht. Es heißt dann: »Wir müssen nicht nur andere Dinge machen, sondern wir müssen grundsätzlich anders an die Dinge rangehen. Wir müssen das Problem an der Wurzel packen und grundsätzlich die Unternehmenskultur, die DNA der Organisation ändern.« Weil das nicht so einfach ist, wird ein auf »Soft Topics« spezialisiertes Beratungsunternehmen engagiert. Man beginnt mit einer Diagnose des Ist-Zustandes. Dann wird definiert, was der Ziel- oder Soll-Zustand sein soll und anschließend geplant, wie man zum Ziel-Zustand gelangen soll. Wenn man schlussendlich bereit ist für die Umsetzung, dann helfen einem die Berater die komplexen »Arbeitspakete« umzusetzen: Re-Organisation, Prozessveränderung, System-Redesigns, Kommunikationspläne und Trainings.

Typischerweise sind Aufwand, Zeiteinsatz und Kosten recht hoch. Doch solche großflächigen Efforts verändern kaum die tieferen Muster und Aspekte der Unternehmenskultur, welche zu Beginn zu Frustrationen geführt haben.

Betrachten wir die folgenden zwei Beispiele. Ein Medienunternehmen hat beschlossen, die ehemals getrennt agierenden Print- und Online-Bereiche organisatorisch zusammenzufassen. Die neuen Arbeitsabläufe werden nun von Mitarbeitern aus beiden Bereichen neu definiert. Bald zeigt sich, dass die Kulturprägungen eine Zusammenarbeit schwer macht. Die Leitung realisiert, dass es um mehr geht, als bloße organisatorische Fragstellungen, nämlich um die Frage: »Wie arbeiten wir zusammen, damit wir schnell zu greifbaren Resultaten kommen und die Arbeitsatmosphäre einigermaßen motivierend bleibt?« Also eine klassische Frage der Unternehmenskultur. Nur: Eine neue, andere Kultur kann man nicht einfach veranlassen, wie man sonstige Business-Projekte durchziehen kann.

Ein zweites Beispiel aus dem Gesundheitswesen soll das weiter illustrieren: Der Präsident des Aufsichtsrates eines Krankenhauses hat eine strategische Analyse veranlasst. es wurde bereits eine Vielzahl von strategischen Initiativen eingeleitet. Trotzdem ist die Zuversicht für die erfolgreiche Umsetzung gedämpft. Im Aufsichtsgremium glaubt man, dass man nicht nur neue Behandlungsmodelle, neue Einrichtungen und Prozessabläufe einrichten muss, sondern, dass »wir grundsätzlich die Art und Weise, wie wir miteinander arbeiten und die Patienten behandeln und mit ihnen in Interaktion gehen, verändern müssen«. Auch hier geht es weniger um die Aufsetzung eines weiteren Projektes als um die Veränderung von individuellen Verhaltensweisen in den Interaktionen mit Patienten und auch Mitarbeitenden.

Eine ganze Unternehmenskultur auf einen Schlag zu verändern, führt meist zu Enttäuschungen. Bessere Resultate erreicht man, indem man mit einem Aspekt der Unternehmenskultur in einem überschaubaren Bereich beginnt. Am besten arbeiten ein paar Freiwillige an Ideen, Vorschlägen oder Pilot-Ansätzen für einen abgegrenzten Bereich. Im Krankenhaus könnte das eine Klinik sein, beim Medienunternehmen ein Ressort. Dann werden Arbeitsgruppen gebildet, die sich periodisch treffen, um möglichst konkrete Maßnahmen zu erarbeiten. In solchen operativ orientierten Arbeitstreffen werden »reflexive Schleifen« oder »Lernschlaufen« eingebaut. Das geschieht, indem man in den Arbeitstreffen jeweils fragt, welche Änderungen in der Zusammenarbeit notwendig sind, damit man mit den Ideen auch Erfolg hat. Das führt automatisch zu einem Lernprozess in der Gruppe und die individuellen Mitglieder werden sich bewusst, dass sie selbst einen Beitrag leisten können und ihr individuelles Verhalten anpassen müssen. Dabei ist immer zu beachten, was funktioniert und was nicht. Die Ideen, die funktionieren, werden weiterverfolgt und eingebaut in den breiteren Roll Out in andere Bereiche. Aus Unternehmenssicht besteht der Vorteil dieses Vorgehens darin, dass keine Ressourcen in »Kultur-Programm« verschwendet werden. Wenn man auf die operationalen Aspekte fokussiert, mit Hartnäckigkeit immer wieder Lernschlaufen durchführt und daraus kleine Veränderungsschritte ableitet, so erwacht man am Ende des Tages plötzlich in der erwünschten Unternehmenskultur.

Sie können das Thema »Culture Change« auf unterschiedliche Arten angehen. Für die Konzeptionierung einer für Sie passenden Herangehensweise können die folgenden unkonventionellen Ideen und Anregungen eine Unterstützung sein:

1. *Sprechen Sie nicht von »Kulturveränderung«*: Auch wenn Sie persönlich denken, dass es eine Kulturveränderung braucht, sprechen Sie lieber von »der Art der Zusammenarbeit«, die es zu optimieren gilt. Vermeiden Sie den Begriff »Kulturveränderung«. Weshalb? 1. Der Begriff ist abstrakt und schwer zu fassen. 2. Für eine Organisation und ihre Mitglieder ist die Kultur etwas Resultierendes und nicht aktiv Geschaffenes. 3. Das Wort »Unternehmenskultur« kann für rational orientierte Führungskräfte abschreckend wirken.
2. *Verpflichten Sie sich und praktizieren Sie die Veränderung an und von der Spitze:* Bevor Sie überhaupt beginnen, etwas im Unternehmen zu ändern, definieren Sie für sich, wie die Veränderung aus Ihrer Sicht aussehen soll. Wenn Sie zum Beispiel möchten, dass die Atmosphäre zwar professionell ist, aber trotzdem etwas lockerer, so üben Sie sich, mehr »Lockerheit« in die Interaktionen mit Mitarbeitenden einzubringen. Erzählen Sie den Mitarbeitenden, dass Sie sich zu dieser neuen Verhaltensweise verpflichten. Fragen Sie Personen in ihrer Arbeitsumgebung nach einem Testmonat, wie sie Ihre »Lockerheit« auf einer Skala von 1 bis 10 wahrnehmen und was Sie noch tun können, um weiter Richtung 10 zu kommen. Setzen Sie davon um, was Ihnen passt.
3. *Kein »Rundumschlag« und Totalumbau*: Fokussieren Sie die Diskussion auf ein bis zwei Aspekte, welche Sie weiter entwickeln wollen. Im Beispiel des Krankenhauses könnte das »Patientenorientierung erhöhen« sein. Es macht keinen Sinn, viele Dimensionen gleichzeitig zu betrachten. Vermeiden Sie umfassende Diagnosen, welche von externen Beratern erstellt werden. Weshalb? Die Definition der Kultur ist eine narrative Konstruktion der Betrachter. Sie dient typischerweise vor allem zur Legitimation für geplante Maßnahmen. Gehen Sie deshalb nach einer gemeinsamen Definition des Handlungsbedarfes direkt zu den nächsten Schritten über und überwachen die Umsetzung.
4. *Neue Verhaltensweisen konkret definieren:* Diskutieren Sie mit den Mitarbeitenden, welche neuen Verhaltensweisen in die Routinen des Alltags über-

nommen werden sollen. Zetteln Sie eine Diskussion darüber an, wie sie das zu entwickelnde Thema, zum Beispiel die »Patientenorientierung«, im Alltag wahrnehmen. Es besteht keine Notwendigkeit, dass alle total einheitlich handeln. Wichtiger ist, dass *alle etwas* beitragen und *in Aktion treten*.

5. *Amplifizieren Sie positive Geschichten*: Gehen Sie auf eine Entdeckungsreise und identifizieren Sie positive Beispiele und Momente, in denen die erwünschten Verhaltensweisen bereits heute angewendet werden. Gratulieren Sie den beteiligten Personen, machen Sie die Storys bekannt. Erzählen Sie bei sozialen Anlässen der Organisation von konkreten positiven Beispielen. Lassen Sie Kurzinterviews mit den betroffenen Mitarbeitenden machen, stellen Sie diese aufs Intranet. Nutzen Sie alle möglichen Kommunikationskanäle wie Intranet, Hauszeitungen, Web Blogs, Interviews in lokalen Zeitungen, um diese Storys zu verbreiten.
6. *Aktionen mit Spaß und spielerischer Leichtigkeit durchführen:* Schaffen Sie Begeisterung für das Thema, in dem Sie das Ganze aktionsorientiert und mit einer spielerischen Leichtigkeit angehen. Planen Sie die ersten Schritte mit einem kleinen Kreis von Freiwilligen. So stellen Sie sicher, dass die Leute sich inspiriert fühlen und das Thema weitertragen. Geeignet sind auch kleinere Aktionen, welche symbolischen Charakter haben. Zum Beispiel die Verteilung von bedruckten Post-It-Zetteln, die Installation von Wandtafeln, auf denen alle Mitarbeitenden sich zum Thema äußern können oder die Diskussion auf dem Intranet und im Social Media.
7. *Räume für den Austausch und Dialoge über das Thema schaffen:* Seien Sie sich Ihrer Rolle als Führungskraft bewusst. Es geht nicht darum, dass Sie als Manager vorgeben, welche nächsten Schritte genau gegangen werden sollen. Ihre Rolle ist mehr die Schaffung von Räumen und Gelegenheiten für den Austausch unter den Mitarbeitenden und allenfalls wichtiger Stakeholder. In solchen Dialogen wird das Bewusstsein für das Thema und dessen Dringlichkeit unter den Anwesenden geschärft. Daraus entwickelt sich eine Eigendynamik.
8. *Visualisieren Sie Ihre Botschaften:* Vermeiden Sie die Nutzung von abstrakten, analytischen Darstellungsweisen, wenn es darum geht, viele Leute für ein Thema zu begeistern. Nutzen Sie Bilder und Narrative. Das sind persönliche Erzählungen, in denen Sie schildern, weshalb Sie sich für ein Thema einsetzen. Gehen Sie wertschätzend um mit anderen, potenziell gegensätzlichen Sichtweisen.

Obwohl die Tipps und Ideen methodisch leicht umzusetzen sind, sollten Sie bei der Durchführung auf potenzielle Fallstricke achten:

- *Beginnen Sie mit sich — nicht mit den anderen.* Und erzählen Sie den anderen, was Sie selbst konkret beabsichtigen, anders zu machen.
- *Vermeiden Sie den Big Bang* und lösen Sie sich von der Vorstellung, dass eine Unternehmenskultur wie ein traditionelles Projekt geplant, angeordnet gesteuert und umgesetzt werden kann. Damit sich in einer bestimmten Gruppe etwas verändert, muss eine kritische Zahl von Leuten ihr Verhalten ändern. Das werden sie tun, wenn es sich für sie lohnt. Eher nicht. Und bedenken Sie: Am Anfang jeder wichtigen Entwicklung stehen einige Verrückte, die an eine Idee glauben.
- *Arbeiten Sie parallel:* Lassen Sie verschiedene Leute und Arbeitsgruppen parallel arbeiten. Auch wenn nicht alle Aktionen synchronisiert sind, macht das nichts. Besser das Momentum nutzen, als einzelne Begeisterte zu stoppen und die Freude und Energie zu verlieren.
- Wahren Sie eine gute Distanz zum Thema, indem Sie immer wieder Leichtigkeit, Humor und eine spielerische Freude in die Sache bringen.

Weiterführende Literatur:

Marshall Goldsmith: *To help others develop, start with yourself, 2004*

Robert H. Schaffer: *To change the culture, stop trying to change the culture, 2012*

Edgar H. Schein: *Organisationskultur, 2010*

7 Interesse an Deep Democracy?

»Ja, das tönt spannend für mich in meiner Arbeit als Organisationsberater. Ich finde die Übungen exzellent und für mich bahnbrechend. Aber was kann ich jetzt konkret machen? Wo soll ich beginnen?«, lautete eine Frage einer Workshop-Teilnehmerin bei einer Deep-Democracy-Weiterbildung.

Die Frage zeigt auf, dass die Umsetzung der in diesem Buch dargestellten Betrachtungen nicht einfach ist, auch wenn die Grundelemente per se recht einfach verständlich sind. Deep Democracy — und das ist in diesem Buch klar ersichtlich geworden — ist kein klassisches Tool oder eine vorgefertigte Methode zur Bearbeitung eines Themas. Deep Democracy ist vielmehr eine Sammlung von Denkmodellen, Betrachtungsweisen und Haltungen, mit denen man eine bestimmte Fragestellung aus dem eigenen beruflichen Kontext bearbeiten kann. Die spezifische Anwendung und deren Tiefe ergibt sich aus der Situation und dem Prozess, der sich vor und mit einem entfaltet. Das macht die Arbeit mit einer Deep-Democracy-Haltung so individuell und einzigartig. Für Anfänger ist das aber sehr unübersichtlich und einige finden das ausgesprochen verwirrend, wie immer wieder angemerkt wird von Personen, die sich noch nicht so lange damit beschäftigen. Klar erkennbar ist aber auch, wo der Hebel für Veränderung in einer Situation liegt: bei einem selbst. Auch wenn man die Organisation oder das Umfeld in eine gewisse Richtung entwickeln möchte: Ausgangspunkt ist immer das eigene Selbst. Daran führt kein Weg vorbei. Deshalb kann man Deep Democracy auch als ausgeklügeltes System für Persönlichkeitsentwicklung ansehen.

Deshalb: Der erste Schritt für eine Umsetzung beginnt bei einem selbst. Zum Beispiel indem man sich neben diesem Buch weiteres Know-how aneignet im Rahmen von entsprechenden Weiterbildungsangeboten (mehr Information dazu in Abschnitt 8.1). Parallel dazu macht man sich Gedanken, welche Anregungen man zum Beispiel aus diesem Buch für die eigene Tätigkeit ableiten kann. Am besten macht man sich eine Liste von Ideen, die einem beim Lesen kommen. Und beginnt diese im Rahmen seiner beruflichen Tätigkeit umzusetzen. Schritt für Schritt gemäß folgender Anleitung: kleine Schritte gehen, schauen, was funktioniert. Mehr machen von dem, was funktioniert. Weniger von dem, was nicht funktioniert.

7.1 Zehn Ideen, wie Sie Deep Democracy in Ihre Arbeit einbauen können

Die folgende Liste ist gedacht als Hilfestellung und Anregung für die Auswahl einer Möglichkeit, die einem selbst entspricht. Es ist nicht die Idee, die Liste umfassend »abzuarbeiten«.

Die Zehn-Ideen-Liste

1. Top-5-Literatur zum Thema Deep Democracy lesen und mit Kollegen besprechen
2. Basierend auf der Verarbeitung der Literatur: Liste erstellen von angestrebten Veränderungen in der eigenen Beratungs- oder Führungspraxis
3. An den dd-days (Deep-Democracy-Community-Day) teilnehmen (www.dd-days.ch)
4. Alle Übungen in diesem Buch mit einem Kollegen durchgehen
5. Sich einer Deep-Democracy-Supervisions- & Trainingsgruppe anschließen (Anfrage bei Personen auf der Organisationsberater-Liste in Abschnitt 8.4)
6. Deep-Democracy-Weiterbildungen absolvieren (siehe Abschnitt 8.1)
7. Individuelles Coaching mit einem Deep-Democracy-Facilitator durchführen
8. Alle Sitzungen und Workshops, für die man selbst verantwortlich ist, radikal selbstverantwortlich gestalten (gemäß den Ideen in Abschnitt 6.3)
9. Ein Inventar über »Situationen mit Stör-Potenzial« erstellen; priorisieren und mit einem Deep-Democracy-Facilitator bearbeiten
10. Am nächsten internationalen Deep-Democracy-Kongress »Worldwork« teilnehmen (findet 2017 in Griechenland statt; weitere Informationen: www.iapop.com/worldwork-2017).

7.2 Umgang mit kritischen Stimmen zu Deep Democracy

Bei aller Begeisterung für Methoden und Ansätze wie Deep Democracy: Für Organisationsberater ist wichtig zu beachten, dass Organisationen und Führungskräfte weniger an Methoden interessiert sind als an Resultaten. Der Einsatz einer bestimmten Methode ist aus deren Sicht vor allem dann interessant, wenn sie bestimmte Ergebnisse mit hoher Wahrscheinlichkeit zeitigt. Es gibt die Meinung, dass der Prozess, das Vorgehen und die Methode irrelevant sind und letztlich nur die Resultate zählen. Im Deep-Democracy-Paradigma ist diese Haltung oder Meinung eine Tendenz (oder Rolle) im Feld. Es ist immer wieder eine Herausforderung, den Einsatz von Deep Democracy mit dem nutzenbasierten Denken von Organisationen zu verbinden. Führungskräfte reagieren manchmal mit einer gewissen Skepsis gegenüber Deep Democracy. Zum einen entsteht die Skepsis aufgrund des Begriffes »Demokratie«. Fälschlicherweise wird schnell interpretiert, es gehe um die Schaffung von mehr Demokratie in hierarchisch strukturierten Gebilden. »Basisdemokratie funktioniert bei uns leider nicht«, ist eine oft gehörte Ansicht unter Führungskräften, die vorschnell zu wissen meinen, was sich hinter dem Deep-Democracy-Paradigma verbirgt. Deshalb ist es manchmal sinnvoll, wenig über Methodik und Hintergrund zu sagen, auch wenn man selbst als Organisationsberater Deep Democracy einsetzt. Aber auch wenn man methodisch nicht viel Hintergrund aufzeigt, so besteht bei Führungskräften eine gewisse Zurückhaltung, wenn man als Organisationsberater vorschlägt, »ergebnisoffene« Workshops zu gestalten. Die Argumente und kritischen Einwände ähneln sich oft. Damit man sich als Organisationsberater auf die potenziellen Diskussionen mit einem kritischen Auftraggeber einstellen kann, sind sie in den folgenden fünf Punkten zusammengefasst.

1. Wie wird gewährleistet, dass im Workshop die für die Organisation zentralen Themen tatsächlich besprochen und gelöst werden?
2. Wie verhindert man, dass einzelne Personen mit ihren individuellen Anliegen den Workshop »besetzen« und unangemessen viel wertvolle Zeit der Gruppe verbrauchen?
3. Wie stellt man sicher, dass nicht Nebenschauplätze diskutiert werden, die für die effiziente Weiterarbeit irrelevant sind?
4. Wie stellt man sicher — insbesondere in einer größeren Gruppe von 20, 30 und mehr Personen mit ganz unterschiedlichen Ansichten, dass man eine sinnvolle Priorisierung hinkriegt und dass man zu einer gemeinsam getragenen Lösung kommt?

5. Was passiert, wenn der Workshop außer Kontrolle gerät? Wenn zum Beispiel latente Konflikte, die schon lange bestehen, im Workshop ausgetragen werden und das Ganze mit einem Eklat endet?

Die Einwände sind nachvollziehbar und verständlich. Insbesondere weil die Sozialisation als Führungskraft beinhaltet, dass Führung vor allem über das Setzen von Zielsetzungen, Vorgaben und anschließender Kontrolle erfolgt. Entsprechend verfügen Führungskräfte oft nicht über die Erfahrung und Gelassenheit, um sich mit offenen Prozessen wohl zu fühlen. Das dahinter stehende Führungsparadigma lautet: »Wenn ich als Chef nicht vorgebe, was wichtig ist, dann läuft die Sache aus dem Ruder.« Das notwendige Führungsparadigma für offene Prozesse lautet für den Vorgesetzten: »Ich stelle einen Diskussionsraum zur Verfügung, schaue, dass für ein bestimmtes Thema die richtigen Leute am Tisch sitzen, sorge für eine offene, lösungsorientierte Diskussionskultur ohne Schuldzuweisungen, dann schwingt sich die Gruppe selbstorganisiert auf die Punkte ein, welche im aktuellen Moment wichtig sind.«

Was kann man als Organisationsberater machen, wenn man mit den kritischen Einwänden konfrontiert wird?

Zum einen gibt es die inhaltliche Ebene der kritischen Einwände. Man kann diese Punkt für Punkt durchgehen und aufzeigen, wie man sich als Organisationsberater in einer solchen Situation verhalten würde. Beim ersten Punkte zum Beispiel, dass der Vorgesetzte ein Veto-Recht erhält, falls die Priorisierung zu weit von den eigenen Vorstellungen abweicht. Das würde ihm oder ihr besser ermöglichen, in einen offenen Prozess einzusteigen, weil sie im schlechten Fall ihre Weisungsbefugnis nutzen kann.

Gleichzeitig wirkt eine solche Aushandlungsinteraktion auf das Vertrauen zwischen verantwortlicher Führungskraft und Organisationsberater: Durch das vertiefte Eingehen und die Berücksichtigung der Argumente wird eine Vertrauensbasis geschaffen, wie man mit unterschiedlichen Auffassungen miteinander umgeht. Falls ein solches Vertrauensverhältnis vorhanden ist, kann man ebenfalls die impliziten Aussagen *hinter* den kritischen Fragen thematisieren. Obige Frage 1 zum Beispiel entspringt einem Erfahrungshintergrund, dass die eigenen Mitarbeiter oft Nebenschauplätze diskutieren und ohne klare Ansage der Leitungsperson nicht richtig priorisieren können. Auch hier könnte man tiefer gehen und nach den Ursachen und Idealvorstellung fragen. Das eröffnet neue Möglichkeiten für die Gestaltung eines Anlasses und vertieft gleichzeitig die Arbeitsbeziehung.

7.3 Hilfe für den Schnell-Einstieg in die Deep-Democracy-Welt

Dieses Kapitel bietet eine Schnell-Einstiegshilfe für Führungskräfte, HR- und Weiterbildungsspezialisten und Organisationsberater, die schnell einen Einstieg und konkrete Vorgehensweisen finden möchten, wenn sie eines der beschriebenen Bedürfnisse haben und an Deep Democracy interessiert sind.

Als Führungskraft suche ich ...

Ich suche (Bedürfnis):	Vorgehen
1. Einen Berater für eine *Teamentwicklung mit meinem Team*	Berater wählen aus Liste Abschnitt 8.4
2. *Führungsweiterbildungsmöglichkeit für mich persönlich* im Bereich Führung, die auf Facilitation, Community-Building und stark auf Persönlichkeitsentwicklung fokussiert	Optionen sind in Abschnitt 8.1 aufgelistet
3. *Einen Coach für mich persönlich*	Berater wählen aus Liste Abschnitt 8.4

Tab. 7.1: Hinweise für Führungskräfte

Als HR- und Personalentwicklungsspezialist suche ich ...

Ich suche (Bedürfnis):	Vorgehen
1. *Trainer und Facilitatoren für Deep-Democracy-Leadership-Seminare* in meiner Unternehmung	Abklären, ob sich Programm »Starke Führungskräfte« für das eigene Unternehmen eignet (Information siehe Abschnitt 8.2)
2. *Einen Facilitator für eine Konfliktbearbeitung zwischen Personen oder Abteilungen zur Verbesserung der Zusammenarbeit*	Berater wählen aus Liste in Abschnitt 8.4
3. *Berater und Facilitatoren für Großgruppenanlässe*, bei denen der Dialog und offene Diskurs ohne Grenzen zwischen den Mitarbeitern aller Stufen intensiviert werden soll	Berater wählen aus Liste Abschnitt 8.4

Ich suche (Bedürfnis):	Vorgehen
4. *Einen Berater für eine Führungskraft, die eine Teamentwicklung durchführen möchte*	Berater wählen aus Liste Abschnitt 8.4
5. *Einen Coach für eine Führungskraft in der Unternehmung, in der ich tätig bin*	Berater wählen aus Liste Abschnitt 8.4

Tab. 7.2: Hinweise für HR- und Personalentwicklungsspezialisten

Als Organisationsberater suche ich ...

Ich suche (Bedürfnis):	Vorgehen
1. *Einstieg* in das Thema	Lesen der Top-5-Literatur wie in Abschnitt 8.5 beschrieben
2. *Eine niederschwellige Möglichkeit, mich erfahrungsbasiert mit dem Ansatz zu befassen*	Wochenend-Seminar besuchen bei einer Ausbildungsinstitution (Liste siehe Abschnitt 8.1) oder Teilnahme an Deep-Democracy-Community-Day (ww.dd-days.ch)
3. *Einen Coach & Supervisor für mich selbst, der Deep-Democracy-Know-how hat*	Berater wählen aus Liste siehe Abschnitt 8.4
4. *Eine vertiefte Deep-Democracy-Ausbildung*	Übersicht der Optionen siehe Abschnitt 8.1
5. Eine *konkrete Erfahrung*, wie Deep-Democracy-Prinzipien in Großgruppen angewendet werden	Teilnahme an einem Community-Anlass siehe Abschnitt 8.2

Tab. 7.3: Hinweise für Organisationsberater

8 Service und weitere Informationen zu Deep Democracy

In diesem Service-Teil erhalten Sie Informationen zu Trainings- und Weiterbildungsinstitutionen in verschiedenen Weltregionen, zu Deep-Democracy-Kongressen und -Symposien, zu einem bestehenden Leadership-Development-Programm, das auf Deep Democracy basiert, zur Literatur und Hinweise zu Organisationsberatern mit Deep-Democracy-Know-how.

8.1 Trainings- und Weiterbildungsinstitutionen

Es gibt eine Reihe von Institutionen und Einzelpersonen, die Deep-Democracy-inspirierte Weiterbildungen anbieten. Es hängt von den individuellen Bedürfnissen ab, welche für eine spezifische Person das Passende ist. Da der Ursprung von Deep Democracy in der Psychotherapie liegt, liegt der Fokus von einigen Weiterbildungen auf dem therapeutischen Einsatz der Methode. Deshalb ist bei den Abklärungen darauf zu achten, ob die Ausbildungen auch einen Fokus auf Organisationsberatung legen. Das Ausbildungsangebot umfasst folgende Institutionen und Anlässe auf der ganzen Welt:

Deutschsprachiger Raum:

- *Institut für Prozessarbeit in Zürich* (www.institut-prozessarbeit.ch*):* Das ursprünglich von Arnold Mindell gegründete Ausbildungsinstitut in Zürich mit Basisausbildung (2 Jahre), einem 3-Jahres-Zertifikats-Programm (»Prozessorientierter Psychosozialer Berater«), einem Prozessarbeit-Diplomprogramm (5 Jahre) und einem Sommer-Intensiv-Programm. Ein Teil der Ausbildungsseminare ist öffentlich zugänglich.
- *dd-days in Zürich* (www.dd-days.ch*):* Das Deep-Democracy-Symposium für Organisationsberater, Trainer und Coaches, die sich für die Anwendung von

Deep Democracy im Organisationsbereich interessieren (Community Days). Ein hochinteraktives Lernsetting zum Erfahrungsaustausch, Networking und Training der Methode. Findet jährlich im Herbst statt.
- *Grundkraft — Starke Führungskräfte* (www.starke-fuehrungskraefte.net): Ein modulartiger, auf Deep-Democracy-Prinzipien basierender Ausbildungslehrgang für Führungskräfte. Kommt als in sich geschlossene Führungsausbildung (mit Handbuch) in Unternehmen oder als offenes Weiterbildungsangebot für Führungskräfte zum Einsatz (mehr Informationen siehe Abschnitt 8.2).
- *Hanuman-Institut in Berlin* (www.hanuman-institut.de): 3-jährige Ausbildung für *N*-Prozess®-Moderation und prozessorientiertes Coaching.

Nicht deutschsprachiges Europa:

- *United Kingdom: Process Work UK* (www.rspopuk.com): Basisausbildung, Diplomprogramm, Intensiv-Ausbildungen.
- *Polen, Tschechien, Slowakei, Russland, Spanien, Griechenland, Dänemark: siehe unter Training Centers:* www.iapop.com/centers/

Englischsprachiger Raum:

- *Deep Democracy Institute International in San Francisco (CA) and Florence (OR)* (www.deepdemocracyinstitute.org): Ein von Max und Ellen Schupbach geleiteter Think Thank und Deep-Democracy-Ausbildungsinstitut. Ausbildungen in Europe, Amerika und Afrika.
- *Processwork Institute, Portland (OR)* (www.processwork.org): Basisprogramm, Diplomprogramm. Akademisch anerkannte Ausbildungen (Masters of Art in process-oriented Facilitation and conflict studies). International zusammengesetzte Studentenschaft.

Weltweit:

- *Japan, Australien, Neuseeland, Kenia, Indien, Israel, Palästina, Kazachstan, Ukraine*: siehe unter Training Centers: www.iapop.com/centers/
- *Internationale Gesellschaft für prozessorientierte Psychologie (International Association of Process Oriented Psychology)*: www.iapop.com

8.2 Training für Führungskräfte (Programm »Starke Führungskräfte«)

Spezifisch für die Zielgruppe der Führungskräfte hat die Firma »Grundkraft« (www.grundkraft.net), gegründet durch Lukas Hohler, das Leadership-Development-Programm »Starke Führungskräfte — Persönliche Kompetenzen zum konsequenten Führen« entwickelt. Das sehr praxisorientierte Programm umfasst neun modular aufgebaute Themenbereiche, die in einem direkt und verständlich verfassten Handbuch dargelegt sind. Das Programm wird durch einen Deep-Democracy-Facilitator durchgeführt und dauert rund ein halbes Jahr. Zentral ist dabei, dass nicht ein standardisiertes Führungsverhalten vermittelt wird, sondern jeder Teilnehmer seinen eigenen, für sich wirksamen Führungsstil weiterentwickelt und verfeinert. Voraussetzung für die Durchführung des Programms ist die Bereitschaft der Führungskräfte, ihre eigenen konkreten Fragestellungen aus ihrer Führungspraxis einzubringen und die Offenheit für persönliche Reflexionen ihrer Verhaltensweisen in Kleingruppen.

Das Trainingsprogramm eignet sich auch für bestehende Gremien, die einen Teamentwicklungsprozess durchlaufen möchten. Durch die hochinteraktive, dialogbasierte Art der Reflexionen — ähnlich wie die Reflexionen in diesem Buch — wird eine starke Vertiefung der Arbeitsbeziehungen sozusagen »en passant« erreicht. Der Fokus der Reflexionen liegt typischerweise auf dem eigenen Führungsverhalten. Die Veränderung der Teamdynamik in einem bestehenden Team geschieht indirekt. Durch den Austausch über die Reflexionen wird eine Offenheit und Nähe geschaffen, die Vertrauen erhöht und ein neues Fundament für die Zusammenarbeit ermöglicht.

8.3 Kongresse und Community-Anlässe

Anlass	Fokus	Location	URL
dd-days (Deep Democracy Days)	Community Days für Organisationsberater, Personalentwickler, Trainer, Facilitatoren und Coaches mit einem Deep-Democracy-Interesse	Zürich	www.dd-days.ch

Anlass	Fokus	Location	URL
Focus Empathy	Prozessarbeit, Diversity, Beziehungsmanagement, Nachhaltigkeit	Berlin	www.focus-empathy.eu
Worldwork	Deep-Democracy-Facilitatoren und am Thema Interessierte	Wechselnd	www.iapop.com/worldwork-2017/

Tab. 8.1: Übersicht über Kongresse und Community-Anlässe

8.4 Organisationsberater mit Deep-Democracy-Know-how

Die nicht abschließende Liste umfasst eine Reihe von Organisationsberatern mit Deep-Democracy-Know-how im deutschsprachigen Raum, sortiert nach Region.

Name	Vorname	Region	WWW
Leuner	Barbara	Aarau	blu-beratung.ch
Lehner	Eva	Basel	overall.ch
Schlehuber	Elke	Basel/Lörrach	inpersona.net
Boden	Betty	Berlin	bettyboden.de
Goeres	Achim	Berlin	hanuman-institut.de
Hetzer	Tanja	Berlin	hanuman-institut.de
Knapp	Peter	Berlin	peter-knapp.com
Siermann	Pao	Berlin	wu-de.com
Kessler	Gertrud	Bern	gertrud-kessler.ch
Schmid	Peter	Bern	schmidpm.ch
Fendel	Franz	Frankfurt am Main	fendel-und-partner.de
Fendel	Dorothée	Frankfurt am Main	fendel-und-partner.de

Name	Vorname	Region	WWW
Kinzler	Patrick	Frankfurt am Main	patrickkinzler.com
Bachmair	Stephanie	Hamburg	b-onfire.com
Granse	Sven	Hamburg	trainingspartner.net
Runge	Merle	Hamburg	merle-runge.de
Winnefeld	Karin	Hamburg	trainingspartner.net
Sander	Ruth	München	politik-im-raum.de
Voss	Petra	München	unternehmen-coachen.de
Fröhlich	Caspar	Zürich	froehlich-coaching.ch
Hohler	Lukas	Zürich	Grundkraft.net

Tab. 8.2: Übersicht über Organisationsberater mit Deep-Democracy-Know-how

8.5 Literatur

Die aufgeführte Literatur führt weiter und tiefer in das Thema Deep Democracy. Zusätzlich sind Bücher und Artikel aufgelistet, die einen thematischen Bezug zu Deep Democracy haben und welche ich persönlich spannend finde. Ein Teil der Bücher sind in englischer Sprache verfasst worden. Diese sind mit dem Originaltitel aufgeführt. Für Personen, die sich schnell weiter in die Materie »Deep Democracy in der Organisationsentwicklung« einlesen möchten, empfehle ich, neben dem vorliegenden Buch, die folgenden fünf Bücher:

1. »The leader as a martial artist« von Arnold Mindell
2. »A path made by walking« von Julie Diamond & Lee Park Jones
3. »Mitten im Feuer« von Arnold Mindell
4. »The Deep Democracy of open forums« von Arnold Mindell
5. »Starke Führungskräfte — Persönliche Kompetenzen zum konsequenten Führen« von Lukas Hohler

Zitierte und weiterführende Literatur

Aviolo, B. J., Walumbwa, F. O., & Weber, T. J. (2009). Leadership: Current theories, research, and future directions. *Annual Review of Psychology*, 60:421–449.

Bohm, D. (2011). *Der Dialog – das offene Gespräch am Ende des Gespräches.* Stuttgart: Klett Cotta.

Bojer, M. M., Roehl, H., Knuth, M., & Magner, C. (2008). *Mapping dialog – Essential tools for social change.* Chagrin Falls (Ohio): Taos Institute Publications.

Brown, K. W., & Ryan, R. M. (2003). The benefits of being present: Mindfulness and its role in psychological well being. *Journal of Personality and Social Psychology*, 84:822–848.

Campbell, J. (2007). *Die Kraft der Mythen.* Ostfildern: Patmos.

Collins, J. (2013). *Creative Followership. http://creativefollowership.com/books/*

David W. Johnson, R. T. (2000). Constructive controversy: The value of intellectual opposition. In *The Handbook of Conflict Resolution: Theory and Practice* (S. 65–85). San Francisco: Jossey-Bas Publishers.

Diamond, J., & Jones, L. S. (2004). *The path made by walking: Process work in practice.* Portland: Lao Tse Press.

Exner, A., Exner, H., & Hochreuter, G. (2009). *Selbststeuerung von Unternehmen.* Frankfurt/Main: Campus.

Favaro, K., & Joni, S.-n. (2010). *The right fight: How great leaders use healthy conflict to drive performance, innovation, and value.* New York: HarperBusiness.

Fendel, F., Fendel, D., & Fendel, B. (2014). *Die Kunst des Zusammenarbeitens.* Freiburg: Haufe-Lexware.

Fröhlich, C. (2012). Deep Democracy. In Brigitte Winkler, Heiko Röhl, Martin Eppler, & Caspar Fröhlich, *Werkzeuge des Wandels: Die 30 wirksamsten Tools des Change Managements.* Stuttgart: Schäffer-Poeschel.

Fröhlich, C. (2012). Deep Democracy »Vektor-Gehen«. In P. Knapp, *Konfliktlösungs-Tools.* Bonn: manager-Seminare Verlags GmbH.

Fritz, S., & Schmid, E. (2010). *Meeting for success.* Zürich: Verlag Executive-Coach.

Fry, L. (2008). Spiritual Leadership: State-of-the-Art and future directions for theory, research, and practice. In L. J. Biberman & Tishman, *Spirituality in Business: Theory, Practice, and Future Directions* (S. 106–124). New York: Palgrave.

Goldsmith, M. (2000). Team building without time wasting. In Marshall Goldsmith, Laurence Lyons, Alyssa Freas, & Robert Witherspoon (2000), *Coaching for leadership: How the world's greatest coaches help leaders learn* (S. 103–109). San Francisco: Jossey-Bass.

Goldsmith, M. (2004): To help others develop, start with yourself. www.marshallgoldsmithlibrary.com/cim/articles_display.php?aid=99

Goldsmith, M. (2007). *What got you here won't get you there: How successful people become even more successful.* New York: Hachette Books.

Goldsmith, M., Lyons, L., Freas, A., & Robert Witherspoon (2000). *Coaching for leadership: How the world's greatest coaches help leaders learn.* San Francisco: Jossey-Bass.

Goodbread, J. (2007). *The dreambody toolkit: Practical introduction to the philosophy, goals, and practice of process-oriented psychology.* Portland: Lao Tse Press.

Goodbread, J. (2010). *Befriending Conflict: How to make conflict safer, more productive, and more fun. Createspace; http://befriendingconflict.com/book/*

Hänsel, M., & Gotwald, V. (2014). Den Wald vor lauter Bäumen sehen. Die Arbeit mit inneren Stakeholdern im Change Management. *OrganisationsEntwicklung*, 1:58–65.

Hamann, H. (2007). *What is organisational development from a process work perspective?* Portland: Process Work Institute.

Hohler, L. (2014). *Starke Führungskräfte. http://www.starke-fuehrungskraefte.net/de/*

Holiday, R. (2014). *The Obstacle is the way.* London: Profile books.

Johnson, D. W., Johnson, R. T., & Tjosvold, D. (2000). Constructive controversy: The value of intellectual opposition. In M. D. Coleman, *The Handbook of Conflict Resolution: Theory and Practice* (S. 65–85). San Francisco: Jossey-Bas Publishers.

Kellermann, B. (2008). *Followership: How followers are creating change and changing leaders.* Boston: Harvard Business School Publishing.

Kets de Vries, M. F. (2005). Leadership group coaching in action: The Zen of creating high performance teams. *Academy of Management Executive*, 19(1):61–76.

Klimoski, R., & Mohammed, S. (1994). Team Mental Model: Construct or Metaphor. *Journal of Management*, 20:403–437.

Lehner, J., & Ötsch, W. (2006). *Jenseits der Hierarchie.* Weinheim: Wiley VCH.

Levine, J. M., Resnick, L., & Higgins, E. (1993). Social foundations of cognition. *Annual Review of Psychology*, 44:585–612.

Lewis, M. (2008). *Inside the No — Five Steps to Decisions that last.* Deep Democracy Institute.

Luft, J., & Ingham, H. (1955). *The Johari Window, a graphic model for interpersonal relations.* University of California at Los Angeles.

Mello, A. d. (2002). *Der springende Punkt — Wach werden und glücklich sein.* Freiburg: Herder.

Mindell, A. (1992). *The leader as a martial artist: An introduction to Deep Democracy.* New York: HarperCollings Publishers.

Mindell, A. (1999). *Mitten im Feuer. Gruppenkonflikte kreativ nutzen.* München: Hugendubel.

Mindell, A. (2002). *The Deep Democracy of open forums.* Charlottesville, VA: Hampton Roads Publishing Company.

Mindell, A. (2002): *The dreammaker's apprentice: The psychological and spiritual interpretation of dreams.* Charlotesville, VA: Hampton Roads Publishing Co.

Mindell, A. (2003). *Meta-Skills: The spiritual art of therapy.* Portland: Lao Tse Press.

Mindell, A. (2007). *Earth-based psychology.* Portland: Lao Tse Press.

Nietzsche, F. (1999). *Menschliches, Allzumenschliches I und II. Kritische Studienausgabe (Neuausgabe)*; hrsg. von Georgio Colli und Mazzino Montinari. München: Deutscher Taschenbuch Verlag.

Pearce, C. L. (2004). The future of leadership: Combining vertical and shared leadership to transform knowledge work. *Academy of Management Executive,* 4:47–57.

Peters, Tom (2007): *Auf der Suche nach Spitzenleistungen. Was man von den bestgeführten US-Unternehmen lernen kann.* München: mi-Wirtschaftsbuch.

Schaffer, R. H. (2012). *To change the culture, stop trying to change the culture.* HBR Blog Network.

Schein, E. (2010). *Organisationskultur.* Bergisch Gladbach: EHP Edition Humanistische Psychologie.

Schlehuber, E. (2004). *Prozessarbeit mit Gruppen als Teil der Organisationsentwicklung.* Hamburg: Forschungsgesellschaft für Prozessorientierte Psychologie.

Schlehuber, E., & Molzahn, R. (2007). *Die heiligen Kühe und die Wölfe des Wandels.* Offenbach: Gabal Verlage GmbH.

Schmid, E., & Fritz, S. (2010). *Meeting for success.* Zürich: Fritz.

Schulz von Thun, F. (1998). *Miteinander reden 3: Das innere Team und situationsgerechte Kommunikation.* Reinbek bei Hamburg: Rowohlt Taschenbuch Verlag.

Schulz-Hardt, S., Mojzisch, A., & Vogelsang, F. (2007). Dissent as facilitator: Individual- and group-level effects on creativity and performance. In C. K. Gelfand, *The psychology of conflict and conflict management in organizations* (S. 149–177). Hillsdale, NJ: Erlbaum.

Schupbach, M. (2004). *Worldwork in organisations: An introduction and three case studies.* www.deepdemocracyinstitute.org/fileadmin/user_upload/PDF_DOCS/Articles/casecollectionweb.pdf

Schupbach, M. (2007). Worldwork — ein multidimensionales Change Management Modell. *OrganisationsEntwicklung,* 4:56–64.

Watzlawick, P., Beavin, J. H., & Jackson, D. D. (1969). *Menschliche Kommunikation.* Bern, Stuttgart, Wien: Huber.

Windhausen, C. (2014). Der Körper — Terra incognita im Change Management. In: *OrganisationsEntwicklung,* 1: 42–48.

9 Nachwort

»Wenn dieses Stück Text funktioniert, was wird sich verändern? Und: Welche Handlungen werden dadurch ausgelöst?«, sind zwei zentrale Fragen, die Seth Godin (US-amerikanischer Unternehmer und Bestseller-Autor, www.sethgodin.com) allen Autoren mit auf den Weg gibt.

Dieses Buch macht das Deep-Democracy-Paradigma und dessen Anwendung in Organisationen für einen breiten Kreis im deutschsprachigen Raum deutlicher sichtbar. Für die bestehenden Akteure schafft es ein Nachschlagewerk und begriffliches Referenzsystem, das wiederum zur weiteren Schärfung der Methoden und Techniken beiträgt. Besonders interessant ist dabei die weitere Entwicklung von Deep-Democracy-Anwendungs-Know-how in Unternehmen. Persönlich wünsche ich mir eine verstärkte Zusammenarbeit unter den bestehenden Akteuren und das konzertierte Netzwerken und gegenseitige Unterstützung, insbesondere wenn es darum geht, den Geist von Deep Democracy weiter in die Welt zu bringen — auch über die Zusammenarbeit mit großen Institutionen und Unternehmen.

Deep Democracy fordert Menschen. Es hat die Kraft, eigene Weltbilder, mentale Modelle und vermeintliche Sicherheiten zu pulverisieren. Es regt an, eigene Meinungen zu vertreten und gleichzeitig die Sichtweise anderer Menschen ebenso wichtig zu nehmen. Gerade an den Stellen, an denen man selbst glaubt, absolut richtig zu liegen. Es regt auch an, den ganz individuellen Sinn und Zweck für das eigene Leben zu formulieren. Sich den ganz großen Fragen zu stellen und Antworten nicht nur über einen analytischen Zugang zu finden, sondern Antworten zu finden, die der eigenen Seele und dem eigenen Unbewussten tief verbunden sind. Diese außergewöhnliche Art des persönlichen Empowerments steht am Anfang von starken Gemeinschaften, Organisationen und Unternehmen, in denen sich die Menschen gegenseitig bereichern und inspirieren und die Kraft haben, auch gegensätzliche Meinungen und Konflikte auszuhalten und als Entwicklungsimpulse zu interpretieren. Damit trage ich mit diesem Buch bei zu einer Welt, in der Menschen wissen, wofür sie einstehen. Die mehr von dem tun, was sie gerne machen und weniger von dem, was sie nicht so gerne machen. Die stark sind in Begegnung mit Menschen, die für andere Positionen einstehen. Und diese Begegnungen friedlich und konstruktiv führen können. Das führt dazu, dass die Welt bevölkert wird von Leuten mit Respekt für das Gegenüber, die mehr lachen, die sich wohl fühlen mit sich selbst, die ihre Aktivitäten aufgrund einer persönlichen Vision gestalten und sich mit allem Lebendigen auf dieser Welt verbinden.

REFLEXION 15

Das Ende ist der Anfang

Nehmen Sie eine bequeme Position ein, vielleicht schließen Sie die Augen: Jetzt lassen Sie die Zeit mit der Lektüre dieses Buches noch einmal Revue passieren.

1. Wann haben Sie es in die Hand genommen? Was ist Wichtiges passiert in dieser Zeit? Was waren zentrale Lernerfahrungen? Welche neue Perspektive hat sich daraus ergeben?
2. Wie können Sie diese Perspektive, diese Qualität noch vermehrt im eigenen beruflichen Alltag anwenden? Spielen Sie eine konkrete Situation in Gedanken durch.
3. Wo sehen Sie Schwierigkeiten bei der Umsetzung? Wer in Ihrem Umfeld könnte Sie bei der Anwendung unterstützen? Sprechen Sie mit dieser Person und machen Sie einen konkreten Aktionsplan.

Glossar

Amplifikation	Bedeutet die Erweiterung (z. B. Vergrößerung oder Beschleunigung) eines Aspektes einer Figur im Rahmen einer erfahrungsbasierten Reflexion.
Coolspot	Temporäre Auflösung einer Polarität in einem Gruppenprozess. Wahrgenommenes Symptom: gefühlte Entspannung im Raum oder zwischen einzelnen Personen oder Rollen.
Deep Democracy	Der Begriff bringt zum Ausdruck, dass die Anwender eine »tief demokratische« Haltung haben im Sinne von Allparteilichkeit gegenüber allen auftretenden Meinungen, Gefühlen, Impulsen.
Doppelsignal	Signale einer Person, die nicht kongruent sind. Wenn jemand zum Beispiel sagt »Ich bin glücklich« und dazu ein trauriges Gesicht macht.
Embodiment	Die Verkörperung eines Aspektes über den Körper. Ein Aspekt kann eine Person, aber auch ein Gefühl, eine Atmosphäre oder generell eine bestimmte Energie sein.
Facilitator	(von lat. *facilitare* — erleichtern) Eine Person, die von der Gruppe dazu gewählt ist, das Gruppengeschehen zu »erleichtern«. Ein Deep-Democracy-Facilitator unterstützt die Gruppe durch Metahinweise über das Gruppengeschehen und weniger durch traditionelle Einflussnahme und Steuerung im Sinne von Moderation (lat. moderare — mäßigen, mildern).
Feldansatz	Beschreibt die Idee, dass wir uns in Feldern bewegen, in denen unsichtbare Kräfte herrschen (wie die Gravitation). Diese Kräfte organisieren die Dynamiken zwischen Personen. Felder haben eine Entwicklungsrichtung (»intentionales Feld«).
Feedback	Signal, das eine Person oder Gruppe aussendet als Reaktion auf eine Intervention.

Flirt	Subtile, eben ins Bewusstsein steigende Tendenz.
Geistrolle	Erscheinen einer von der allgemeinen Gruppenkultur vernachlässigten Tendenz in einem Feld (marginalisierte Tendenz). Tabu-Themen.
Grenze	Ort, wo die Identität eines Systems aufhört. Das, was jenseits der Grenze liegt, konstruiert das System als »Außen« oder »das andere«.
Hotspot	Spannungsmoment in einem Gruppenprozess; Moment der höheren Energie, manchmal mit Chaos verbunden. Ist ein Indiz dafür, dass neue, vom Mainstream noch nicht akzeptierte Positionen aufgetreten sind.
Identität	Das, was eine Person, ein Team oder eine Organisation sich selbst als Eigenschaften, Charakteristiken und Verhaltensweisen zuschreibt.
Mainstream	Das, was eine Gruppe als ihre Identität wahrnimmt. Position bei einem Aspekt, die von der allgemeinen Gruppenkultur vertreten wird.
Meta-Skill	Grundhaltungen, mit denen man als Facilitator interveniert (z. B. Anfänger-Geist etc.)
Perspektivenwechsel	Die bewusste Einnahme eines anderen Standpunktes.
Prozessarbeit	Ursprünglicher und umfassender Begriff für den Ansatz von Deep Democracy. Hintergrund: Die Aufmerksamkeit der Beobachtung liegt auf dem Prozess und nicht auf der Diagnose eines Zustandes.
Prozessorientierte Psychologie	Prozessarbeit angewendet im therapeutischen Bereich.
Qualität	Eine Kraft in einem Feld. Synonym für Potenzial und Tendenz.
Rang	Gesamtheit von Möglichkeiten und Privilegien, die man Personen zuschreibt und die eine Wirkung in Interaktionen haben.
Rolle	Deutliche Manifestation einer Tendenz in einem Feld.

Spannungsfeld	Durch das gleichzeitige Erscheinen zweier sich entgegengesetzter Pole in einem Feld entsteht ein Spannungsfeld.
Störung	Unbehagen, Ungleichgewicht, Problem.
Tendenz	Eine Kraft in einem Feld. Synonym für Qualität und Potenzial.
Worldwork	Die Anwendung von Deep Democracy im Rahmen von gesellschaftspolitischen Konfliktlinien wie Arm/Reich, Frau/Mann, Inländer/Ausländer etc.
721-Grad-Feedback	Feedback von außen, von innen und vom Big U.

Stichwortverzeichnis

Über den Autor

Caspar Fröhlich arbeitet als Executive Coach und Unternehmensberater für Führungskräfte und Geschäftsleitungen von internationalen Unternehmen (u. a. für Unternehmen wie Continental, Swisscom, Migros-Gruppe, KPMG, Allianz). Er moderiert und gestaltet Geschäftsleitungsklausuren, berät Management-Teams bei der Verbesserung der bereichsübergreifenden Zusammenarbeit und gibt Leadership-Seminare zu »Purpose-Driven Leadership«. Als Betriebswirtschaftler und diplomierter Deep-Democracy-Facilitator organisiert er die »dd-days« in Zürich, das Community-Treffen für Organisationsberater, Führungskräfte, Trainer und Coaches, die Deep Democracy in ihrer beruflichen Tätigkeit einsetzen möchten.

Veröffentlichungen:
»Werkzeuge des Wandels — die 30 wirksamsten Tools des Change Managements« (erschienen 2012 im Schäffer-Poeschel Verlag; Heiko Roehl, Brigitte Winkler, Martin Eppler und Caspar Fröhlich)
»Manage Your Boss« — Die Kunst, den Boss mit Eleganz zu führen«. Vierzig kernige und humorvolle Geschichten, wie man das Verhältnis zum Chef optimal gestalten kann (Zürich 2016; erhältlich über www.froehlich-coaching.ch)

Kontakt und weitere Information:
Caspar Fröhlich
Froehlich Executive Coaching
Hornbachstrasse 50
CH-8008 Zürich
www.froehlich-coaching.ch
www.dd-days.ch
Twitter: @casparfroehlich

PI13728342
9796039